U0266353

高等学校计算机专业规划教材

Android 高级编程技术

王洪泊　编著

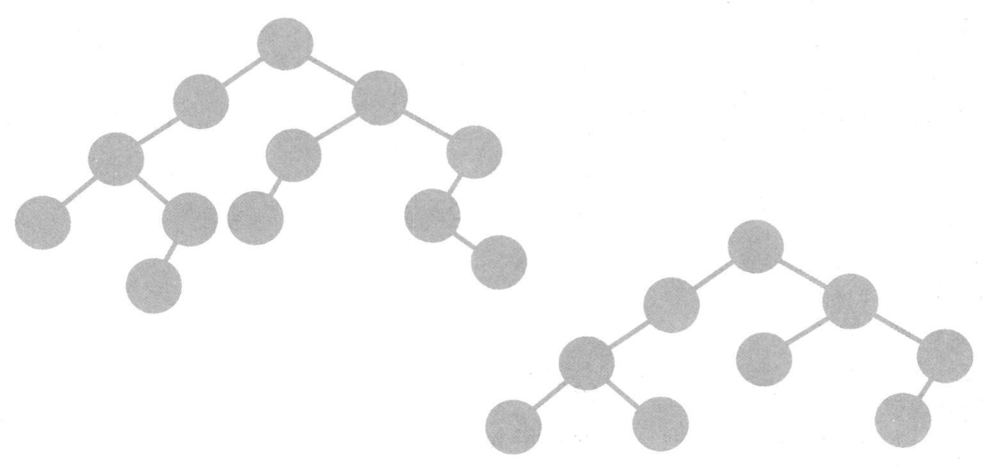

清华大学出版社
北京

内 容 简 介

本书是作者在多年教学实践与课程改革的经验和总结的基础上编写而成。以移动应用开发平台的原理、实现智能终端普适便携为主线,以提升读者探索兴趣为先导,自顶向下地介绍 Android 高级编程的核心技术,循序渐进地剖析 Android 应用开发的实现细节。通过本书的学习,读者能够对移动智能应用 APP 工作原理与技术有一个系统的、全面的了解,掌握移动应用软件开发的概念、组成和体系结构。

本书力求概念准确、论述严谨、内容新颖、图文并茂,非常适合作为 Android 应用开发的教材。

图书在版编目(CIP)数据

Android 高级编程技术/王洪泊编著. --北京:清华大学出版社,2016
高等学校计算机专业规划教材
ISBN 978-7-302-44003-1

Ⅰ. ①A… Ⅱ. ①王… Ⅲ. ①移动终端-应用程序-程序设计-高等学校-教材 Ⅳ. ①TN929.53

中国版本图书馆 CIP 数据核字(2016)第 126636 号

责任编辑:龙启铭
封面设计:何凤霞
责任校对:李建庄
责任印制:何 芊

出版发行:清华大学出版社
网　　址:http://www.tup.com.cn, http://www.wqbook.com
地　　址:北京清华大学学研大厦 A 座　　**邮　　编**:100084
社 总 机:010-62770175　　**邮　　购**:010-62786544
投稿与读者服务:010-62776969, c-service@tup.tsinghua.edu.cn
质量反馈:010-62772015, zhiliang@tup.tsinghua.edu.cn
课件下载:http://www.tup.com.cn,010-62795954
印 装 者:三河市吉祥印务有限公司
经　　销:全国新华书店
开　　本:185mm×260mm　　**印　　张**:22.5　　**字　　数**:545 千字
版　　次:2016 年 9 月第 1 版　　**印　　次**:2016 年 9 月第 1 次印刷
印　　数:1～2000
定　　价:44.50 元

产品编号:067805-01

前言

本书是作者在多年教学实践与课程改革的经验和总结的基础上编写而成。书中注重以物联网移动应用开发平台软件核心的本质原理、实现智能终端普适便携为主线，以提升学习者探索兴趣为先导，从物联网 Android 平台基础、物联网编程开发工具、物联网 Android 应用程序构成、流程控制机制、用户界面设计、常用控件及高级控件的使用、菜单和对话框编程、Android事件处理模型、触摸屏编程、基于位置的地图服务计算，到手机及多媒体开发，自顶向下地梳理 Android 高级编程的核心技术所解决的具体实践问题，循序渐进地剖析 Android 编程模块配置及使用的技术细节。

本书通过每人独立完成的移动应用常规实验操作与多人团队协作完成的课程设计，启发和鼓励学生们在解决问题的过程中锻炼及提高物联网软硬件开发、维护等实践动手能力。

通过本书的学习，学生能够对移动智能应用 APP 工作原理与技术有一个系统的、全面的了解；掌握物联网软件开发的概念、组成和体系结构，初步掌握数据通信、物联协议和互通互连等方面的基本理论和实现技术；具备一定的分析问题和解决问题能力，为学习其他课程以及从事物联网的研究、开发及管理夯实基础。

本书力求概念准确、论述严谨、内容新颖、图文并茂。本书在阐述基本原理和技术细节的同时，力求反映出相关研究的最新进展。

结合本书的撰写，作者深入开展研究型教学实践尝试，按照扎实理论学习和动手能力培养两方面，对学生进行全面素质培养迈出坚实的一步。同时，积极创造机会，为精品课程建设，打好基础。

本书已经获得北京科技大学“十二五”教材建设规划资助，得到国家自然科学基金项目(61572074)的支持；本书的顺利出版得益于北京科技大学教务处、院系各级领导的关怀和帮助，在此表示衷心感谢。

涂序彦教授在百忙之中，对本书提出了许多宝贵建议，在此表示衷心感谢。

2016 年是北京科技大学建校 64 周年，也是笔者从事大学教育 22 年。笔者指导本科创新创业训练项目 SRTP 累计 60 项，作为“随我行”智能旅行箱创业创新团队金牌指导教师，荣获校 2015 年度十大新闻人物。在此书的撰写与出版之际，希望开启进一步探索创新教育教学模式的新篇章。

本书是我们关于物联网智能软硬件开发新技术教学改革、科研工作的阶段总结，鉴于该学科知识及相关技术发展迅速、作者水平所限，书中难免有不妥之处，希望相关专家学者批评指正。

编　者

2016年8月

目 录

第 1 章　初识 Android 开发平台　/1

1.1 Android 平台简介 …… 1
　1.1.1 初识 Android …… 1
　1.1.2 Android 飞速发展史 …… 1
　1.1.3 Android 主要应用 …… 2
1.2 Android 平台架构 …… 3
　1.2.1 Android 平台的特点 …… 3
　1.2.2 架构内容 …… 4
1.3 Android 应用程序内容 …… 5
　1.3.1 Activity …… 6
　1.3.2 Service …… 6
　1.3.3 BroadcastReceiver …… 6
　1.3.4 ContentProvider …… 6
　1.3.5 View …… 7
　1.3.6 Intent …… 7
本章小结 …… 7
习题 …… 7

第 2 章　Android 编程开发起步　/8

2.1 Android SDK 的开发环境 …… 8
　2.1.1 Android SDK 的结构 …… 8
　2.1.2 Android SDK 的环境安装 …… 9
　2.1.3 Android 中运行仿真器环境 …… 18
2.2 创建 Android 的第一个应用 …… 23
　2.2.1 创建一个 Android 应用项目 …… 23
　2.2.2 查看和编辑各个文件 …… 28
　2.2.3 运行 Android 的第一个应用 …… 28
本章小结 …… 31
习题 …… 32

第 3 章　Android 应用程序的构成　/33

3.1　Android 应用程序目录结构 …… 33
3.1.1　src 文件夹 …… 34
3.1.2　gen 文件夹 …… 35
3.1.3　Android 4.3 文件夹 …… 35
3.1.4　assets 文件夹 …… 36
3.1.5　res 文件夹 …… 37
3.1.6　AndroidManifest.xml 文件 …… 37
3.2　使用 Android 资源 …… 38
3.2.1　资源的存储 …… 38
3.2.2　资源的种类 …… 38
3.2.3　资源文件的命名 …… 39
3.2.4　资源使用示例 …… 39
3.3　Android 基本组件 …… 41
3.3.1　Activity 类 …… 41
3.3.2　Service 类 …… 42
3.3.3　BroadcastReceiver 类 …… 43
3.3.4　ContentProvider 类 …… 43
3.4　AndroidManifest.xml 文件 …… 44
3.4.1　AndroidManifest.xml 文件的主要功能 …… 44
3.4.2　AndroidManifest.xml 文件的结构及元素 …… 45
3.4.3　AndroidManifest 文件主要元素与标签 …… 46
本章小结 …… 51
习题 …… 51

第 4 章　Android 应用程序的控制机制　/52

4.1　Android 应用程序的界面 …… 52
4.2　Android 应用程序的任务、进程和线程 …… 52
4.2.1　任务 …… 53
4.2.2　进程 …… 54
4.2.3　线程 …… 56
4.3　Android 组件间的通信 …… 61
4.3.1　Intent 作用 …… 61
4.3.2　Intent 的构成 …… 61
4.3.3　Intent 解析 …… 64
4.3.4　Intent 使用案例 …… 65
4.4　用户界面状态保存 …… 68

4.4.1 使用 SharedPreferences 对象 …… 68
4.4.2 使用 Bundle 对象 …… 68
4.4.3 SharedPreferences 与 Bundle 的区别 …… 68
本章小结 …… 68
习题 …… 69

第 5 章 用户界面编程与设计 /70

5.1 高级用户界面设计 …… 70
5.1.1 用户界面组件结构层次 …… 70
5.1.2 用户界面组件的定义 …… 70
5.2 布局组件 …… 73
5.2.1 布局的角色 …… 73
5.2.2 线性布局管理器 LinearLayout …… 73
5.2.3 表格布局管理器 TableLayout …… 74
5.2.4 相对布局管理器 RelativeLayout …… 75
5.2.5 绝对布局管理器 AbsoluteLayout …… 76
5.2.6 框架布局管理器 FrameLayout …… 76
5.3 布局的选择 …… 76
5.3.1 底层用户界面设计 …… 77
5.3.2 底层视图绘制 …… 77
5.3.3 表面视图 SurfaceView …… 77
5.3.4 表面视图 SurfaceView 的实现 …… 78
5.3.5 OpenGL 视图绘制 …… 81
5.3.6 Android 平台对 OpenGL ES 的支持 …… 81
5.3.7 Android 平台中的 OpenGL ES 使用说明 …… 81
5.3.8 视频视图 …… 82
本章小结 …… 82
习题 …… 82

第 6 章 Android 基本控件编程 /83

6.1 文本控件 …… 83
6.1.1 TextView 类简介 …… 83
6.1.2 EditText 类简介 …… 86
6.2 按钮控件 …… 88
6.2.1 Button 类简介 …… 88
6.2.2 ImageButton 类简介 …… 90
6.2.3 ToggleButton 类简介 …… 90
6.3 单选按钮和复选框控件 …… 92

6.3.1 CheckBox 类简介 …… 92
6.3.2 RadioButton 类简介 …… 94
6.4 图片控件 …… 97
6.4.1 ImageView 类简介 …… 97
6.4.2 ImageView 语法格式 …… 97
6.5 时钟控件 …… 99
6.6 日期与时间选择控件 …… 100
6.6.1 DataPicker 类简介 …… 100
6.6.2 TimePicker 类简介 …… 101
本章小结 …… 105
习题 …… 105

第 7 章 Android 高级控件编程 /106

7.1 自动完成文本框 …… 106
7.1.1 AutoCompleteTextView 类简介 …… 106
7.1.2 自动完成文本使用案例 …… 107
7.2 滚动视图与 ScrollView 类 …… 109
7.2.1 ScrollView 类简介 …… 109
7.2.2 ScrollView 类使用注意事项 …… 109
7.3 网格视图与 GridView 类 …… 109
7.3.1 GridView 类简介 …… 109
7.3.2 ScrollView 类使用 …… 110
7.4 列表视图 …… 110
7.4.1 ListView 类简介 …… 110
7.4.2 使用 SimpleAdapter 适配器 …… 111
7.4.3 列表视图使用案例 …… 112
7.5 滑块和进度条 …… 117
7.5.1 ProgressBar 类简介 …… 117
7.5.2 SeekBar 类简介 …… 117
7.5.3 RatingBar 类简介 …… 117
7.5.4 滑块和进度条案例 …… 117
7.6 选项与 TabHost 类 …… 119
7.7 下拉列表 Spinner 类控件 …… 119
7.7.1 Spinner 类概述 …… 119
7.7.2 实现 Spinner 需要的 5 个步骤 …… 120
本章小结 …… 123
习题 …… 123

第 8 章　菜单和对话框编程　/124

8.1 Android 菜单 …… 124
8.1.1 创建普通的菜单 …… 124
8.1.2 使用菜单组 …… 125
8.2 响应菜单项 …… 125
8.2.1 通过 onOptionsItemSelected 方法 …… 125
8.2.2 使用监听器 …… 126
8.2.3 使用 Intent 响应菜单 …… 127
8.3 使用其他菜单类型 …… 127
8.3.1 动态菜单 …… 127
8.3.2 图标菜单 …… 127
8.3.3 使用子菜单 …… 128
8.3.4 使用上下文菜单 …… 128
8.3.5 使用交替菜单 …… 130
8.3.6 用 XML 文件方式创建菜单 …… 131
8.4 Android 对话框 …… 131
8.4.1 弹出对话框简介 …… 131
8.4.2 普通对话框 …… 132
8.4.3 列表对话框 …… 135
8.4.4 单选列表对话框 …… 138
8.4.5 复选项对话框 …… 140
8.4.6 日期及时间选择对话框 …… 144
8.5 消息提示 …… 148
8.5.1 Toast 通知 …… 148
8.5.2 状态栏通知 …… 150
本章小结 …… 153
习题 …… 153

第 9 章　Android 事件处理模型及编程　/155

9.1 基于回调机制的事件处理 …… 155
9.1.1 onKeyDown 方法 …… 155
9.1.2 onKeyUp 方法 …… 156
9.1.3 onTouchEvent 方法 …… 156
9.1.4 onTrackBallEvent 方法 …… 159
9.1.5 onFocusChanged 方法 …… 160
9.2 基于监听接口的事件处理 …… 161
9.2.1 Android 的事件处理模型 …… 161

9.2.2 OnClickListener 接口 …… 162
9.2.3 OnLongClickListener 接口 …… 162
9.2.4 OnFocusChangeListener 接口 …… 163
9.2.5 OnKeyListener 接口 …… 163
9.2.6 OnTouchListener 接口 …… 163
9.2.7 OnCreateContextMenuListener 接口 …… 163
9.3 Handle 消息传递机制 …… 164
9.3.1 Handler 类 …… 164
9.3.2 Handle 使用案例 …… 165
本章小结 …… 166
习题 …… 166

第 10 章 Android 触摸屏编程 /167

10.1 MotionEvent 类 …… 167
10.1.1 MotionEvent 对象 …… 167
10.1.2 getAction()与 getActionMasked()方法的区别 …… 168
10.1.3 使用 VelocityTracker …… 169
10.1.4 VelocityTracker 类 …… 169
10.2 多点触摸 …… 170
10.2.1 双指拉伸式缩放功能的实现 …… 173
10.2.2 单指旋转式缩放功能的实现 …… 173
10.3 手势 …… 176
10.3.1 GestureDetector 简介 …… 176
10.3.2 OnGestureListener 简介 …… 177
本章小结 …… 178
习题 …… 178

第 11 章 地图和基于位置服务的编程 /179

11.1 使用基于位置的服务 …… 179
11.2 使用 TestProvider 构建模拟器 …… 179
11.2.1 更新模拟位置提供器中的位置 …… 180
11.2.2 创建一个应用程序来管理 TestLocationProvider …… 180
11.3 选择一个 LocationProvider …… 183
11.3.1 查找可用的提供器 …… 183
11.3.2 根据要求标准查找提供器 …… 183
11.4 确定自己所在的位置 …… 184
11.4.1 追踪移动 …… 185
11.4.2 WhereAmI 示例 …… 185

11.5 使用邻近提醒…… 187
11.5.1 创建一个应用程序使用邻近提醒…… 188
11.6 地理编码…… 190
11.6.1 反向地理编码…… 190
11.6.2 前向地理编码…… 191
11.6.3 创建一个应用程序进行地址编码…… 191
11.7 创建基于地图的活动…… 193
11.7.1 MapView 和 MapActivity 简介 …… 193
11.7.2 创建一个基于地图的活动…… 193
11.7.3 配置和使用 MapView …… 195
11.7.4 使用 MapController …… 195
11.8 MyLocationOverlay 简介 …… 196
11.8.1 ItemizedOverlay 和 OverlayItem 简介…… 196
11.8.2 地图上固定 View …… 198
11.8.3 创建一个基于地图的程序并显示当前位置…… 199
本章小结…… 202
习题…… 202

第 12 章 Android 手机基本功能编程 /203

12.1 发送短信和接收短信…… 203
12.2 电话控制…… 207
12.2.1 拨打电话…… 207
12.2.2 监听电话的状态…… 209
12.3 E-mail 功能的开发 …… 212
12.4 手机特有功能开发…… 213
12.4.1 系统设置更改特性…… 213
12.4.2 振动设置…… 216
12.4.3 音量设置…… 219
12.4.4 TelephonyManager 的使用 …… 223
12.5 获取手机电池电量…… 227
12.5.1 原理概述…… 227
12.5.2 电量提示实例…… 228
本章小结…… 230
习题…… 230

第 13 章 Android 多媒体应用编程 /231

13.1 2D、3D 图形 …… 231
13.1.1 2D 图形相关类 …… 231

13.1.2 绘制2D图形案例 …… 233
13.1.3 3D图形 …… 235
13.1.4 3D图形基本绘制 …… 236
13.2 动画播放 …… 238
13.2.1 帧动画 …… 238
13.2.2 补间动画 …… 242
13.3 音频与视频播放 …… 252
13.3.1 音频 …… 252
13.3.2 播放视频 …… 253
本章小结 …… 257
习题 …… 257

第14章 BabySleep媒体分享系统设计与实现 /258

14.1 BabySleep的需求 …… 258
14.1.1 用户需求 …… 258
14.1.2 功能需求 …… 258
14.1.3 界面需求 …… 258
14.2 BabySleep的系统设计 …… 259
14.2.1 BabySleep的程序结构 …… 260
14.2.2 BabySleep系统业务流程图 …… 260
14.2.3 UI设计 …… 260
14.2.4 样式和主题资源 …… 261
14.2.5 界面布局 …… 262
14.2.6 资源文件 …… 268
14.3 BabySleep各功能模块的设计与实现 …… 269
14.3.1 登录界面设计与实现 …… 269
14.3.2 主界面设计与实现 …… 276
14.3.3 成长资料库模块设计与实现 …… 277
14.3.4 趣味图片模块的设计与实现 …… 277
14.3.5 视频资料模块的设计与实现 …… 282
14.4 睡眠模式模块设计与实现 …… 284
14.4.1 数据模型公共类 …… 284
14.4.2 SongDbHelper.java类 …… 285
14.4.3 SongService.java类 …… 287
14.4.4 睡眠模式布局界面 …… 291
14.4.5 睡眠模式模块功能实现 …… 291
14.4.6 自定义模块设计与实现 …… 295
14.4.7 系统管理模块设计与实现 …… 299

14.4.8 账号管理模块设计与实现…… 300
14.4.9 退出…… 300
14.5 BabySleep 软件测试与评估 …… 301
14.5.1 软件测试的目的…… 301
14.5.2 软件测试步骤…… 301
14.5.3 测试具体实现…… 301
本章小结…… 306
习题…… 306

第 15 章 动态路由仿真系统设计与实现 /307

15.1 系统原理与实现方式…… 307
15.1.1 教学系统的运用…… 307
15.1.2 交互式教学的需求分析…… 307
15.1.3 环境搭建…… 308
15.1.4 系统实现…… 309
15.2 交互式教学软件设计实现方案…… 309
15.2.1 总体设计…… 309
15.2.2 分部设计实现方案…… 310
15.2.3 数据模型设计与存储方案…… 318
15.3 交互式教学软件具体实现…… 321
15.3.1 系统主界面…… 321
15.3.2 原理学习界面…… 324
15.4 实践仿真页面…… 328
15.4.1 路由器仿真页面…… 333
15.4.2 网络拓扑图仿真页面…… 334
15.5 交互式教学软件测试…… 340
本章小结…… 341
习题…… 342

参考文献 /343

第1章 初识 Android 开发平台

Android一词的本义指“机器人”，同时也是Google于2007年11月5日宣布的基于Linux平台的开源手机操作系统名称，该平台由操作系统、中间件、用户界面和应用软件组成。

1.1 Android 平台简介

1.1.1 初识 Android

Android是基于Linux的自由及开放源代码的操作系统，主要运行于移动设备。这些典型的移动设备有智能手机、平板电脑、智能手表、智能手环、智能眼睛等便携设备。Android由Google公司和开放手机联盟领导及开发。该系统尚未有统一中文名称，中国大陆地区较多使用“安卓”。Android操作系统最初由Andy Rubin开发，2005年8月由Google收购并注资。2007年11月，Google与84家硬件制造商、软件开发商及电信营运商组建开放手机联盟，共同研发改进Android操作系统。随后Google采用Apache开源许可证的授权方式，发布了Android的源代码。第一部Android智能手机发布于2008年10月。Android逐渐扩展到平板电脑及其他领域上，如智能电视、智能数码相机、智能游戏机等。2011年第一季度，Android在全球市场的份额首次超过Symbian(塞班)系统，跃居全球第一。2012年11月数据显示，Android占据全球智能手机操作系统市场76%的份额，中国市场占有率为90%。2013年9月24日，Google开发的操作系统Android迎来了5岁生日，全世界采用这款系统的设备数量已经达到10亿台。

1.1.2 Android 飞速发展史

2003年10月，Andy Rubin等人创建Android公司，并组建Android团队。

2005年8月，Google低调收购了成立仅22个月的高科技企业Android及其团队。Andy Rubin成为Google公司工程部副总裁，继续负责Android项目。

2007年11月，Google公司正式向外界展示了这款名为Android的操作系统，并且在这一天Google宣布建立一个全球性的联盟组织，该组织由34家手机制造商、软件开发商、电信运营商以及芯片制造商共同组成，并与84家硬件制造商、软件开发商及电信营运商组成开放手持设备联盟(Open Handset Alliance)来共同研发和改良Android系统，这一联盟将支持Google发布的手机操作系统以及应用软件，Google以Apache免费开源许可证的授权方式，发布了 Android 的源代码。

2008 年，在 Google I/O 大会上，Google 提出了 AndroidHAL 架构图，在同年 8 月 18 日，Android 获得了美国联邦通信委员会（Federal Communications Commission，FCC）的批准，2008 年 9 月，Google 正式发布了 Android 1.0 系统，这也是 Android 系统最早的版本。

2009 年 4 月，Google 正式推出了 Android 1.5。从 Android 1.5 版本开始，Google 开始将 Android 的版本以甜品的名字来命名，Android 1.5 命名为 Cupcake（纸杯蛋糕）。该系统与 Android 1.0 相比有了很大的改进。

2009 年 9 月，Google 发布了 Android 1.6 的正式版，并且推出了搭载 Android 1.6 正式版的手机 HTC Hero（G3），凭借着出色的外观设计以及全新的 Android 1.6 操作系统，HTC Hero（G3）成为当时全球最受欢迎的手机。Android 1.6 也有一个有趣的甜品名字，即 Donut（甜甜圈）。

2010 年 2 月，Linux 内核开发者 Greg Kroch-Hartman 将 Android 的驱动程序从 Linux 内核“状态树”（Staging Tree）上除去，从此，Android 与 Linux 开发主流分道扬镳。在同年 5 月，Google 正式发布了 Android 2.2 操作系统。Google 将 Android 2.2 操作系统命名为 Frodo，中文翻译名为冻酸奶。

2010 年 10 月，Google 宣布 Android 系统达到了第一个里程碑，即电子市场上获得官方数字认证的 Android 应用数量已经达到了 10 万个，Android 系统的应用增长非常迅速。2010 年 12 月，谷歌正式发布 Android 2.3 操作系统 Gingerbread（姜饼）。

2011 年 1 月，Google 称每天的 Android 设备新用户数达到了 30 万，2011 年 7 月，这个数字增长到了 55 万。同时，Android 系统设备的用户总数达到了 1.35 亿，Android 系统已经成为智能手机领域占有量最高的系统。

2011 年 8 月，Android 手机已占据全球智能机市场 48%的份额，并在亚太地区市场占据统治地位，终结了 Symbian 的霸主地位，跃居全球第一。

2011 年 9 月，Android 系统的应用数目已经达到了 48 万，而在智能手机市场，Android 系统的占有率已经达到了 43%，继续排在移动操作系统首位。不久，Google 将会发布全新的 Android 4.0 操作系统，这款系统被命名为 Ice Cream Sandwich（冰激凌三明治）。

2012 年 1 月，Android Market 已有 10 万开发者推出超过 40 万活跃的应用 APP，大多数的应用程序为免费。Android Market 应用程序商店目录在新年首周周末突破 40 万，距离突破 30 万应用仅用时 4 个月。在 2011 年早些时候，Android Market 从 20 万增加到 30 万应用也花了 4 个月。

1.1.3 Android 主要应用

Android 从开始的手机操作系统，现在发展成为移动设备（如 PDA、MID 产品、平板计算机等）的操作系统，在这个系统平台上可以开发出通信、定位、餐饮、娱乐、商务、家电控制、行业服务等多方面的既实用又有吸引力的移动服务应用。其中手机在移动互联网方面的应用是当前发展的主流应用。

手机行业发展到今天相信已经不再是一个厂商一个操作系统所能独霸的了，就如同当年的 Symbian 系统与 Windows Mobile 一样，现如今最被用户看好的操作系统就是 Android 与 iOS 了。这两款系统虽然时间并不长，却已经有了相当多的粉丝。其中 Android 系统依靠开源以及极其丰富的手机终端吸引了不少用户，而苹果 iOS 则凭借着 iPhone 的超高人气一路走高，对于这两种系统之间的比拼也一直都没有停顿过。

1.2 Android 平台架构

1.2.1 Android 平台的特点

Android 平台用户数量能在短时间内迅速激增与它所具有的特点分不开，具有如下几个特点。

1. 开放性

Android 平台的优势首先就是其开放性，开放的平台允许任何移动终端厂商加入到 Android 联盟中来。开放性可以使其拥有更多的开发者，随着用户和应用的日益丰富，一个崭新的平台也将很快走向成熟。

开放性对于 Android 的发展而言，有利于积累人气，这里的人气包括消费者和厂商，而对于消费者来讲，最大的受益正是丰富的软件资源。开放的平台也会带来更大竞争，消费者将可以用更低的价位购得所钟爱的手机。

2. 不受束缚

在过去很长的一段时间，特别是在欧美地区，手机应用往往受到运营商制约，使用什么功能接入什么网络，几乎都受到运营商的控制。自从 2007 年 iPhone 上市后，用户可以更加方便地连接网络，运营商的制约减少。随着 EDGE、HSDPA 这些 2G 至 3G 移动网络的逐步过渡和提升，手机随意接入 4G/5G 网络已不再遥不可及。

3. 智慧硬件

这一点还是与 Android 平台的开放性相关，由于 Android 的开放性，众多的厂商会推出各种各样、各具特色的产品。功能上的差异和特色，却不会影响到数据同步与软件的兼容，如同从诺基亚 Symbian 风格手机一下改用苹果 iPhone，同时还可将 Symbian 中优秀的软件带到 iPhone 上使用，联系人等资料更是可以方便地转移。

4. 方便开发

Android 平台提供给第三方开发商一个十分宽泛、自由的环境，不会受到各种条条框框的束缚，可想而知，会有多少新颖别致的软件会诞生。但这也有其两面性，血腥、暴力、情色方面的程序和游戏如何控制正是留给 Android 难题之一。

5. Google 应用

在互联网中 Google 已经走过近 20 年的历史，从搜索巨人到全面的互联网渗透，Google 服务如地图、邮件、搜索等已经成为连接用户和互联网的重要纽带，而 Android 平台手机将无缝结合这些优秀的 Google 服务。

1.2.2 架构内容

图 1-1 所示的是 Android 操作系统的体系结构，其中的每一部分将会在下面具体描述。

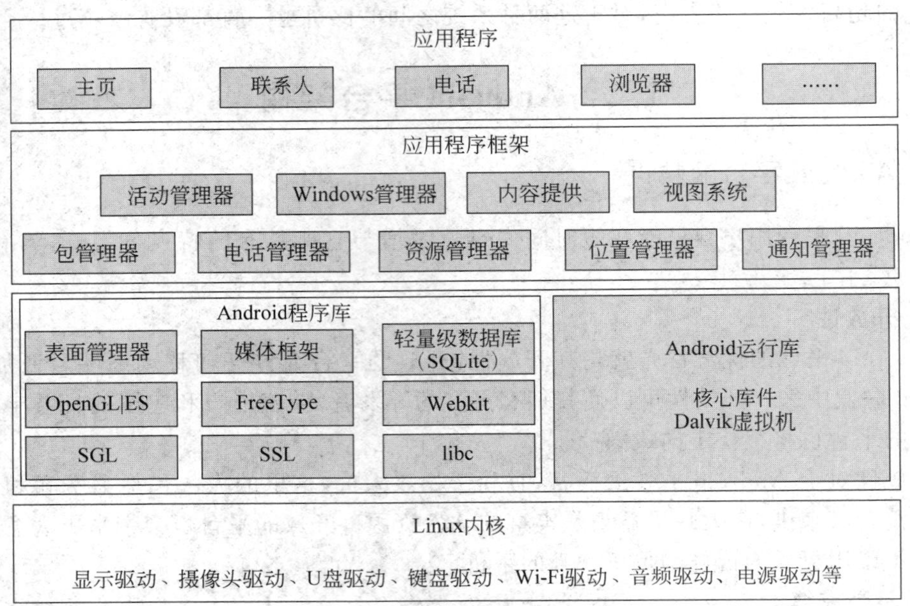

图 1-1　Android 平台架构图

从图 1-1 中可以看出 Android 操作系统体系结构分为 4 层，由上而下依次是应用程序、应用程序框架、核心类库、Android 运行库和 Linux 内核。其中在第三层还包括 Android 运行时环境。下面分别来讲解各个部分。

1. 应用程序

Android 连同一个核心应用程序包一起发布，该应用程序包包括 E-mail 客户端、SMS 短消息程序、日历、地图、浏览器、联系人管理程序等。所有的应用程序都是用 Java 编写的。

2. 应用程序框架

开发者完全可以访问核心应用程序所使用的 API 框架。该应用程序架构用来简化组件软件的重用，任何一个应用程序都可以发布它的功能块，并且任何其他的应用程序都可以使用其所发布的功能块（需要遵循框架的安全性限制），所以该应用程序重用机制使得组件可以被用户替换。

所有的 Android 应用程序都由一系列的服务和系统组成，包括：

(1) 一个可扩展的视图(Views)可以用来创建应用程序，包括列表(lists)、网格(grids)、文本框(text boxes)、按钮(buttons)，甚至是一个可嵌入的 Web 浏览器。

(2) 内容管理器(Content Providers)使得应用程序可以访问另一个应用程序的数据(如联系人数据库)，或者共享它们自己的数据。

(3) 一个资源管理器(Resource Manager)提供非代码资源的访问,如本地字符串、图形和分层文件(layout files)。

(4) 一个通知管理器(Notification Manager)使得应用程序可以在状态栏中显示客户通知信息。

(5) 一个活动类管理器(Activity Manager)用来管理应用程序生命周期并提供常用的导航回退功能。

3. Android 程序库

Android 包括一个被 Android 系统中各种不同组件所使用的 C/C++库集。该库通过 Android 应用程序框架为开发者提供服务。以下是一些主要的核心库。

(1) 系统 C 库：一个从 BSD 继承来的标准 C 系统函数库(libc),专门为基于 Embedded Linux 的设备定制。

(2) 媒体库：基于 Packet Video Open CORE,该库支持录放,并且可以录制许多流行的音频视频格式,还有静态映像文件,包括 MPEG4、H.264、MP3、AAC、AMR、JPG。

(3) Surface Manager：对显示子系统的管理,并且为多个应用程序提供 2D 和 3D 图层的无缝融合。

(4) LibWebCore：一个最新的 Web 浏览器引擎,用来支持 Android 浏览器和一个可嵌入的 Web 视图。

(5) SGL：一个内置的 2D 图形引擎。

(6) 3D Libraries：基于 OpenGL ES 1.0 API 实现,该库可以使用硬件 3D 加速(如果可用)或者使用高度优化的 3D 软加速。

(7) FreeType：位图(bitmap)和向量(vector)字体显示。

(8) SQLite：一个对于所有应用程序可用的、功能强大的轻型关系型数据库引擎。

4. Android 运行库

Android 包括了一个核心库,该核心库提供了 Java 编程语言核心库的大多数功能。

每一个 Android 应用程序都在它自己的进程中运行,都拥有一个独立的 Dalvik 虚拟机实例。Dalvik 是针对同时高效地运行多个 VM 来实现的。Dalvik 虚拟机执行后缀为.dex 的 Dalvik 可执行文件,该格式文件针对最小内存使用做了优化。该虚拟机是基于寄存器的,所有的类都要经由 Java 汇编器编译,然后通过 SDK 中的 DX 工具转化成.dex 格式并由虚拟机执行。

Dalvik 虚拟机依赖于 Linux 的一些功能,例如线程机制和底层内存管理机制。

5. Linux 内核

Android 的核心系统服务依赖于 Lines 2.6 内核,如安全性、内存管理、进程管理、网络协议栈和驱动模型。Linux 内核也同时作为硬件和软件堆栈之间的硬件抽象层。

1.3　Android 应用程序内容

要从事 Android 应用程序开发,首先了解 Android 应用程序的思想是非常必要的。Android 应用程序没有统一的入口(例如 main()方法),各个应用之间是相互独立的,并且运行在自己的进程当中。根据完成的功能不同，Android 划分了四类核心的组件类：Activity、Service、BroadcastReceiver 和 ContentProvider。相同组件与不同组件之间的导航通过 Intent 来完成。Android 还定义了 View 类来显示可视化界面，例如菜单、对话框、下拉列表等。本节将详细讲述各个组件的意义和用法。

1.3.1 Activity

Activity 是 Android 组件中最基本也是最为常用的一种组件，在一个 Android 应用中，一个 Activity 通常就是一个单独的屏幕。每一个 Activity 都被实现为一个独立的类，并且继承于 Activity 这个基类。这个 Activity 类将会显示由几个 Views 控件组成的用户接口，并对事件做出响应。大部分的应用都会包含多个屏幕。例如，一个短消息应用程序将会有一个屏幕用于显示联系人列表，第二个屏幕用于写短消息，同时还会有用于浏览旧短消息及进行系统设置的屏幕。每一个这样的屏幕就是一个 Activity。

通过调用 startActivity()方法可以从一个屏幕导航到另一个屏幕，打开 Activity 的条件被封装在 Intent 中。

当一个新的屏幕打开后，前一个屏幕将会暂停，并保存在历史堆栈中。用户可以返回到历史堆栈中的前一个屏幕。当屏幕不再使用时，还可以从历史堆栈中删除。默认情况下，Android 将会保留从主屏幕到每一个应用的运行屏幕。

1.3.2 Service

一个 Service 是一种长生命周期的、没有用户界面的程序。典型例子就是正在从播放列表中播放歌曲的媒体播放器。在一个媒体播放器的应用中，应该会有多个 Activity，让使用者可以选择歌曲并播放歌曲。但是，音乐重放这个功能并没有对应的 Activity，因为使用者会认为在导航到其他屏幕时音乐应该还在播放。在这个例子中，媒体播放器这个 Activity 会使用 Context.startService()来启动一个 Service，从而可以在后台保持音乐的播放。同时，系统也将保持这个 Service 一直执行，直到这个 Service 运行结束。

另外，还可以通过使用 Context.bindService()方法连接到一个 Service 上（如果这个 Service 还没有运行则将启动它）。当连接到一个 Service 之后，还可以通过 Service 提供的接口与它进行通信。还是拿媒体播放器这个例子来说，可以进行暂停、重播等操作。

1.3.3 BroadcastReceiver

BroadcastReceiver 是为了实现系统广播而提供的一种组件。例如，要发出一种广播来检测手机电量的变化，就可以定义一个 BroadcastReceiver 来接收广播，当手机电量较低时提示用户。

1.3.4 ContentProvider

Android 应用程序之间是相互独立的，各个组件运行在不同的进程当中，这就意味着数据是不能共享的。如何使得不同组件数据的共享呢？Android 通过使用 ContentProvider 来实现不同组件之间数据的共享。

1.3.5 View

View是Android中图形用户界面的基类，提供了可视化界面的展示。Android的图形界面展示可以分为三层：底层是Activity；Activity上面是Window；Window上面是View。View又可以分为View和ViewGroup。View是指基本的控件，例如按钮、单选框、多选框、菜单等；而ViewGroup是指布局控件，即用来控制界面中的控件如何布局摆放的。

1.3.6 Intent

Intent是不同组件之间相互导航的纽带，封装了不同组件之间导航查找的条件。在Intent的描述结构中，有两个最重要的部分：动作和动作对应的数据。典型的动作类型有MAIN（Activity的门户）、VIEW、PICK、EDIT等。而动作对应的数据则以URI的形式进行表示。例如，要查看一个人的联系方式，需要创建一个动作类型为VIEW的Intent以及一个表示这个人的URI。

本书的后面章节将对Android组件做详细的介绍。

本章小结

通过本章学习，应清楚地理解Android飞速发展史、Android平台架构内容及特点，了解Android应用程序的基本内容，包括Activity、Service、Broadcast Receiver、ContentProvider、View、Intent。

习题

1. 简述Android平台的特征。
2. 描述Android平台体系结构的层次划分，并说明各个层次的作用。
3. Android应用程序组件的内容是什么？
4. 预习Android平台开发环境搭建的步骤。

第 2 章

Android 编程开发起步

本章将对 Android 开发环境进行分析，主要目的是让读者了解 Android 应用程序开发流程，掌握 Android 开发环境的特性及其使用方法。

2.1 Android SDK 的开发环境

Android 的 SDK 开发环境使用预编译的内核和文件系统，屏蔽了 Android 软件架构第三层及以下的内容，开发者可以基于 Android 的系统 API 配合进行应用程序层次的开发。在 SDK 的开发环境中，还可以使用 Eclipse 等作为 IDE 开发环境。

2.1.1 Android SDK 的结构

Android SDK 在 IDE 环境中的组织结构如图 2-1 所示。

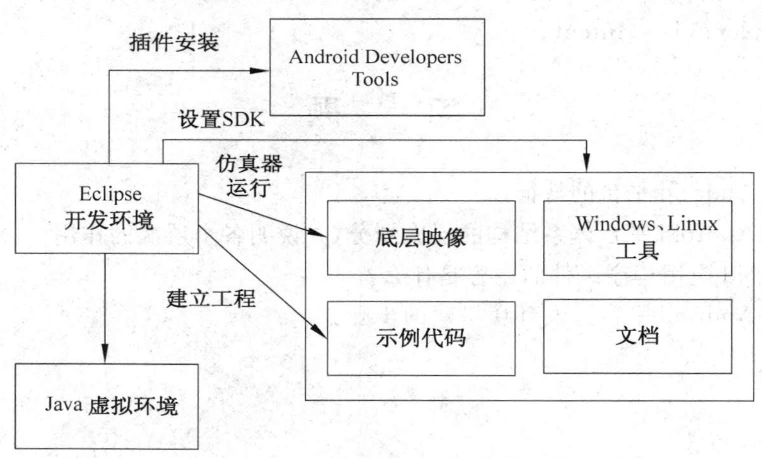

图 2-1 Android 系统的 IDE 开发环境

Android 提供的 SDK 有 Windows 和 Linux(其区别主要是 SDK 中工具不同)，稍后内容介绍 Android 在 Windows 下的安装。在 Android 开发者的网站上可以直接下载各个版本的 SDK。

Android 的 SDK 命名规则为：android-sdk-{主机系统}_{体系结构}_{版本}。

例如，Android 提供 SDK 的几个文件包如下所示。

- android-sdk-windows-1.5_r2.zip。
- android-sdk-linux_x86-1.5_r2.zip。
- android-sdk-windows-1.6_r1.zip。
- android-sdk-linux_x86-1.6_r1.zip。

SDK 的目录结构如下所示。

- add-ons：附加的包。
- docs：HTML 格式的离线文档。
- platforms：SDK 核心内容。
- tools：工具。

在 platforms 中包含了各个 Android SDK 版本的目录中，包含系统映像，工具、示例代码等内容。

- data/：包含默认的字体、资源等内容。
- images/：包含默认的 Android 磁盘映像，包括了系统映像（Android system image），默认的用户数据映像。
- userdata image，默认的内存盘映像（ramdisk image）等，这些映像是仿真器运行时需要使用的。
- samples/：包含一系列的应用程序，可以在 Android 的开发环境中，根据它们建立工程，编译并在仿真器上运行。
- skins/：包含了几个仿真器的皮肤，每个皮肤对应了一种屏幕尺寸。
- templates/：包含了几个用 SDK 开发工具的模板。
- tools/：特定平台的工具。
- android.jar：Android 库文件的 Java 程序包，在编译本平台的 Android 应用程序时被使用。

Android 的 SDK 需要配合 ADT 使用。ADT（Android Development Tools）是 Eclipse 集成环境的一个插件。通过扩展 Eclipse 集成环境功能，使得生成和调试 Android 应用程序既容易又快速。

2.1.2 Android SDK 的环境安装

Android 的 SDK Windows 版本需要以下的内容：

- JDK 1.5 或者 JDK 1.6。
- Eclipse 集成开发环境。
- ADT（Android Development Tools）插件。
- Android SDK。

其中 ADT 和 Android SDK 可以到 Android 开发者的网站去下载，或者在线安装。ADT 的功能如下所示。

- 可以从 Eclipse IDE 内部访问其他的 Android 开发工具。例如，ADT 可以让直接从 Eclipse 访问 DDMS 工具的很多功能——屏幕截图、管理端口转发（port-forwarding）、设置断点，观察线程和进程信息。

- 提供了一个新项目向导(New Project Wizard),帮助快速生成和建立起新Android 应用程序所需的最基本文件,使构建 Android 应用程序的过程变得自动化,以及简单易行。
- 提供了一个 Android 代码编辑器,可以帮助为 Android manifest 和资源文件编写有效的 XML。

在 Eclipse 环境中使用 Android SDK 的步骤如下所示。

(1) 安装 JDK 基本 Java 环境。

Eclipse 的运行需要依赖 JDK,因此需要下载使用 JDK 的包,并进行安装。JDK 1.6 版本的文件为 jdk-6u10-rc2-bin-windows-i586-p-12_sep_2008.exe;JDK 1.7 版本的文件为 jdk-7u1-windows-i586.exe 单击直接进行安装即可,如图 2-2 至图 2-4 所示。

图 2-2　JDK 1.7 安装示意图一

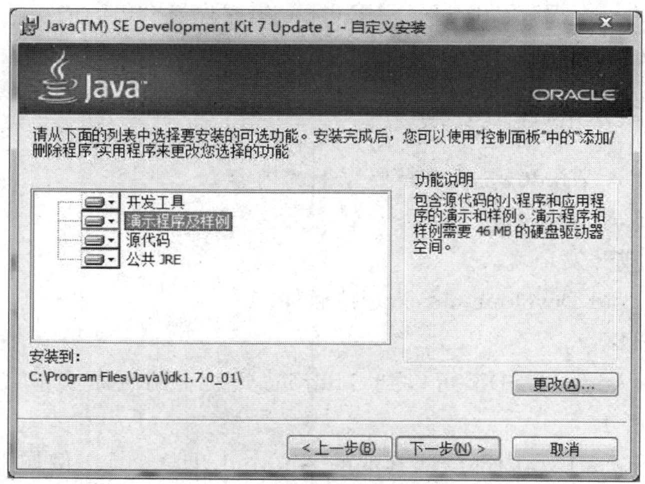

图 2-3　JDK 1.7 安装示意图二

图 2-4　JDK 1.7 安装完毕示意图

JDK 包含的基本工具主要有：

- javac：Java 编译器，将源代码转成字节码。
- jar：打包工具，将相关的类文件打包成一个文件。
- javadoc：文档生成器，从源码注释中提取文档。
- jdb：debugger，调试查错工具。
- java：运行编译后的 Java 程序。

(2) 配置 Java 环境变量。

设置环境变量步骤如下：在“我的电脑”→“属性”→“高级”→“环境变量”→“系统变量”中添加以下环境变量：

- JAVA_HOME 值为：D:\Program Files\Java\jdk1.7.0_01(安装 JDK 的目录)；
- CLASSPATH 为：.；%JAVA_HOME%\lib\tools.jar；%JAVA_HOME%\lib\dt.jar；%JAVA_HOME%\bin；
- PATH：在开始追加 %JAVA_HOME%\bin；

前面几步设置环境变量对搭建 Android 开发环境不是必须的，可以跳过。

安装完成之后，可以在检查 JDK 是否安装成功。打开 cmd 窗口，输入 java-version 查看 JDK 的版本信息。出现类似图 2-5 所示的画面表示安装成功了。

(3) Eclipse 集成开发环境的安装。

Eclipse 集成开发环境是开放的软件，可以到 Eclipse 网站上去下载：http://www.eclipse.org/downloads/，下载如图 2-6 所示的 Eclipse IDE for Java Developers 版(建议选择 Java EE 版本，根据计算机是否是 64 位系统，选择下载 64 位，否则下载 32 位)。

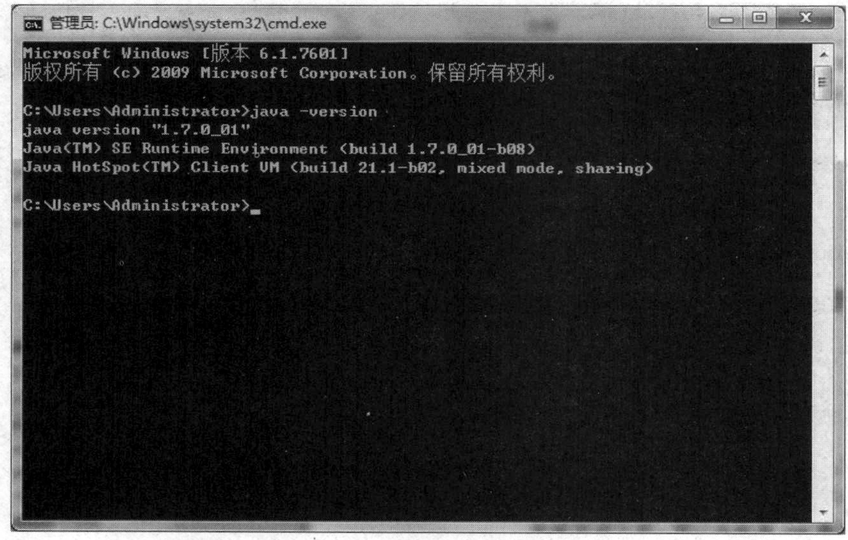

图 2-5　检查 JDK 是否安装成功

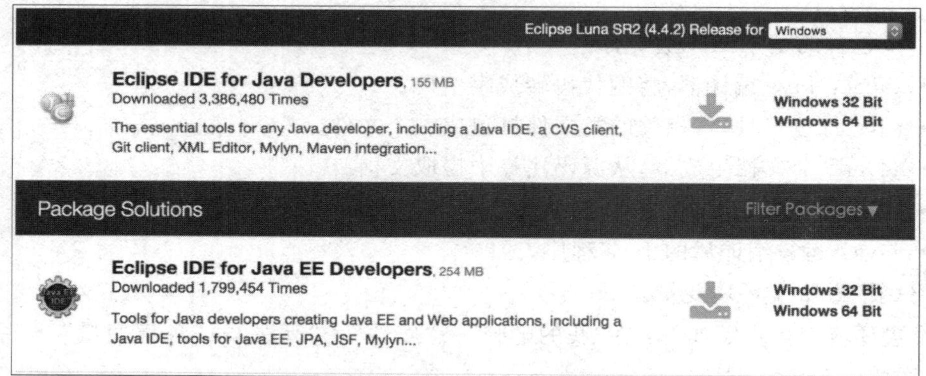

图 2-6　Eclipse 集成开发环境的安装

Eclipse 包含了以下的几个版本：

- Eclipse 3.3(Europa)。
- Eclipse 3.4(Ganymede)。
- Eclipse 3.5(Galileo)。

在 Android 的开发中，推荐使用 Eclipse 3.4 和 Eclipse 3.5，Eclipse 3.3 虽然也可以使用，但是没有得到 Android 官方的验证。如果使用 Eclipse 3.4，可以下载 eclipse-SDK-3.4-win32.zip 包；如果使用 Eclipse 3.5，可以下载 eclipse-SDK-3.5.1-win32.zip 包。这个包不需要安装，直接解压缩即可，解压缩后执行其中的 eclipse.exe 文件。

如图 2-7 所示，解压 eclipse-jee-kepler-SR2-win32.zip 的压缩文件。

解压缩后执行其中的 eclipse.exe 文件，如图 2-8 所示。

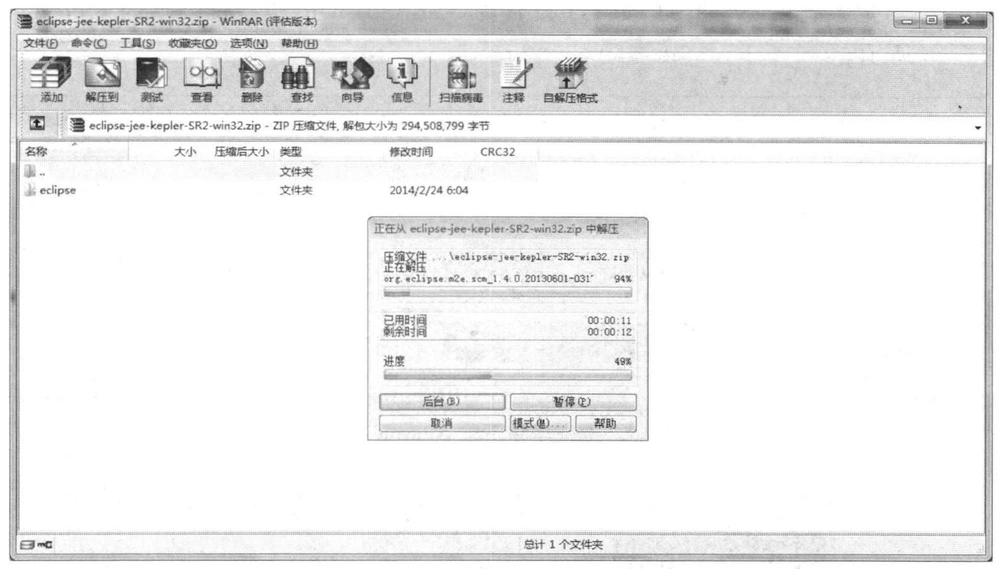

图 2-7 解压 eclipse-jee-kepler-SR2-win32. zip

图 2-8 解压缩后执行其中的 eclipse. exe 文件

(4) 获得 Android SDK。

配置了 JDK 变量环境，安装好了 Eclipse，此时如果只是开发普通的 Java 应用程序，那么 Java 的开发环境已经准备好了。如果要通过 Eclipse 来开发 Android 应用程序，那么需要下载 Android SDK(Software Development Kit)并在 Eclipse 安装 ADT 插件，这个插件能让 Eclipse 和 Android SDK 关联起来。

Android SDK 提供了开发 Android 应用程序所需的 API 库，以及构建、测试和调试 Android 应用程序所需的开发工具。Android 的 SDK 是一个比较庞大的部分，包含了 Android 系统的二进制内容、工具和文档等。要得到 Android SDK，可能使用到两种方式：下载 Android SDK 的包(Archives)和通过软件升级的方式(Setup)。

打开 http://developer. android. com/sdk/index. html，发现 Google 提供了集成了 Eclipse 的 Android Developer Tools，因为上面已经下载了 Eclipse，所以这里选择单独下载 Android SDK，如图 2-9 所示。

下载后双击安装，指定 Android SDK 的安装目录，为了方便使用 Android SDK 包含的开发工具，把系统环境变量的 PATH 设置为 Android SDK 安装目录下的 tools 目录，如图 2-10 所示。

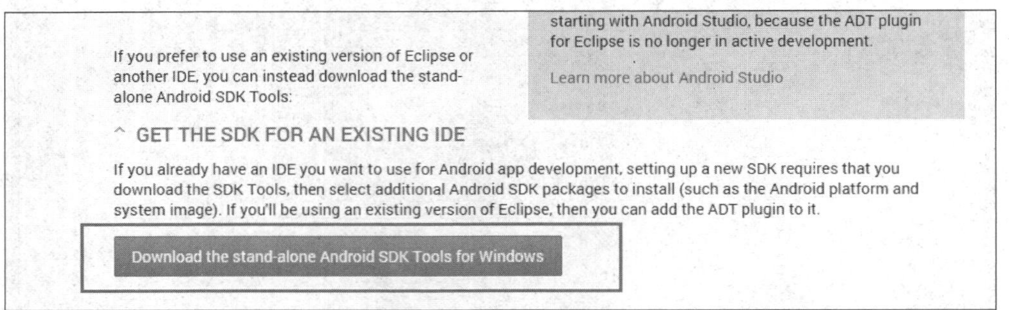

图 2-9　选择单独下载 Android SDK

图 2-10　Android SDK 的安装

在 Android SDK 的安装目录下，双击 SDK Manager. exe，打开 Android SDK Manager，Android SDK Manage 负责下载或更新不同版本的 SDK 包，看到默认安装的 Android SDK Manager 只安装了一个版本的 SDK Tools，打开 Android SDK Manager，它会获取可安装的 SDK 版本，如图 2-11 所示。

运行 SDK Setup. exe，单击 Available Packages。如果没有出现可安装的包，请单击 Settings，选中 Misc 的“Force https：//...”项，再单击 Available Packages 。

选择希望安装 SDK 及其文档或者其他包，单击 Installation Selected、Accept All、Install Accepted，开始下载安装所选包。

在用户变量中新建 PATH 值为 Android SDK 中的 tools 绝对路径（本机为 D:\AndroidDevelop\android-sdk-windows\tools），如图 2-12 所示。

单击“确定”按钮后，重新启动计算机。重启计算机以后，进入 cmd 命令窗口，检查

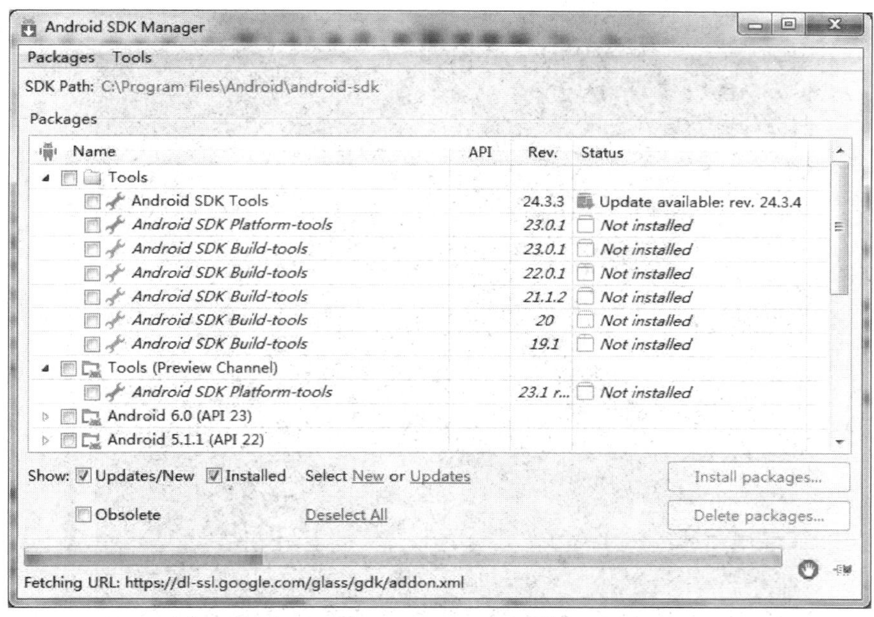

图 2-11　默认安装的 Android SDK Manager

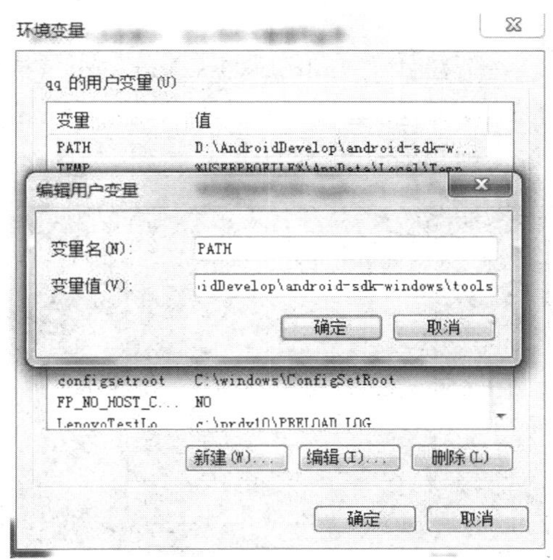

图 2-12　系统环境变量中的 PATH 设置 Android SDK 的安装目录

SDK 是不是安装成功。运行 android-h，如果有类似图 2-13 所示的输出，表明安装成功。

(5) 为 Eclipse 安装 ADT 插件。

前面已经配置好了 Java 的开发环境，安装了开发 Android 的 IDE，并下载安装了 Android SDK，但是 Eclipse 还没有和 Android SDK 进行关联，也就是它们现在是互相独立的。为了使得 Android 应用的创建、运行和调试更加方便快捷，Android 的开发团队专

```
管理员: C:\Windows\system32\cmd.exe
Microsoft Windows [版本 6.1.7601]
版权所有 (c) 2009 Microsoft Corporation。保留所有权利。

C:\Users\Administrator>android -h

       Usage:
       android [global options] action [action options]
       Global options:
  -h --help       : Help on a specific command.
  -v --verbose    : Verbose mode, shows errors, warnings and all messages.
     --clear-cache: Clear the SDK Manager repository manifest cache.
  -s --silent     : Silent mode, shows errors only.

                                                                   Valid
                                                                   actions
                                                                   are
                                                                   composed
                                                                   of a verb
                                                                   and an
                                                                   optional
                                                                   direct
                                                                   object:
-   sdk              : Displays the SDK Manager window.
-   avd              : Displays the AVD Manager window.
-  list              : Lists existing targets or virtual devices.
-  list avd          : Lists existing Android Virtual Devices.
-  list target       : Lists existing targets.
-  list device       : Lists existing devices.
-  list sdk          : Lists remote SDK repository.
- create avd         : Creates a new Android Virtual Device.
-  move avd          : Moves or renames an Android Virtual Device.
- delete avd         : Deletes an Android Virtual Device.
- update avd         : Updates an Android Virtual Device to match the folders
                       of a new SDK.
- create project     : Creates a new Android project.
```

图 2-13 检查 SDK 是不是安装成功

门针对 Eclipse IDE 定制了一个插件：Android Development Tools(ADT)。

下面是在线安装 ADT 的方法，如图 2-14 所示，启动 Eclipse，单击 Help 菜单→Install New Software…，单击弹出对话框中的 Add 按钮，如图 2-15 所示。

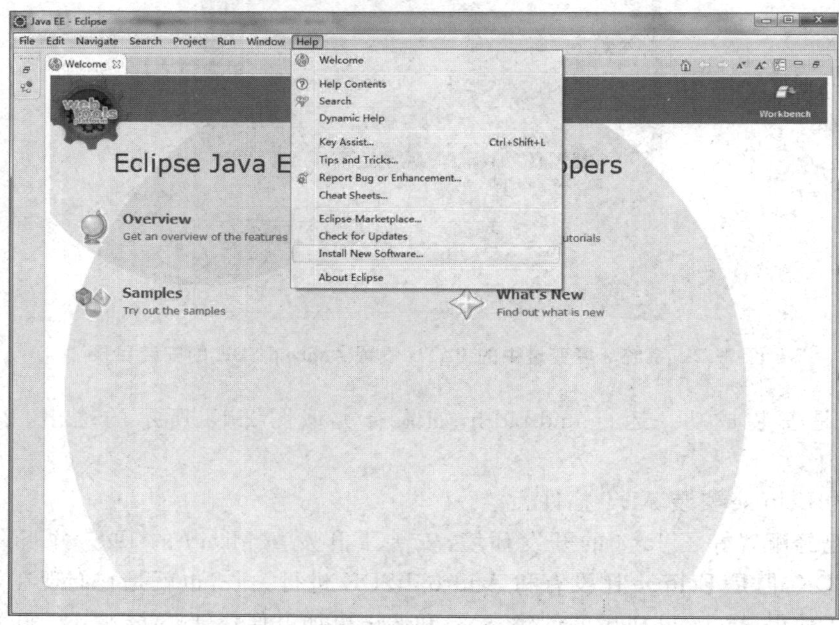

图 2-14 启动 Eclipse，单击 Help 菜单

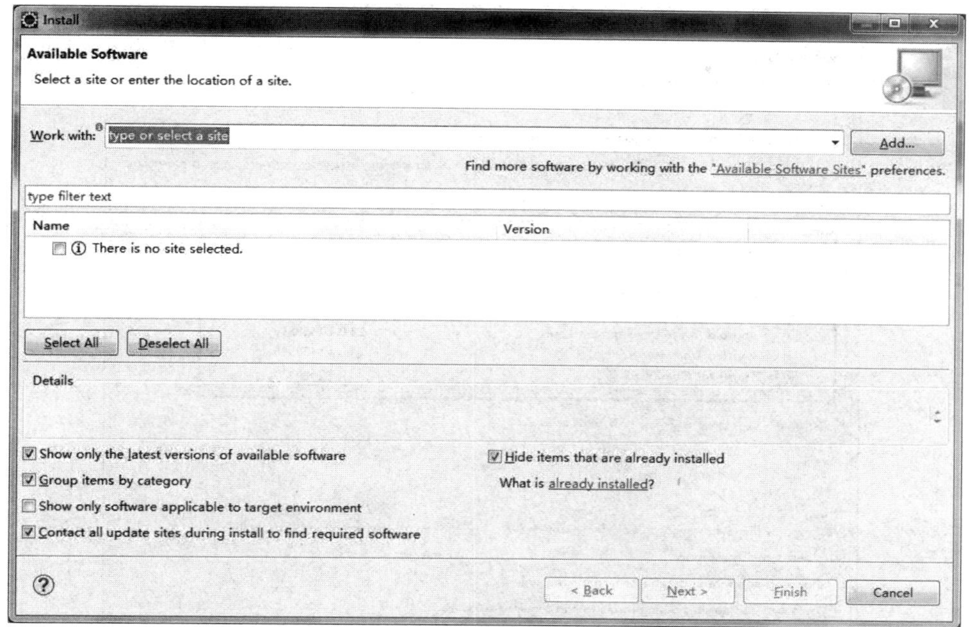

图 2-15　单击 Add 按钮

然后，如图 2-16 所示，在弹出对话框的 Location 中输入 http://dl-ssl.google.com/android/eclipse/，在 Name 中输入 ADT，单击 OK 按钮。

Add Repository

Name: ADT　Local...

Location: http://dl-ssl.google.com/android/eclipse/　Archive...

OK　Cancel

图 2-16　对话框中的 Location 中输入

在弹出的对话框选择要安装的工具，然后单击 Next 按钮就可以了，如图 2-17 所示。

安装好后会要求重启 Eclipse。Eclipse 会根据目录的位置智能地与它相同目录下 Android SDK 进行关联。如果还没有通过 SDK Manager 工具安装 Android 任何版本的 SDK，它会提醒立刻安装它们，如图 2-18 所示。

如果 Eclipse 没有自动关联 Android SDK 的安装目录，那么可以在打开的 Eclipse 中选择 Window→Preferences，在弹出面板中就会看到 Android 设置项，如图 2-19 所示，输入安装 SDK 的路径，则会出现刚才在 SDK 中安装的各平台包，单击 Apply 按钮完成配置。

至此，在 Windows 系统下的 Android 开发环境搭建就完毕。这时，用 Eclipse 的

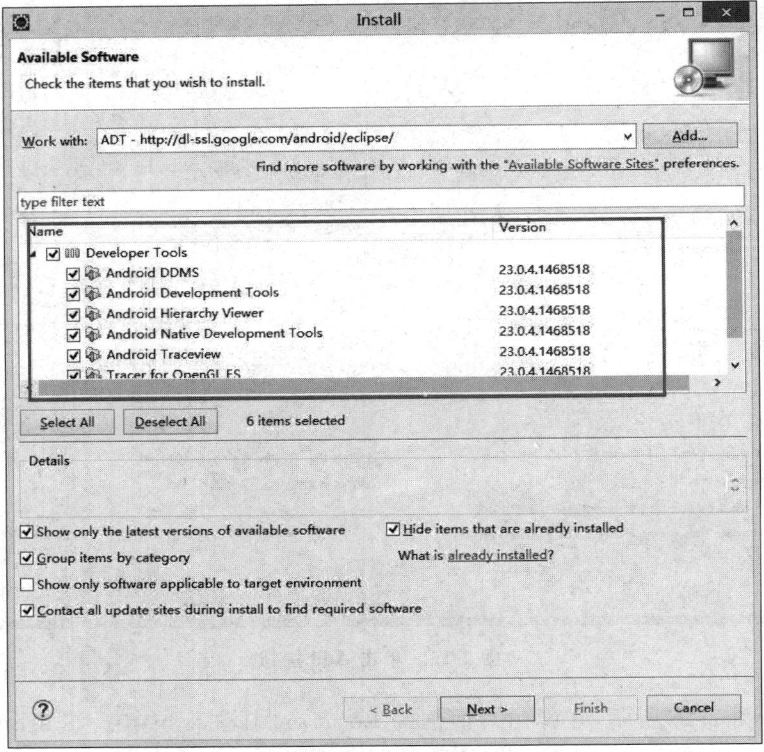

图 2-17 在线安装 ADT

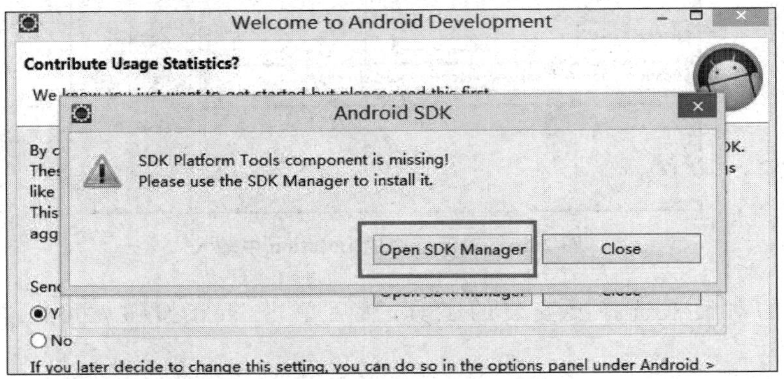

图 2-18 Android SDK 提醒安装

File→New→Project 新建一个项目，可以看到创建 Android 项目的选项，如图 2-20 所示。

2.1.3 Android 中运行仿真器环境

1. 建立 Android 虚拟设备

为了运行一个 Android 仿真器的环境，首先需要建立 Android 虚拟设备(AVD)。在

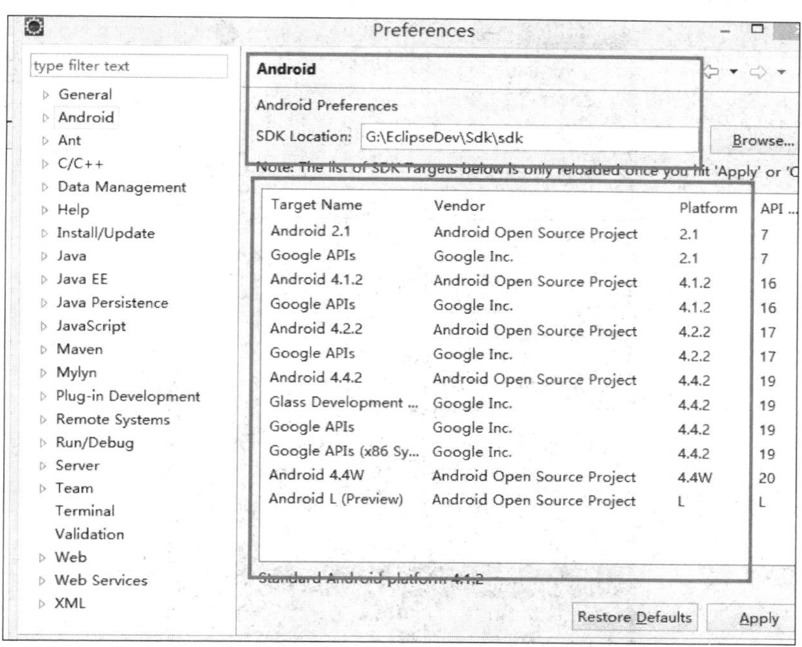

图 2-19 Android 设置项

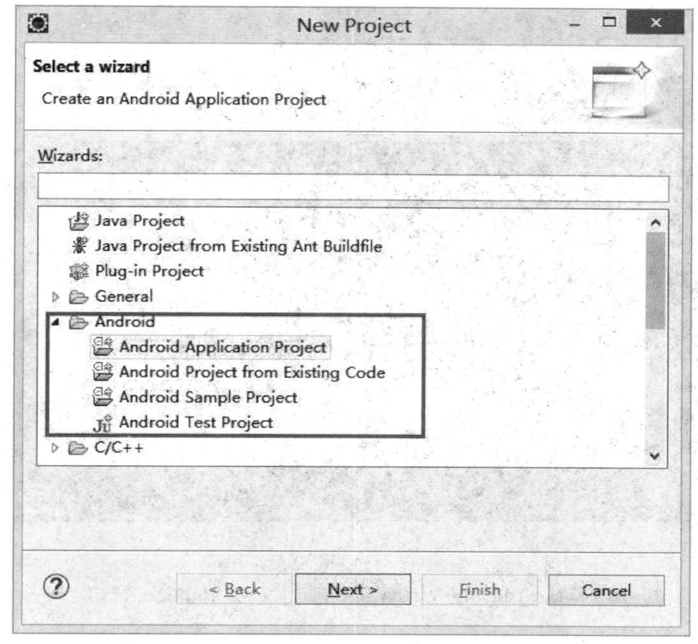

图 2-20 创建 Android 项目的选项

Eclipse 的菜单中，选择 Window→Android AVD Manager，出现 Android Virtual Device (AVD) Manager 窗口，如图 2-21 所示。

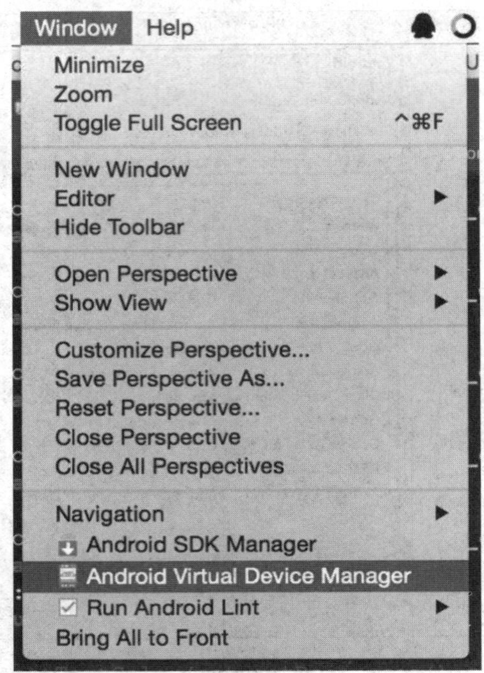

（a）选择 Window→Android AVD Manager 菜单

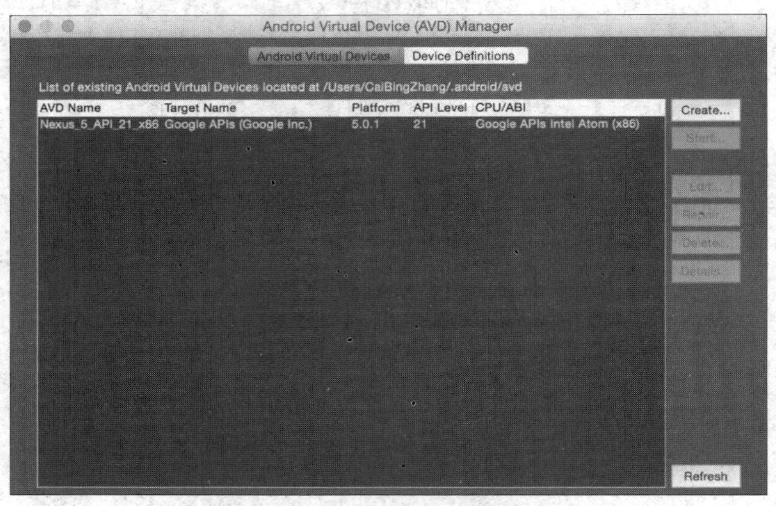

（b）Android SDK 和 AVD 管理器

图 2-21　Android Virtual Device（AVD）Manager 窗口

图 2-21 中间的列表显示了目前可以使用的 Android 虚拟设备。如果没有虚拟设备，单击右侧的 New 按钮选择建立一个虚拟设备。

建立新 Android 虚拟设备的窗口如图 2-22 所示。

Android 虚拟设备的建立包含了以下的一些选项：

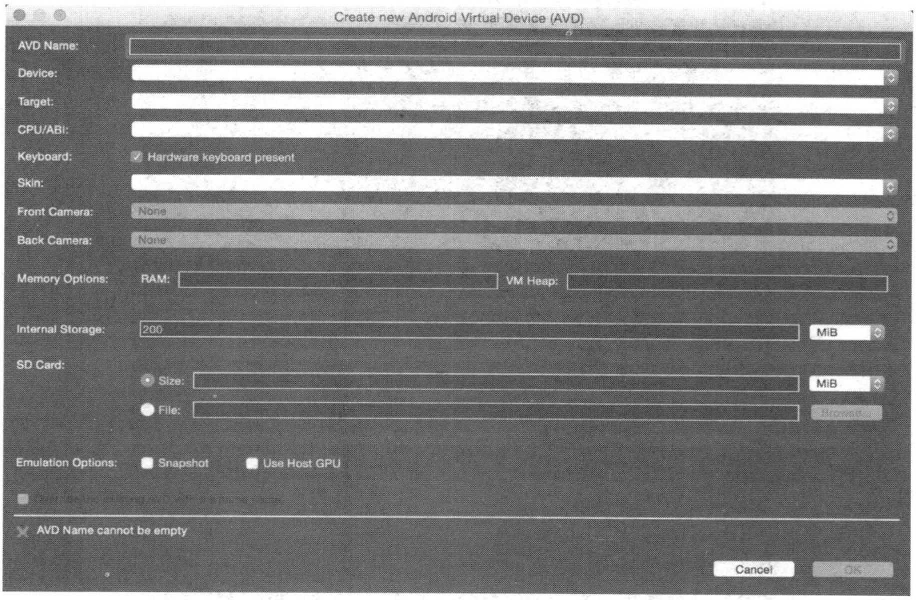

图 2-22 建立新的 AVD

(1) 名字(Name):这个虚拟设备的名称,由用户自定义。

(2) 目标(Target):选择不同的 SDK 版本(依赖于当前 SDK 的 platform 目录中包含了哪些版本的 SDK)。

(3) SD 卡:模拟 SD 卡,可以选择大小或一个 SD 卡映像文件,SD 卡映像文件是使用 mksdcard 工具建立的。

(4) 皮肤(Skin):这里皮肤的含义其实是仿真器运行尺寸的大小,默认的尺寸有 HVGA-P(320×480),HVGA-L(480×320)等,也可以通过直接指定尺寸的方式来指定屏幕的大小。

(5) 属性:可以由用户指定仿真器运行时,Android 系统中的一些属性。

2. 运行虚拟设备

在图 2-21 中,选择一个设备,单击右侧的 Start 按钮,将启动虚拟设备,运行一个 Android 系统,一个 HVGA-P(320×480)尺寸的运行结果如图 2-23 所示。

窗口左侧是运行的仿真器的屏幕,右侧是模拟的键盘。设备启动后,可以使用右侧的键盘模拟真实设备的键盘操作,也可以用鼠标单击(或者拖拽和长按)屏幕,模拟触摸屏的操作。

除了使用右侧的模拟键盘之外,也可以使用 PC 的键盘来进行模拟真实设备的键盘操作。当仿真器的大小不是标准值的时候,可能不会出现按键的面板。在这种情况下,只能使用键盘的按键来控制仿真器的按键。按键之间的映射关系如表 2-1 所示。

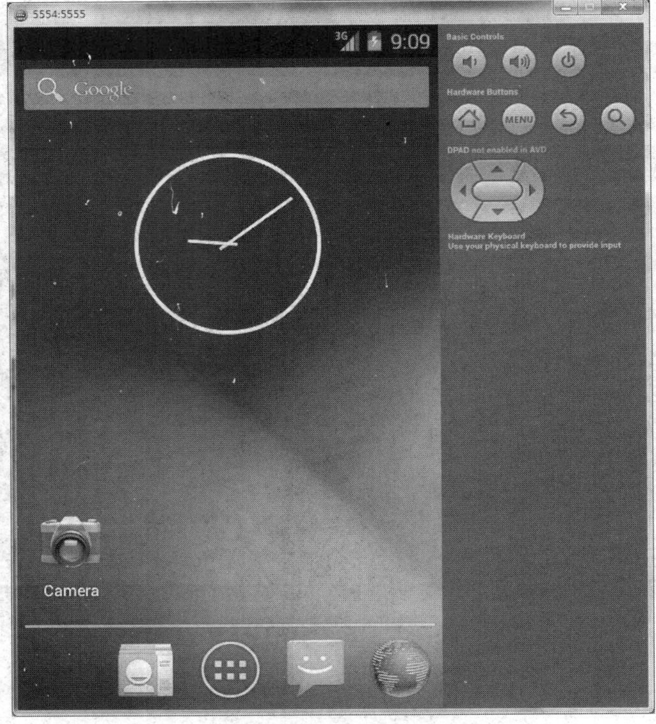

图 2-23　使用仿真器的运行 Android 系统

表 2-1　按键之间的映射关系

仿真器的虚拟按键	键盘的按键
Menu（左软按键）	F2 或 Page Up
Star（右软按键）	Shift-F2 或 Page Down
Back	ESC
Call/Dial	F3
Hangup/End Call	F4
Search	F5
Power	F7
Audio Volume Up	KEYPAD_PLUS、Ctrl+5
Audio Volume Down	KEYPAD_MINUS、Ctrl+F6
Camera	Ctrl-KEYPAD_5、Ctrl+F3
切换到上一个布局方向(如 portrait 和 landscape)	KEYPAD_7，Ctrl+F11
切换到下一个布局方向(如 portrait 和 landscape)	KEYPAD_9，Ctrl+F12
切换 Cell 网络的开关 On/Off	F8
切换 Code Profiling	F9

续表

仿真器的虚拟按键	键盘的按键
切换全屏模式	Alt+Enter
切换跟踪球(trackball)模式	F6
临时进入跟踪球模式(当长按按键的时候)	Delete
DPad Left/Up/Right/Down	KEYPAD_4/8/6/2
DPad Center Click	KEYPAD_5
Onion Alpha 的增加和减少	KEYPAD_MULTIPLY(*)/KEYPAD_DIVIDE(/)

Android 仿真器启动虚拟设备之后,默认就可以使用主机的网络作为自己的网络,使用主机的音频设备作为自己的声音输出。

2.2 创建 Android 的第一个应用

2.2.1 创建一个 Android 应用项目

Android 的 SDK 环境安装完成后,就可以在 SDK 中创建工程并进行调试,或者直接使用 adt-bundle-windows-x86-20130917\eclipse 工具,本节实例就是基于此工具开发的。

建立 Android 工程步骤如下:

(1) 选择 File→New→Project。

(2) 选择 Android→Android Application Project,如图 2-24 所示。

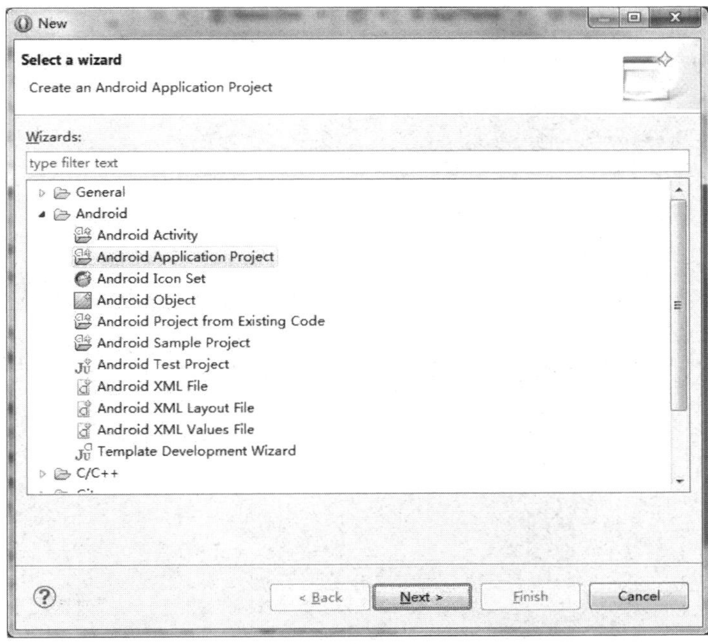

图 2-24 建立新的 Android 工程

单击 Next 按钮，可以选择新建工程的应用名称、工程名称、包名称、最小所需 SDK 版本、目标 SDK 版本、编译版本、主题样式等具体内容，如图 2-25 所示。

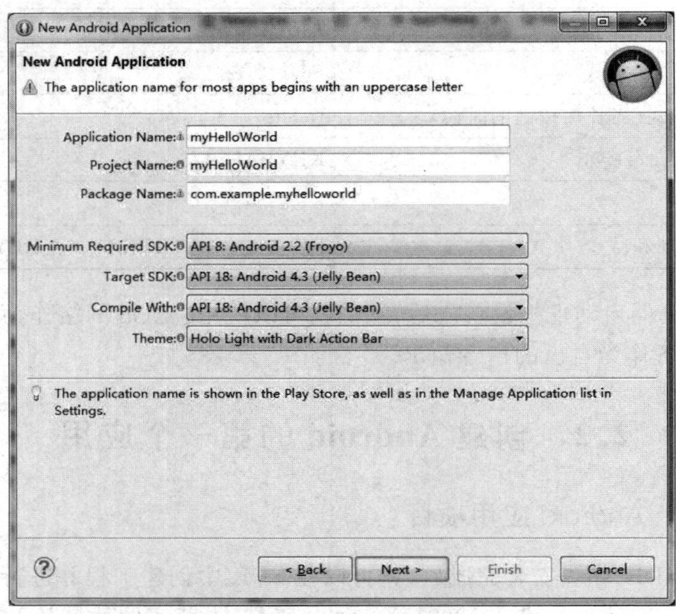

图 2-25　Android 新应用工程的编译属性设置界面

单击 Next 按钮，如图 2-26 所示，出现工程配置界面，可以进行工作空间选择与配置等操作。

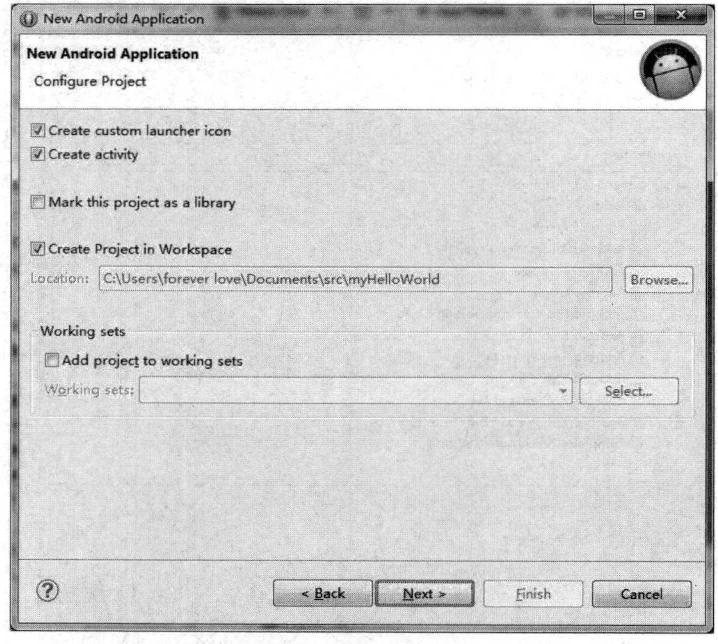

图 2-26　工程配置界面示例

单击 Next 按钮，如图 2-27 所示，出现配置发布图标界面，可以进行发布图标前景、背景选择与配置等操作。

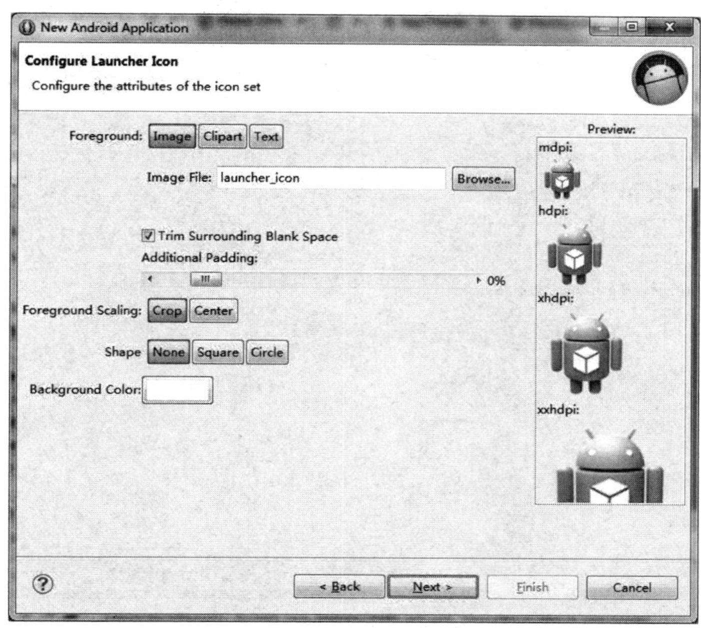

图 2-27　配置发布图标界面

单击 Next 按钮，如图 2-28 所示，出现创建活动界面，可以进行活动类型等的选择操作。

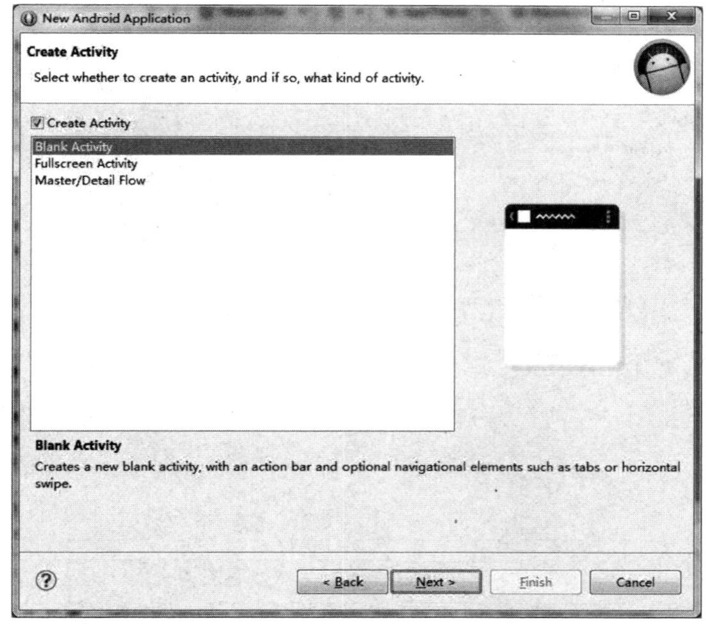

(a) 创建活动界面

图 2-28　创建活动界面

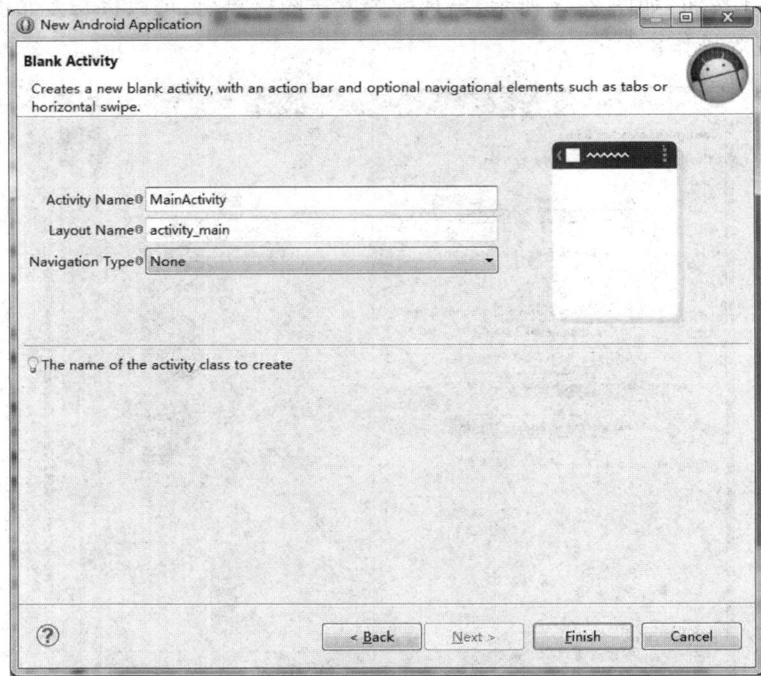

(b) 创建 Blank Activity 活动界面

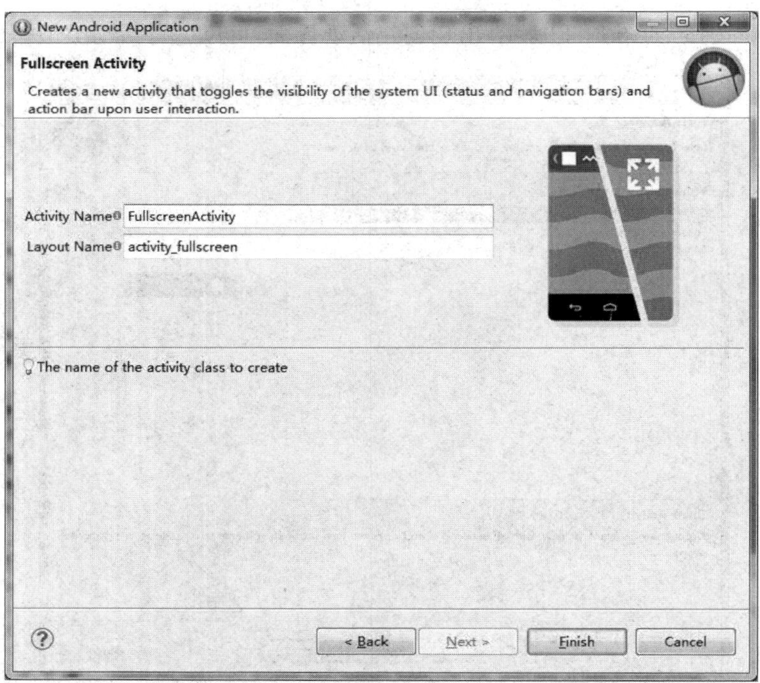

(c) 创建 Fullscreen Activity 活动界面

图 2-28 (续)

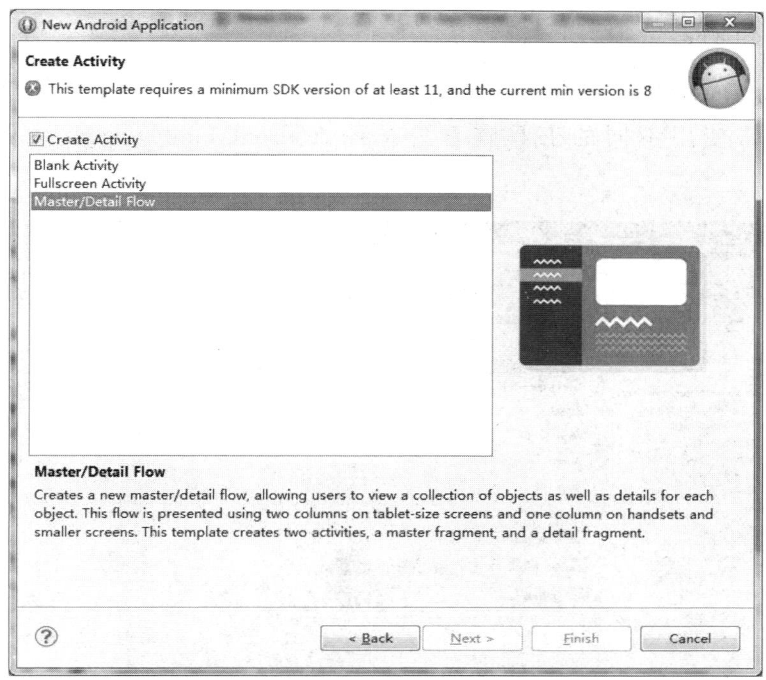

(d) 创建 Master/Detail Activity 活动界面

图 2-28 (续)

如图 2-28(a)所示，单击 Finish 按钮，新创建的工程如图 2-29 所示。

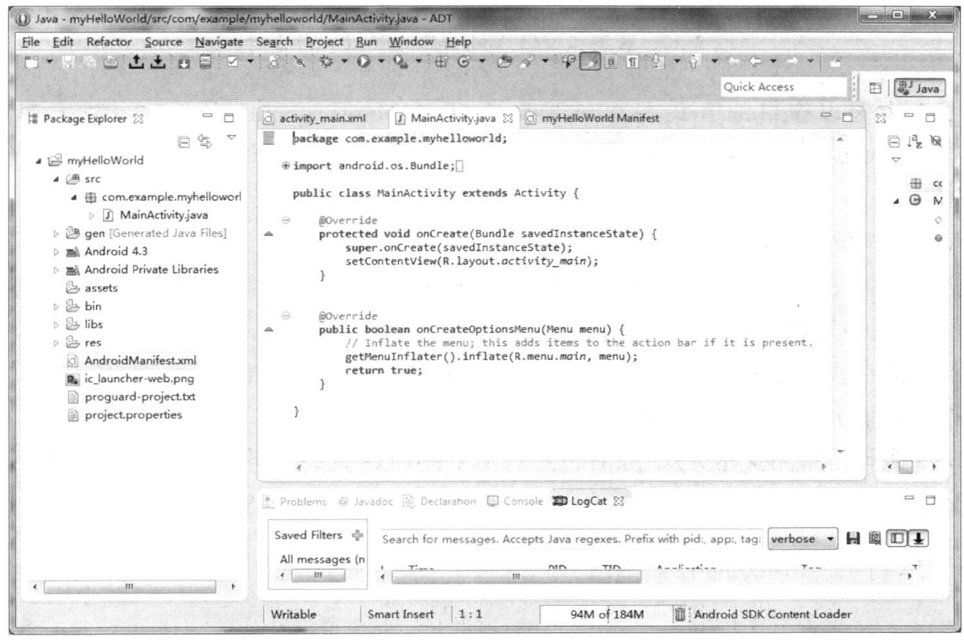

图 2-29 新建 myHelloWorld Android 工程

2.2.2 查看和编辑各个文件

建立工程后，可以通过 IDE 环境查看和编辑 Android 应用程序中的各个文件。不同的文件将使用不同的工具查看。查看 AndroidManifest. xml 文件的情况如图 2-30所示。

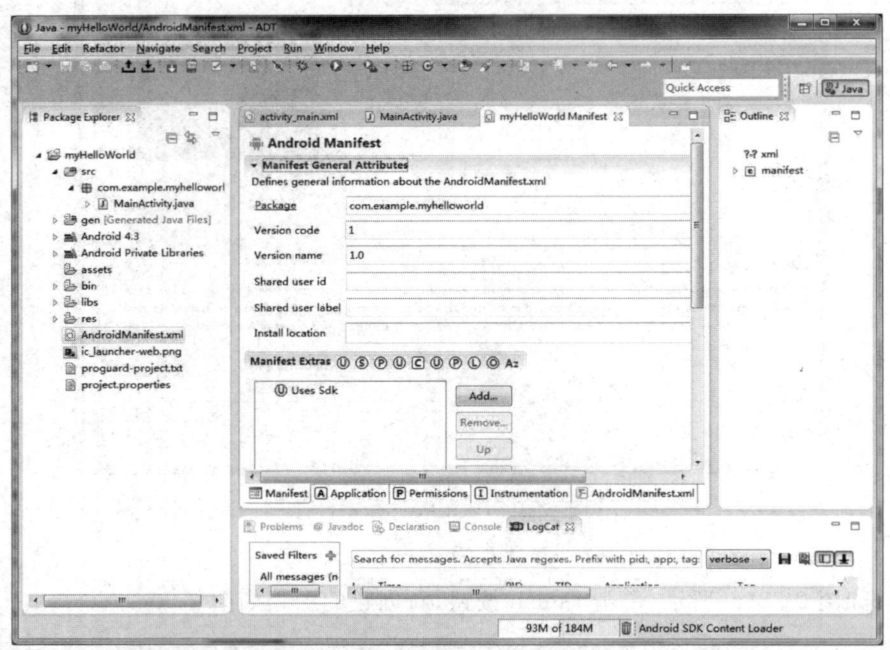

图 2-30　查看和编辑 AndroidManifest. xml 文件

图 2-30 是以窗口的方式查看和更改 AndroidManifest. xml 的内容。单击下面的 AndroidManifest. xml 标签将切换到文本模式，使用文本的方式查看和编辑 AndroidManifest. xml 的内容。

浏览布局文件，如图 2-31 所示。

浏览布局文件是一个更有用的功能，可以直观地查看程序的 UI 布局，单击标签（布局文件的名称）可以切换到文本模式。利用 IDE 的布局查看器，可以在程序没有运行的情况下直接查看和组织目标 UI 界面，查看各个数值文件和创建数值，如图 2-32 所示。

查看各个 Java 源代码文件，如图 2-33 所示。

Java 源代码采用文本方式，在右边还列出了 Java 源代码中类层次结构。在 IDE 的源代码环境中开发 Java 程序，还具有自动修正、自动增加依赖包、类方法属性查找等功能。

2.2.3 运行 Android 的第一个应用

要在 Android 中运行一个工程，右击工程名称，选择 Run As 或者 Debug As 来运行和调试工程，如图 2-34 所示。

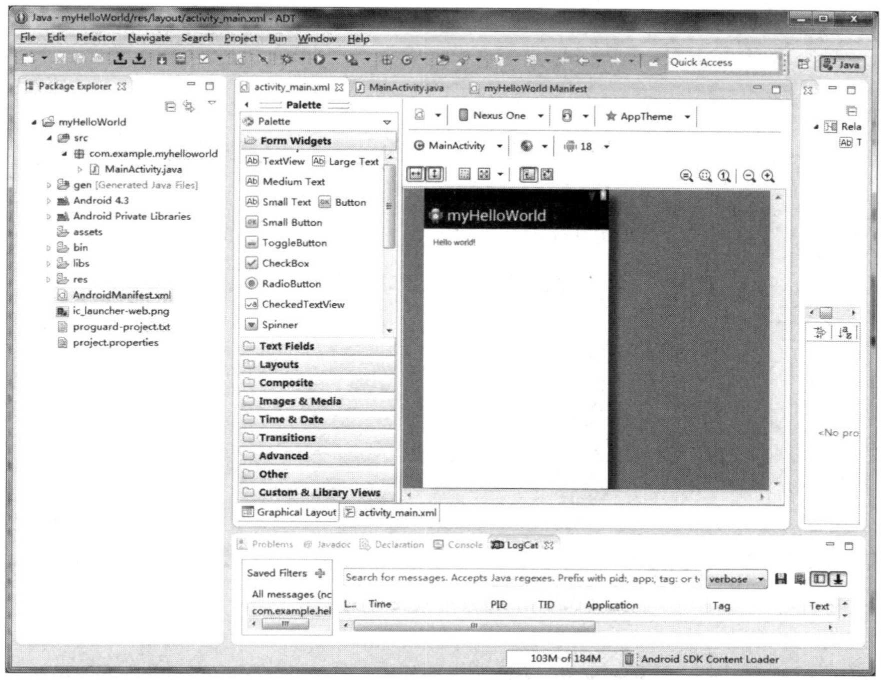

图 2-31　查看和编辑布局文件

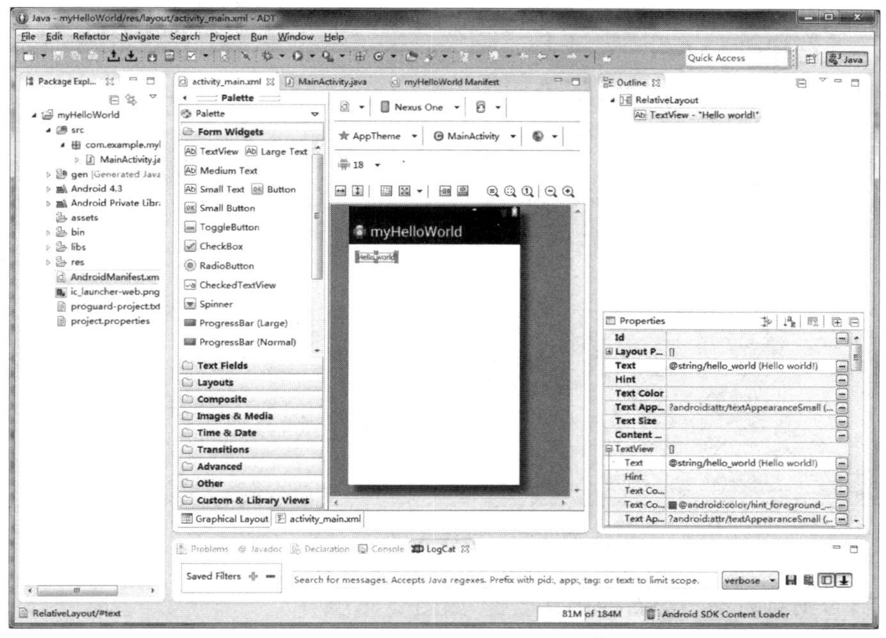

图 2-32　查看各个数值文件和创建数值

开始运行的时候，如果现在已经有连接到真实的设备或者仿真器设备上，将直接使用

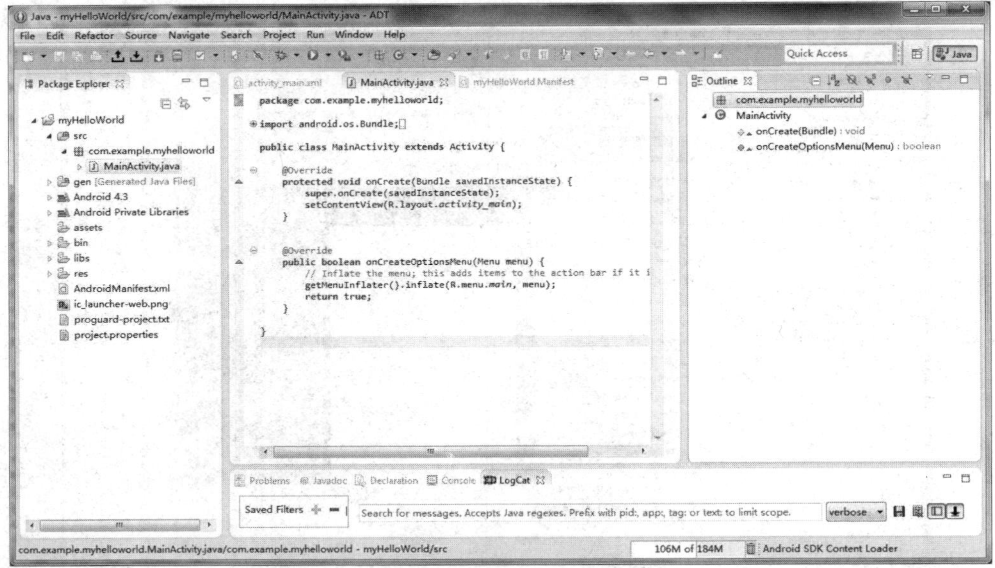

图 2-33 Java 源代码文件的编辑界面

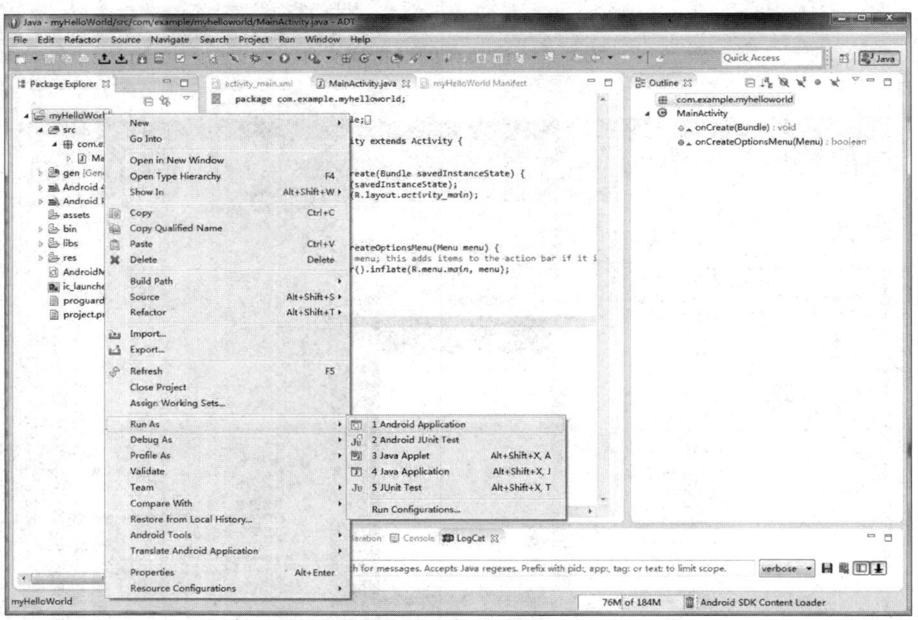

图 2-34 运行 Android 工程

这个设备，否则将启动一个新的仿真设备，如图 2-35 所示。

开始运行后，在 IDE 下层的控制台（console）标签中，将出现目标运行的 log 信息，可以获取目标运行的信息。

在运行的一个仿真设备的时候，可以进一步通过选择 Run As 中的 Run Configurations

进行进一步的配置，启动后的界面如图 2-36 所示。

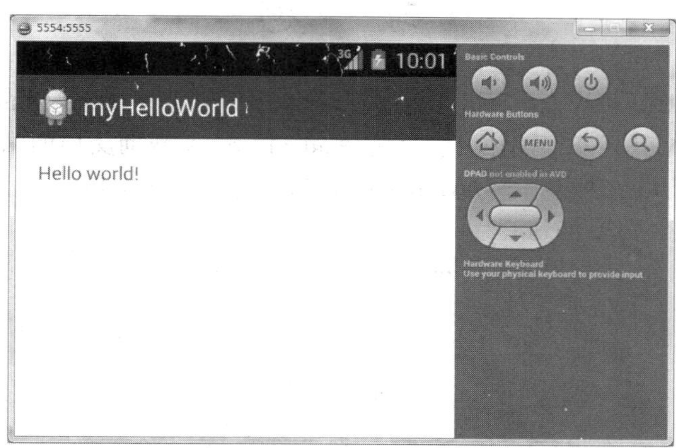

图 2-35 运行 HelloActivity 程序

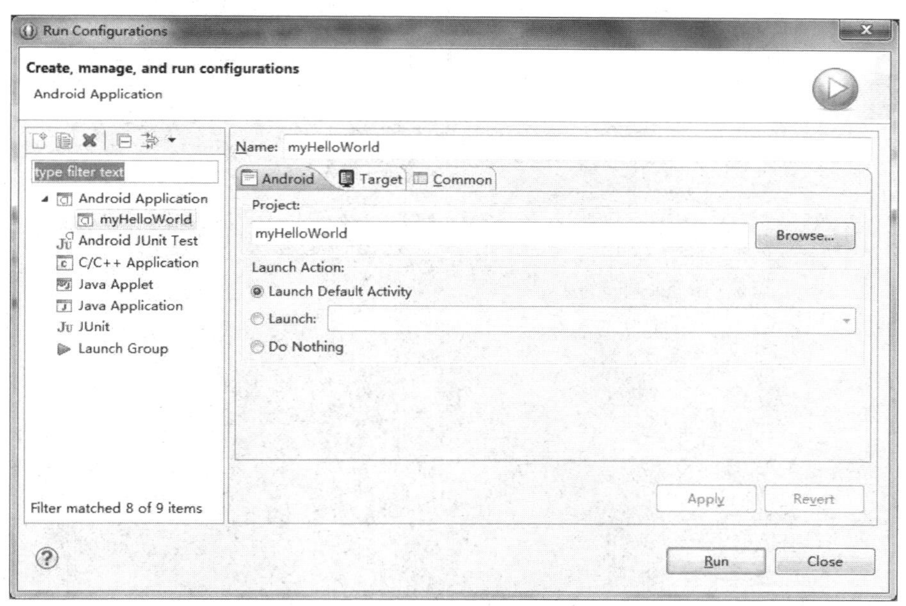

图 2-36 选择工程中运行的动作

其中，在 Android 标签中可以选择启动的工程，在 Launch Action 选项中可以选择启动哪一个活动(Android 的一个工程中可以包含多个活动)。在 Target 标签中可以选择启动时使用的设备。

本 章 小 结

通过本章学习，应清楚地理解 Android 开发环境、Android SDK 安装步骤，熟练掌握创建 Android 应用的具体流程。

习　题

1. 尝试安装 Android 开发环境，并记录安装和配置过程中所遇到的问题。

2. 浏览 Android SDK 帮助文档，了解 Android SDK 帮助文档的结构和用途。

3. 使用 Eclipse 创建名为 MyAndroid 的工程，包名称为 edu. ustb. MyAndroid，程序运行时显示“Hello MyAndroid”。

第 3 章 Android 应用程序的构成

本章将对 Android 应用程序的生命周期进行分析，主要目的是让读者了解 Android 应用程序的构成，掌握 Android 基本组件的特性及其使用方法。

3.1 Android 应用程序目录结构

第 2 章介绍了如何搭建 Android 开发环境及简单地建立一个 myHelloWorld 项目，本章将通过 myHelloWorld 项目来介绍 Android 项目的目录结构，为之后的应用程序构建做好准备(这个 HelloWorld 项目是基于 Android 4.3 的)。在 Eclipse 的左侧展开 myHelloWorld 项目，可以看到如图 3-1 的目录结构。

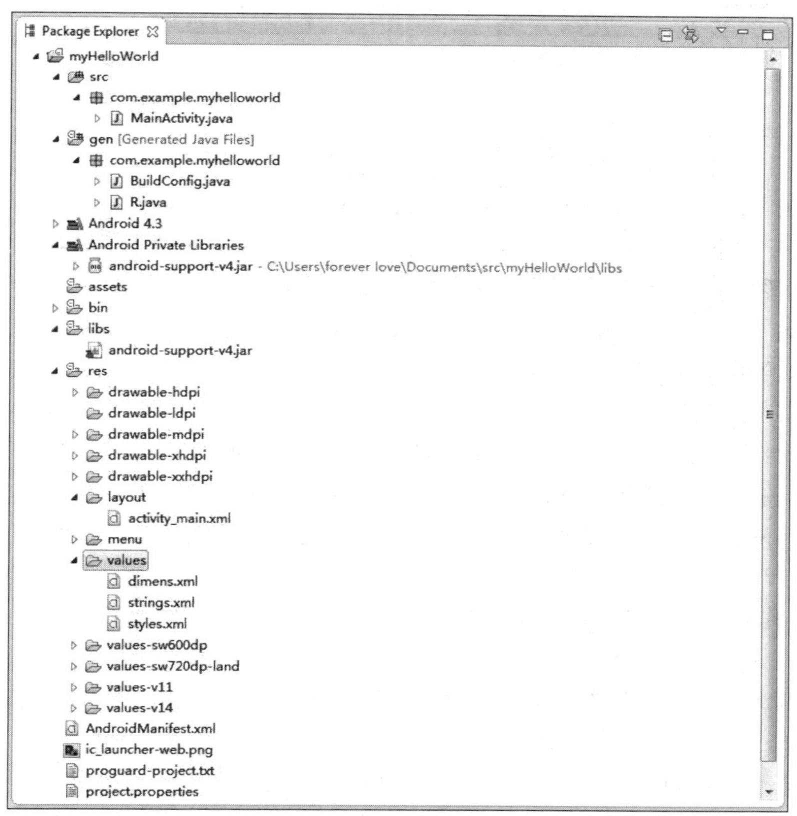

图 3-1 myHelloWorld 项目目录结构

下面将分别介绍其中的各级目录结构。

3.1.1 src文件夹

顾名思义(src即为source code),该文件夹是存放项目的源代码的。打开MainActivity.java文件会看到如下代码:

```
package com.example.myhelloworld;
import android.os.Bundle;
import android.app.Activity;
import android.view.Menu;
public class MainActivity extends Activity {
    @Override
    protected void onCreate(Bundle savedInstanceState) {
        super.onCreate(savedInstanceState);
        setContentView(R.layout.activity_main);
}
    @Override
    public boolean onCreateOptionsMenu(Menu menu) {
    //Inflate the menu; this adds items to the action bar if it is present.
        getMenuInflater().inflate(R.menu.main, menu);
        return true;
    }
}
```

新建一个简单的myHelloWorld项目,系统生成了一个MainActivity.java文件,其中导入了三个类android.app.Activity、android.os.Bundle和android.view.Menu,MainActivity类继承自Activity且重写了onCreate和onCreateOptionsMenu方法。

因为几乎所有的活动都是与用户交互的,所以android.app.Activity类关注于创建窗口,可以用方法setContentView(View)将自己的UI放到里面。然而活动通常以全屏的方式展示给用户,也可以以浮动窗口或嵌入在另外一个活动中。有两个方法是几乎所有的Activity子类都实现的。

(1) 初始化活动onCreate(Bundle),例如完成一些图形的绘制。最重要的是,在这个方法里通常将用布局资源(layout resource)调用setContentView(int)方法定义所需UI,和用findViewById(int)在所需UI中检索需要编程的交互小部件(widgets)。setContentView指定由哪个文件指定布局(main.xml),可以将这个界面显示出来,然后进行相关操作,这些操作会被包装成为一个意图,然后这个意图对应有相关的活动进行处理。

(2) onPause():处理当离开活动时要做的事情。最重要的是,用户做的所有改变应该在这里提交(通常由ContentProvider保存数据)。

android.os.Bundle类从字符串值映射各种可打包的(Parcelable)类型。由于Bundle单词就是捆绑的意思,所有这个类很好理解和记忆。该类提供了公有方法——public boolean containKey(String key),如果给定的key包含在Bundle的映射中,返回true,否则返回false。该类实现了Parceable和Cloneable接口,所以它具有这两者的特性。

android.view.Menu接口代表一个菜单,Android用它来管理各种菜单项。注意,用户一般不自己创建menu,因为每个Activity默认都自带了一个,需要做的是为它添加菜单项和响应菜单项的单击事件。android.view.MenuItem代表每个菜单项,android.view.SubMenu代表子菜单,这三者的关系如图3-2所示。

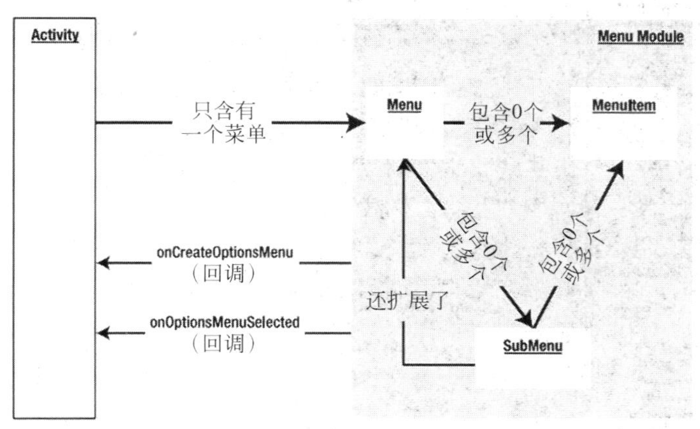

图3-2 android.view.Menu与Activity的关系

如图3-2所示,每个活动包含一个菜单,一个菜单又能包含多个菜单项和多个子菜单,子菜单其实也是菜单(因为它实现了Menu接口),因此子菜单也可以包含多个菜单项。SubMenu继承了Menu的addSubMenu()方法,但调用时会抛出运行时错误。OnCreateOptionsMenu()和OnOptionsMenuSelected()是activity中提供了两个回调方法,用于创建菜单项和响应菜单项的单击。

3.1.2 gen文件夹

该文件夹下面有个R.java文件,R.java是在建立项目时自动生成的,这个文件是只读模式的,不能更改。R.java文件中定义了一个R类,该类中包含很多静态类,且静态类的名字都与res中的一个名字对应,即R类定义该项目所有资源的索引。myHelloWorld项目的R.java文件如图3-3所示。

通过R.java,可以很快地查找需要的资源,另外编译器也会检查R.java列表中的资源是否被使用到,没有被使用到的资源不会编译进软件中,这样可以减少应用在手机中占用的空间。

3.1.3 Android 4.3文件夹

该文件夹下包含android.jar文件,这是一个Java归档文件,其中包含构建应用程序所需的所有Android SDK库(如Views、Controls)和API。通过android.jar将自己的应用程序绑定到Android SDK和Android Emulator,从而允许使用所有Android的库和

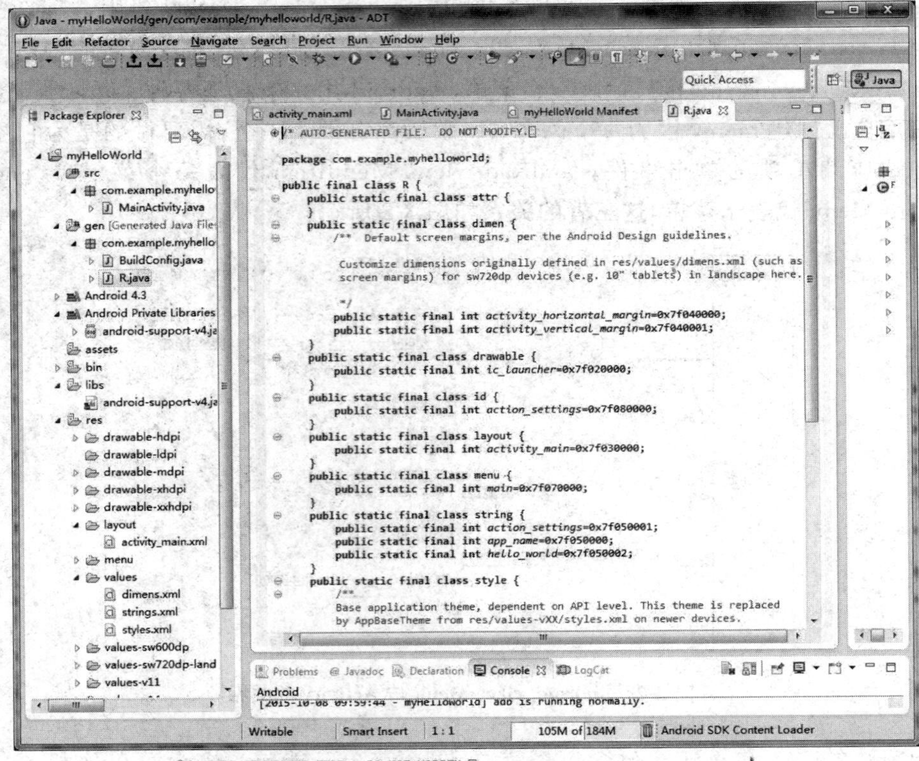

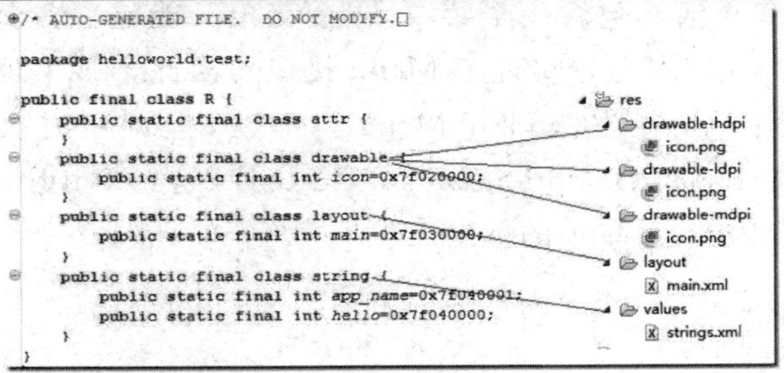

图 3-3　R.java 与对应的 res

包，且使应用程序在适当的环境中调试。

例如，上面 MainActivity.java 源文件中的：

```
import android.os.Bundle;
import android.app.Activity;
import android.view.Menu;
```

三行代码就是从 android.jar 中导入包。

3.1.4　assets 文件夹

包含应用系统需要使用到的诸如 MP3、视频之类的文件。

3.1.5 res 文件夹

为资源目录，包含项目中的资源文件并将编译进应用程序。此目录需要添加资源时，会被 R.java 自动记录。新建一个项目，res 目录下有多个子目录相对应。

(1) drawabel-? dpi：包含一些应用程序可以用的图标文件(*.png、*.jpg)。

(2) layout：包含界面布局文件(main.xml)，与 Web 应用中的 HTML 相同，没修改过的 main.xml 文件如下：

```
<?xml version="1.0" encoding="utf-8"?>
<LinearLayout xmlns:android="http://schemas.android.com/apk/res/android"
    android:orientation="vertical"
    android:layout_width="fill_parent"
    android:layout_height="fill_parent"
    >
<TextView
    android:layout_width="fill_parent"
    android:layout_height="wrap_content"
    android:text="@string/hello"
    />
</LinearLayout>
```

(3) values：软件上所需要显示的各种文字。可以存放多个 *.xml 文件，还可以存放不同类型的数据，包含如 arrays.xml、colors.xml、dimens.xml、styles.xml。

3.1.6 AndroidManifest.xml 文件

作为项目的总配置文件，记录应用中所使用的各种组件。这个文件列出了应用程序所提供的功能，在这个文件中，可以指定应用程序使用到的服务(如电话服务、互联网服务、短信服务、GPS 服务等)。另外，当新添加一个 Activity 时，也需要在这个文件中进行相应配置，才能调用此 Activity。

myHelloWorld 项目的 AndroidManifest.xml 如下所示。

```
<?xml version="1.0" encoding="utf-8"?>
<manifest xmlns:android="http://schemas.android.com/apk/res/android"
    package="com.example.myhelloworld"
    android:versionCode="1"
    android:versionName="1.0" >
    <uses-sdk
        android:minSdkVersion="8"
        android:targetSdkVersion="18" />
    <application
        android:allowBackup="true"
        android:icon="@drawable/ic_launcher"
        android:label="@string/app_name"
```

```
        android:theme="@style/AppTheme" >
        <activity
            android:name="com.example.myhelloworld.MainActivity"
            android:label="@string/app_name" >
            <intent-filter>
                <action android:name="android.intent.action.MAIN" />
                <category android:name="android.intent.category.LAUNCHER" />
            </intent-filter>
        </activity>
    </application>
</manifest>
```

3.2 使用 Android 资源

资源是 Android 应用程序中重要的组成部分。在应用程序中经常会使用字符串、菜单、图像、声音、视频等内容,这些都可以称为资源。通常将资源放到与 apk 文件中与 Android 应用程序一同发布。在资源文件比较大的情况下,也可以通过将资源作为外部文件来使用。下面将分析如何在 Android 应用程序中存储这些资源。

3.2.1 资源的存储

在 Android 中,资源大多都是保存在 res 目录中,例如,布局资源以 XML 文件的形式保存在 res\layout 目录中;图像资源保存着 res\drawable 目录中;菜单资源保存在 res\menu 目录中。ADT 在生成 apk 文件时,这些目录中的资源都会被编译,然后保存到 apk 文件中。如果将资源文件放到 res\raw 目录中,资源将在不编译的情况下放入 apk 文件中。在程序运行时可以使用 InputStream 来读取 res\raw 目录中的资源。

如果使用的资源文件过大,可以考虑将资源文件作为外部文件单独发布。Android 应用程序会从手机内存或者 SD 卡读取这些资源文件。

3.2.2 资源的种类

按资源文件的类型来划分,可以将资源文件划分为 XML、图像和其他文件,如表 3-1 所示。以 XML 文件形式存储的资源可以放在 res 目录的不同子目录中,用来表示不同种类的资源;而图像资源会放在 res\drawable 目录中。除此之外,可以将任意的资源嵌入 Android 应用程序中。例如音频和视频等,这些资源一般放在 res\raw 目录中。

表 3-1 Android 支持的资源

目 录	资源类型	描 述
res\values	XML	保存字符串、颜色、尺寸、类型、主题等资源,可以是任意文件名。对于字符串、颜色、尺寸等信息采用 key-value 形式表示,对于类型、主题等资源,采用其他形式表示

续表

目　录	资源类型	描　述
res\layout	XML	保存布局信息。一个资源文件表示一个 View 或 ViewGroup 的布局
res\menu	XML	保存菜单资源。一个资源文件表示一个菜单(包括子菜单)
res\anim	XML	保存与动画相关的信息。可以定义帧动画和帧间动画
res\xml	XML	在该目录中可以是任意类型的 XML 文件,这些 XML 文件可以在运行时被读取
res\raw	任意	在该目录中的文件虽然也会被封装在 apk 文件中,但不会被编译。在该目录中可以放置任意类型的文件,例如,各种类型的文档、音频、视频文件等
res\drawable	图像	该目录中的文件可以是多种格式的图像文件,例如,bmp、png、if、jpg 等。在该目录中的图像不需要分辨率非常高,aapt 工具会优化这个目录中的图像文件。如果想按字流读取该目录下的图像文件,需要将图像文件放在 res\raw 目录中
assets	任意类型	该目录中的资源与 res\raw 中的资源一样,也不会被编译。不同的是该目录中的资源文件都不会生成资源 ID

3.2.3 资源文件的命名

每一个资源文件或资源文件中的 key-value 对都会在 ADT 自动生成的 R 类(在 R.java 文件中)中找到相对应的 ID,其中资源文件名或 key-value 对中的 key 就是 R 类中的 Java 变量名。因此,资源文件名和 key 的命名首先要符合 Java 变量的命名规则。

除了资源文件和 key 本身的命名要遵循相应的规则外,多个资源文件和 key 也要遵循唯一的原则。也就是说,同类资源的文件名或 key 不能重复。例如,两个表示字符串资源的 key 不能重复,就算这两个 key 在不同的 XML 文件中也不行。

由于 ADT 在生成 ID 时并不考虑资源文件的扩展名,因此,在 res\drawable、res\raw 等目录中不能存在文件名相同,扩展名不同的资源文件。例如在 res\drawable 目录不能同时放置 icon. jpg 和 icon. png 文件。

3.2.4 资源使用示例

在 Android SDK 中不仅提供了大量的系统资源,而且还允许开发人员定制自己的资源。不管是系统资源,还是自定义的资源,一般都会将这些资源放在 res 目录中,然后通过 R 类中的相应 ID 来引用这些资源。接下来将针对 XML 类资源的使用进行分析。

XML 资源实际上就是 XML 格式的文本文件,这些文件必须放在 res\xml 目录中。可以通过 Resources. getXml 方法获得处理指定 XML 文件的 XmlResourceParser 对象。实际上,XmlResourceParser 对象处理 XML 文件的过程主要是针对不同的状态点处理相应的代码,比如开始分析文档、开始分析标签、分析标签完成等,XmlResourceParser 通过调用 next 方法不断更新当前的状态。

下面代码展示了如何读取 res\xml 目录中的 XML 文件的内容,先在 res\xml 目录中建立一个 XML 文件。将 AndroidManifest. xml 文件复制到 res\xml 目录中,并改名为 android. xml。在准备完 XML 文件后,在 onCreate 方法中开始读取 XML 文件的内容。

```
public void onCreate(Bundle savedInstanceState)
{
    super.onCreate(savedInstanceState);
    setContentView(R.layout.main);
    TextView textView=(TextView)findViewById(R.id.textview);
    StringBuffer sb=new StringBuffer();
    //获得处理 android.xml 文件的 XmlResourceParser 对象
    XmlResourceParser xml=getResources().getXml(R.xml.android);
    try
    { //切换到下一个状态,并获得当前状态的类型
        int eventType=xml.next();
        while(true)
        {  //文档开始状态
            if(eventType==XmlPullParser.START_DOCUMENT)
            {
                Log.d("start_document","start_document");
            }
            //标签开始状态
            else if(eventType==XmlPullParser.START_TAG)
            {
                Log.d("start_tag",xml.getName());
                //将标签名称和当前标签的深度(根节点的 depth 是 1,
                //第 2 层节点的 depth 是 2,类推)
                sb.append(xml.getName()+"(depth:"+xml.getDepth()" ");
                //获得当前标签的属性个数
                int count=xml.getAttributeCount();
                //将所有属性的名称和属性值添加到 StringBuffer 对象中
                for(int i=0;i<count;i++)
                {
                    sb.append(xml.getAttributeName(i)+":
                            "+xml.getAttributeValue(i)+"");
                }
                sb.append(")\n");
            }
            //标签结束状态
            else if(eventType==XmlPullParser.END_TAG)
            {
                Log.d("end_tag",xml.getName());
            }
            //读取标签内容状态
            else if(eventType==XmlPullParser.TEXT)
```

```
            {
                    Log.d("text","text");
            }
            //文档结束状态
            else if(eventType==XmlPullParser.END_DOCUMENT)
            {
                Log.d("end_document","end_document");
                //文档分析结束后,退出 while 循环
                break;
            }
            //切换到下一个状态,并获得当前状态的类型
            eventType=xml.next();
        }
        textView.setText(sb.toString());
    }
    catch(Exception e)  {}
}
```

3.3　Android 基本组件

Android 的一个主要特点是，一个应用程序可以利用其他应用程序的元素。例如，如果应用程序需要显示一个图像的滚动列表，且其他应用程序已经开发了一个合适的滚动条并可以提供给别的应用程序用，就可以调用这个滚动条，而不用自己开发一个。应用程序不用并入其他应用程序的代码或链接到它。相反，当需求生成时它只是启动其他应用程序块。

对于这个工作，当应用程序的任何部分被请求时，系统必须能够启动一个应用程序的进程，并实例化该部分的 Java 对象。因此，不像其他大多数系统的应用程序，Android 应用程序没有一个单一的入口点(例如，没有 main()函数)。相反，系统能够实例化和运行需要几个必要的组件。有四种类型的组件：活动(Activities)、服务(Services)、广播接收者(Broadcast receivers)、内容提供者(Content providers)。

然而，并不是所有的应用程序都必须包含上面的四个组件，应用程序可以由上面的一个或几个来组建。当决定使用以上哪些组件来构建 Android 应用程序时，应该将它们列在 AndroidManifest. xml 文件中，在这个文件中可以声明应用程序组件以及它们的特性和要求。

3.3.1　Activity 类

一个活动表示一个可视化的用户界面，关注一个用户从事的事件。例如，一个活动可能表示一个用户可选择的菜单项列表，或者可能显示照片及其标题。一个文本短信应用程序可能有一个活动，显示联系人的名单发送信息，第二个活动是写信息给选定的联系人，还可以有其他活动，如重新查看旧信息或更改设置。虽然它们一起工作形成一个整体

的用户界面，但是每个活动是独立于其他活动的。每一个都是作为 Activity 基类的一个子类的实现。

因为几乎所有的活动(activities)都是与用户交互的，所以 Activity 类关注创建窗口，可以用方法 setContentView(View)将自己的 UI 放到里面。然而活动通常以全屏的方式展示给用户，也可以以浮动窗口或嵌入在另外一个活动中。有两个方法是几乎所有的 Activity 子类都实现的：

(1) onCreate(Bundle)：初始化活动，例如完成一些图形的绘制。最重要的是，在这个方法里通常将用布局资源(layout resource)调用 setContentView(int)方法定义 UI，和用 findViewById(int)在 UI 中检索需要编程地交互的小部件(widgets)。setContentView 指定由哪个文件指定布局(main. xml)，可以将这个界面显示出来，然后进行相关操作，这些操作会被包装成为一个意图(Intent)，然后这个意图对应有相关的活动进行处理。

(2) onPause()：处理当离开活动时要做的事情。最重要的是，用户做的所有改变应该在这里提交，通常由 ContentProvider 保存数据。

一个应用程序可能只包含一个活动，或者像刚才提到的短信应用，也可能包含几个活动。这些活动是什么，以及有多少，当然这取决于它的应用和设计。一般来讲，当应用程序被启动时，被标记为第一个的活动应该展示给用户。从一个活动移动到另一个活动由当前的活动完成开始下一个活动。

每一个活动都有一个默认的窗口。一般来讲，窗口会填满整个屏幕，但是它可能比屏幕小或浮在其他窗口上。一个活动还可以使用额外的窗口——例如弹出式对话框，或当一用户选择屏幕上一个特定项时一个窗口显示给用户重要的信息。

窗口的可视内容是由继承自 View 基类的一个分层的视图——对象提供。每个视图控件是窗口内的一个特定的矩形空间。父视图包含和组织子视图的布局。叶子视图(在分层的底层)绘制的矩形直接控制和响应用户的操作。因此，一个视图是活动与用户交互发生的地方。例如，一个视图可能显示一个小的图片和当用户单击图片时发起一个行为。Android 有一些现成的视图可以使用，包括按钮(buttons)、文本域(text fields)、滚动条(scroll bars)、菜单项(menu items)、复选框(check boxes)等。

3.3.2 Service 类

服务没有可视化用户界面，而是在后台无期限地运行。例如一个服务可能是播放背景音乐，或者是从网络获取数据，或计算一些东西并提供结果给需要的活动。每个服务都继承自 Service 基类。

每个服务类在 AndroidManifest. xml 中由相应的<service>声明。服务可以通过 Context. startService()和 Context. bindService()启动。

一个典型的例子是一个媒体播放器播放一个播放列表中的歌曲。该播放器应用程序将可能有一个或多个活动，允许用户选择歌曲和开始播放。然而，音乐播放本身不会被一个活动处理，因为用户希望保持音乐继续播放，当用户离开播放器去做其他事情时。为了保持音乐继续播放，媒体播放器活动可以启动一个服务在后台运行，系统将保持音乐播放

服务运行，甚至媒体播放器已经离开屏幕。

可以连接(绑定到)一个持续运行的服务(并启动服务，如果它尚未运行)。连接之后，可以通过服务的接口与服务交流。对于音乐服务，这个接口可以允许用户暂停、倒带、停止和重新播放。

与活动和其他组件一样，服务运行在应用程序进程中的主线程中。因此，它们将不会阻止其他组件或用户界面，它们往往产生其他一些耗时的任务(如音乐播放)。

3.3.3　BroadcastReceiver类

一个广播接收者是这样一个组件，它不做什么事，仅是接受广播公告并作出相应的反应。许多广播源自于系统代码，例如公告时区的改变、电池电量低、已采取图片、用户改变了语言偏好。应用程序也可以发起广播，例如，为了让其他程序知道某些数据已经下载到设备并且它们可以使用这些数据。

一个应用程序可以有任意数量的广播接收者去反应任何它认为重要的公告。所有的接收者继承自BroadcastReceiver基类。

BroadcastReceiver类是接收sendBroadcast()发送意图的基类。可以用Context.registerReceiver()动态注册这个类的实例，或者通过AndroidManifest.xml中<receiver>标签静态发布。如果Activity.onResume()注册了一个接收者，应该在Activity.onPause()注销它。因为当暂停时不会接收意图，注销它将减少不必要的系统开销。不要在Activity.onSaveInstanceState()中注销它，因为如果用户移动到先前的堆栈，它将不会被调用。

有两种主要的可接收广播类型：

(1) 正常广播(由Context.sendBroadcast发送)是完全异步的。所有的广播接收者以无序方式运行，往往在同一时间接收。这样效率较高，但是意味着接收者不能使用结果或终止广播数据传播。

(2) 有序广播(由Context.sendOrderedBroadcast发送)一次传递给一个接收者。由于每个接收者依次执行，因此它可以传播到下一个接收器，也可以完全终止传播以便它不会传递给其他接收者。接收者的运行顺序可由匹配的意图过滤器(intent-filter)的android：priority属性控制。

广播接收者不显示一个用户界面。然而，它们会启动一个活动来响应收到的信息，或者可能使用NotificationManager去通知用户。通知可以使用多种方式获得用户的注意(闪烁的背光、振动设备、播放声音等)。典型的是放在一个持久的图标在状态栏，用户可以打开并获取信息。

3.3.4　ContentProvider类

内容提供者使一个应用程序的指定数据集提供给其他应用程序。这些数据可以存储在文件系统、一个SQLite数据库中，或以任何其他合理的方式存储。内容提供者继承自ContentProvider基类并实现了一个标准的方法集，使得其他应用程序可以检索和存储数据。然而，应用程序并不直接调用这些方法。相反，它们使用一个ContentResolver对象并调用它的方法。ContentResolver 能与任何内容提供者通信，它与提供者合作来管理参与进来的进程间的通信。

内容提供者是 Android 应用程序的主要组成部分之一，提供内容给应用程序。它们封装数据且通过单个 ContentResolver 接口提供给应用程序。只有需要在多个应用程序间共享数据时才需要内容提供者。例如，通信录数据被多个应用程序使用，且必须存储在一个内容提供者中。如果不需要在多个应用程序间共享数据，可以直接使用 SQLiteDataBase。

当 ContentResolver 发出一个请求时，系统检查给定的 URI 的权限并传递请求给内容提供者注册。内容提供者能理解 URI 想要的东西。UriMatcher 类用于帮助解析 URI。

需要实现的方法主要如下：

(1) query(Uri, String[], String, String[], String)：返回数据给调用者。

(2) insert(Uri, ContentValues)：插入数据到内容提供者。

(3) update(Uri, ContentValues, String, String[])：更新内容提供者已存在数据。

(4) delete(Uri, String, String[])：从内容提供者中删除数据。

(5) getType(Uri)：返回内容提供者中的 MIME 类型数据。

3.4 AndroidManifest.xml 文件

应用程序的功能清单文件 AndroidManifest.xml 非常重要，下面对该文件进行详细介绍。

3.4.1 AndroidManifest.xml 文件的主要功能

AndroidManifest.xml 是每个 Android 程序中必需的文件，位于 application 的根目录，描述 package 中的全局数据，包括了 package 中的组件(活动、服务等)，它们各自的实现类，以及各种能被处理的数据和启动位置。此文件一个重要的地方就是它所包含的意图过滤器。这些过滤器描述了活动启动的位置和时间。每当一个活动(或者操作系统)要执行一个操作，例如，打开网页或联系簿时，它创建出一个意图的对象。它能承载一些信息描述了想做什么、想处理什么数据、数据的类型以及一些其他信息。Android 比较意图对象中和每个 application 的意图过滤器中的信息，来找到最合适的活动来处理调用者所指定的数据和操作。

AndroidManifest.xml 主要包含以下功能：

(1) 说明应用的 Java 数据包，数据包名是应用的唯一标识；

(2) 描述应用的组件；

(3) 说明应用的组件运行在哪个过程下；

(4) 声明应用所必须具备的权限，用以访问受保护的部分 API，以及与其他应用的交互；

(5) 声明应用其他的必备权限，用以组件之间的交互；

(6) 列举应用运行时需要的环境配置信息，这些声明信息只在程序开发和测试时存在，发布前将被删除；

(7) 声明应用所需要的 Android API 的最低版本级别；

(8) 列举应用所需要链接的库。

3.4.2　AndroidManifest.xml 文件的结构及元素

AndroidManifest.xml 文件的结构、元素，以及元素的属性，可以在 Android SDK 文档中查看详细说明。下面是一个标准的 AndroidManifest.xml 文件样例。

```
<?xml version="1.0" encoding="utf-8"?>
<manifest>
   <!--基本配置 -->
   <uses-permission />
   <permission />
   <permission-tree />
   <permission-group />
   <instrumentation />
   <uses-sdk />
   <uses-configuration />
   <uses-feature />
   <supports-screens />
   <compatible-screens />
   <supports-gl-texture />
      <!--应用配置 -->
   <application>
            <!--Activity 配置 -->
      <activity>
         <intent-filter>
            <action />
            <category />
            <data />
         </intent-filter>
         <meta-data />
      </activity>
            <activity-alias>
         <intent-filter>... </intent-filter>
         <meta-data />
      </activity-alias>
            <!--Service 配置 -->
      <service>
         <intent-filter>... </intent-filter>
         <meta-data/>
      </service>
```

```
            <!--Receiver 配置 -->
        <receiver>
            <intent-filter>...</intent-filter>
            <meta-data />
        </receiver>
            <!--Provider 配置 -->
        <provider>
            <grant-uri-permission />
            <meta-data />
        </provider>
            <!--所需类库配置 -->
        <uses-library />
    </application>
</manifest>
```

从以上示例代码中，可以看出 Android 配置文件采用 XML 作为描述语言，每个 XML 标签都不同的含义，大部分的配置参数都放在标签的属性中。下面便按照以上配置文件样例中的先后顺序来学习 Android 配置文件中主要元素与标签的用法。

而在看这些众多的元素以及元素的属性前，需要先了解一下这些元素在命名、结构等方面的规则：

(1) 元素：在所有的元素中只有<manifest>和<application>是必需的，且只能出现一次。如果一个元素包含有其他子元素，必须通过子元素的属性来设置其值。处于同一层次的元素，这些元素的说明是没有顺序的。

(2) 属性：按照常理，所有的属性都是可选的，但是有些属性是必须设置的。那些真正可选的属性，即使不存在，其也有默认的数值项说明。除了根元素<manifest>的属性，所有其他元素属性的名字都是以 android：为前缀的。

(3) 定义类名：所有的元素名都对应其在 SDK 中的类名，如果自己定义类名，必须包含类的数据包名，如果类与应用处于同一数据包中，可以直接简写为“.”。

(4) 多数值项：如果某个元素有超过一个数值，这个元素必须通过重复的方式来说明其某个属性具有多个数值项，且不能将多个数值项一次性说明在一个属性中。

(5) 资源项说明：当需要引用某个资源时，其采用如下格式：@[package：]type：name。例如<activity android：icon=”@drawable/icon ” ...>。

(6) 字符串值：类似于其他语言，如果字符中包含有字符“\”，则必须使用转义字符“\\”。

3.4.3 AndroidManifest 文件主要元素与标签

1. <manifest>标签

AndroidManifest. xml 配置文件的根元素，必须包含一个<application>元素并且指定 xlmns：android 和 package 属性。xlmns：android 指定了 Android 的命名空间，默认情况下是 http：//schemas. android. com/apk/res/android；而 package 是标准的应用包名，也是一个应用进程的默认名称，com. app. demos 就是一个标准的 Java 应用包名，为了

避免命名空间的冲突，一般会以应用的域名来作为包名。

还有一些其他常用的属性需要注意一下，如 android：versionCode 是给设备程序识别版本用的，必须是一个整数值，代表应用更新过多少次；而给用户查看版本用的则是 android：versionName，需要具备一定的可读性，例如 1.0.0。<manifest>标签语法范例如下。

```
<manifest xmlns:android=http://schemas.android.com/apk/res/android
  package="string" android:sharedUserId="string"
  android:sharedUserLabel="string resource"
  android:versionCode="integer"
  android:versionName="string"
  android:installLocation=["auto" | "internalOnly" | "preferExternal"] >
......
</manifest>
```

2. <uses-permission>标签

为了保证 Android 应用的安全性，应用框架制定了比较严格的权限系统，一个应用必须声明了正确的权限才可以使用相应的功能，例如，需要让应用能够访问网络就需要配置 android. permission. INTERNET，而如果要使用设备的相机功能，则需要设置 android. permission. CAMERA 等。<uses-permission>就是最经常使用的权限设定标签，通过设定 android：name 属性来声明相应的权限名，在应用实例中，就是根据应用的所需功能声明了对应的权限，相关代码如下。

```
<manifest...>
......
  <!--网络相关功能 -->
  <uses-permission android:name="android.permission.INTERNET" />
  <uses-permission android:name="android.permission.ACCESS_NETWORK_STATE " />
  <uses-permission android:name="android.permission.ACCESS_COARSE_LOCATION" />
  <uses-permission android:name="android.permission.ACCESS_FINE_LOCATION" />
  <!--读取电话状态 -->
  <uses-permission android:name="android.permission.READ_PHONE_STATE"/>
  <!--通知相关功能 -->
  <uses-permission android:name="android.permission.VIBRATE" />
</manifest>
```

3. <permission>标签

权限声明标签，定义了供给<uses-permission>使用的具体权限。通常情况下不需要为自己的应用程序声明某个权限，除非需要给其他应用程序提供可调用的代码或者数据，这个时候才需要使用<permission>标签。

<permission>标签中提供了 android：name 权限名标签，权限图标 android：icon 以及权限描述 android：description 等属性，另外还可以和<permission-group>以及<permission-tree>配合使用来构造更有层次的、更有针对性权限系统。<permission>

标签语法范例如下。

```
<permission android:description="string resource"
  android:icon="drawable resource"
  android:label="string resource"
  android:name="string"
  android:permissionGroup="string"
  android:protectionLevel=["normal"|"dangerous"|"signature"|"
          signatureOrSystem"] />
```

4. <instrumentation>标签

用于声明 Instrumentation 测试类来监控 Android 应用的行为并应用到相关的功能测试中，其中比较重要的属性有：

(1) 测试功能开关 android：functionalTest、profiling。

(2) 调试功能开关 android：handleProfiling。

(3) 测试用例目标对象 android：targetPackage。

另外，需要注意的是，Instrumentation 对象是在应用程序的组件之前被实例化的，这点在组织测试逻辑的时候需要被考虑到。

<instrumentation>标签语法范例如下。

```
<instrumentation android:functionalTest=["true" | "false"]
  android:handleProfiling=["true" | "false"]
  android:icon="drawable resource"
  android:label="string resource"
  android:name="string"
  android:targetPackage="string" />
```

5. <uses-sdk>标签

用于指定 Android 应用中所需要使用的 SDK 的版本，例如应用必须运行于 Android 2.0 以上的 SDK 中，那么就需要指定应用支持最小的 SDK 版本数为 5。当然，每个 SDK 版本都会有指定的整数值与之对应，例如最常用的 Android 2.2.x 的版本数是 8。除了可以指定最低版本之外，<uses-sdk>标签还可以指定最高版本和目标版本，其语法范例如下。

```
<uses-sdk android:minSdkVersion="integer"
  android:targetSdkVersion="integer"
  android:maxSdkVersion="integer" />
```

6. <uses-configuration>与<uses-feature>标签

这两个标签都是用于描述应用所需要的硬件和软件特性，以便防止应用在没有这些特性的设备上安装。在<uses-configuration>标签中，例如有些设备带有 D-pad 或者 Trackball 这些特殊硬件，那么 android：reqFiveWayNav 属性就需要设置为 true；而如果有一些设备带有硬件键盘，android：reqHardKeyboard 也需要被设置为 true。另外，如果设备需要支持蓝牙，可以使用<uses-feature android：name＝" android. hardware.

bluetooth" />来支持这个功能。这两个标签主要用于支持一些特殊的设备中的应用，两个标签的语法范例分别如下。

```
<uses-configuration android:reqFiveWayNav=["true" | "false"]
  android:reqHardKeyboard=["true" | "false"]
  android:reqKeyboardType=["undefined" | "nokeys" | "qwerty" | "twelvekey"]
  android:reqNavigation=["undefined" | "nonav" | "dpad" | "trackball" | "wheel"]
  android:reqTouchScreen=["undefined" | "notouch" | "stylus" | "finger"] />
<uses-feature android:name="string"
  android:required=["true" | "false"]
  android:glEsVersion="integer" />
```

7. <application>标签

应用配置的根元素，位于<manifest>下，包含所有与应用有关配置的元素，其属性可以作为子元素的默认属性，常用的属性有应用名 android: label、应用图标 android: icon、应用主题 android: theme 等。当然，<application>标签还提供了其他丰富的配置属性，以下是语法范例。

```
<application android:allowTaskReparenting=["true" | "false"]
  android:backupAgent="string"
  android:debuggable=["true" | "false"]
  android:description="string resource"
  android:enabled=["true" | "false"]
  android:hasCode=["true" | "false"]
  android:hardwareAccelerated=["true" | "false"]
  android:icon="drawable resource"
  android:killAfterRestore=["true" | "false"]
  android:label="string resource"
  android:logo="drawable resource"
  android:manageSpaceActivity="string"
  android:name="string"
  android:permission="string"
  android:persistent=["true" | "false"]
  android:process="string"
  android:restoreAnyVersion=["true" | "false"]
  android:taskAffinity="string"
  android:theme="resource or theme" >
......
</application>
```

8. <activity>标签

Activity 活动组件（即界面控制器组件）的声明标签，Android 应用中的每一个 Activity 都必须在 AndroidManifest.xml 配置文件中声明，否则系统将不识别也不执行该 Activity。<activity>标签中常用的属性有：Activity 对应类名 android: name，对应主题 android: theme，加载模式 android: launchMode，键盘交互模式 android: windowSoftInputMode 等。另外，<activity>标签还可以包含用于消息过滤的<intent-filter>元素，还有可用于存储预定义数据的<meta-data>元素，以下是<activity>标签的语法范例。

```
<activity android:allowTaskReparenting=["true" | "false"]
  android:alwaysRetainTaskState=["true" | "false"]
  android:clearTaskOnLaunch=["true" | "false"]
  android:configChanges=["mcc", "mnc", "locale",
          "touchscreen", "keyboard", "keyboardHidden",
             "navigation", "orientation", "screenLayout",
             "fontScale", "uiMode"]
  android:enabled=["true" | "false"]
  android:excludeFromRecents=["true" | "false"]
  android:exported=["true" | "false"]
  android:finishOnTaskLaunch=["true" | "false"]
  android:hardwareAccelerated=["true" | "false"]
  android:icon="drawable resource"
  android:label="string resource"
  android:launchMode=["multiple" | "singleTop" | "singleTask" | "singleInstance"]
  android:multiprocess=["true" | "false"]
  android:name="string"
  android:noHistory=["true" | "false"]
  android:permission="string"
  android:process="string"
  android:screenOrientation=["unspecified" | "user" | "behind" |
          "landscape" | "portrait" |
          "sensor" | "nosensor"]
  android:stateNotNeeded=["true" | "false"]
  android:taskAffinity="string"
  android:theme="resource or theme"
  android:windowSoftInputMode=["stateUnspecified",
          "stateUnchanged", "stateHidden",
          "stateAlwaysHidden", "stateVisible",
          "stateAlwaysVisible", "adjustUnspecified",
          "adjustResize", "adjustPan"] >
......
</activity>
```

9. <service>标签

Service 服务组件的声明标签，用于定义与描述一个具体的 Android 服务，主要属性有 Service 服务类名 android: name、服务图标 android: icon、服务描述 android: label 以及服务开关 android: enabled 等。关于 Service 服务组件的概念和用法请参考有关章节

的内容。以下是<service>标签的语法范例。

```
<service android:enabled=["true" | "false"]
  android:exported=["true" | "false"]
  android:icon="drawable resource"
  android:label="string resource"
  android:name="string"
  android:permission="string"
  android:process="string" >
......
</service>
```

10. <receiver>标签

BoardcastReceiver广播接收器组件的声明标签，用于定义与描述一个具体的Android广播接收器，其主要属性和<service>标签有些类似，有BoardcastReceiver接收器类名android：name，接收器图标android：icon、接收器描述android：label以及接收器开关android：enabled等。

本章小结

通过本章学习，应清楚地理解Android应用程序目录结构，学会使用Android资源、Android基本组件，熟练掌握创建应用程序的功能清单文件AndroidManifest.xml的具体流程。

习　　题

1. 简述R.java和AndroidManifest.xml文件的用途。

2. 简述Android系统的四种基本组件Activity、Service、BroadcaseReceiver和ContentProvider的用途。

3. 描述AndroidManifest.xml主要包含的功能。

第4章 Android应用程序的控制机制

在 Android 应用中，Activity 提供可视化的用户界面，一个 Android 应用程序通常由多个 Activity 组成。每个 Activity 有自己的生命周期，一个 Activty 组件的结束，另一个 Activity 将处于活动状态，它们组成了一个应用任务。每个 Activity 的状态由 Android 系统来控制。想要知道 Android 应用程序是如何运行控制的，首先必须理解 Activity 组件在应用程序中的控制机制。

4.1 Android 应用程序的界面

用户界面（User Interface，UI）是系统和用户之间进行信息交换的媒介，实现信息的内部形式与人类可以接受形式之间的转换。

在 Android 系统中，由于 Android 自带有许多要求，预示着其用户界面的复杂性：它是一个支持多个并发应用程序的多处理系统，可接受多种形式的输入，有着高交互性，必须具有足够的灵活性，以支持现在和未来的设备。令人印象深刻的是丰富的用户界面及其易用性，实现了所有给定的功能。为了使用应用程序在不同的设备上可以正常显示以及运行，避免对系统性能造成过大的负担，应该对其工作原理有清晰的理解。

Android 使用 XML 文件描述用户界面，资源文件独立保存在资源文件夹中，对用户界面描述非常灵活，允许不明确定义界面元素的位置和尺寸，仅声明界面元素的相对位置和粗略尺寸。以下就来介绍一下 Android 的用户界面框架。

Android 在 Java 环境中增加了一个图形用户界面（GUI）工具包，联合了 AWT、Swing、SWT 和 J2ME（支持移动应用 Web UI 的工具包）。Android 框架和它们一样，是单线程，事件驱动的，并包含一个嵌套的组件库。

关于 Android 中的组件和应用，之前涉及的大都是静态组件的概念。而当一个应用运行起来就需要关心进程、线程的概念。

4.2 Android 应用程序的任务、进程和线程

在大多数操作系统中，可执行文件（如 Windows 里的 exe 文件）可以产生进程，并能与界面图标、应用进行用户交互。但在 Android 中，这是不固定的，理解将这些分散的部分如何进行组合是非常重要的。

由于 Android 是可灵活变通的，在实现一个应用不同部分时需要理解一些基础技术：

(1) 一个包（简称 .apk），里面包含应用程序的代码以及资源。这是一个应用发布、用户能下载并安装在他们设备上的文件。

(2) 一个任务，通常用户能把它当作为一个"应用程序"来启动：通常在桌面上会有一个图标来启动任务。这是一个上层的应用，可以将任务切换到前台来。

(3) 一个进程，是一个底层的代码运行级别的核心进程。通常在 apk 包中，所有代码运行在一个进程里，一个进程对于一个 apk 包。然而，进程标签常用来改变代码运行的位置，可以是全部的 apk 包，或是独立的活动、接收器、服务，或者提供器组件。

4.2.1 任务

用户看到的应用，无论实际是如何处理的，它都是一个任务。如果仅仅通过一些活动来创建一个 apk 包，其中有一个肯定是上层入口，通过动作的 intent-filter 以及分类 android. intent. category. LAUNCHER，然后. apk 包就可以创建一个单独任务，无论启动哪个活动都会是这个任务的一部分。

一个任务，从使用者的观点，是一个应用程序；对开发者来讲，是贯穿活动着任务的一个或者多个视图，或者一个活动栈。当设置 Intent. FLAG_ACTIVITY_NEW_TASK 标志来启动一个活动意图时，任务就被创建了；这个意图被用作任务的根用途，定义区分哪个任务。如果活动启动时没有这个标记，将运行在同一个任务里(除非活动以特殊模式被启动)。如果使用 FLAG_ACTIVITY_NEW_TASK 标记并且这个意图的任务已经启动，任务将被切换到前台而不是重新加载。

必须小心使用 FLAG_ACTIVITY_NEW_TASK：在用户看来，一个新的应用程序由此启动。如果这不是所期望的，想要创建一个新的任务。另外，如果用户需要从桌面退出到他原来的地方然后使用同样的意图打开一个新的任务，需要使用新的任务标记。否则，如果用户在刚启动的任务里按桌面(HOME)键，而不是退出(BACK)键，任务以及任务的活动将被放在桌面程序的后面，没有办法再切换过去。

1. 任务亲和力

一些情况下 Android 需要知道哪个任务的活动附属于一个特殊的任务，即使该任务还没有被启动。这通过任务亲和力来完成，它为任务中一个或多个可能要运行的活动提供一个独一无二的静态名字。默认情况下为活动命名的任务亲和力的名字，就是实现该活动 apk 包的名字。这提供一种通用的特性，对用户来说，所有在 apk 包里的活动都是单一应用的一部分。

当不带 Intent. FLAG_ACTIVITY_NEW_TASK 标记启动一个新的活动，任务亲和力对新启动的活动将没有影响作用：它将一直运行在它启动的那个任务里。然而，如果使用 NEW_TASK 标记，亲和力会检测已经存在的任务是否具有相同的亲和力。如果是，该任务会被切换到前台，新的活动会在任务的最上面被启动。

可以在表现文件里的应用程序标签里为 apk 包中所有的活动设置自己的任务亲和力，当然也可以为单独的活动设置标签。

如果 apk 包里包含多个用户可启动的上层应用程序，想要为每个活动分配不同的亲和力。这里有一个易理解的协定，可将不同名字字串加上冒号附加在. apk 包名字后面。

如 com. android. contacts 的亲和力命名是 com. android. contacts：Dialer 和 com. android. contacts：ContactsList。

如果想替换一个通知、快捷键或其他能从外部启动应用程序的内部活动，需要在想替换的活动里明确设置任务亲和力。例如，如果想替换联系人详细信息浏览界面，用户可以直接操作或者通过快捷方式调用，需要设置任务亲和力为 com. android. contacts。

2. 启动模式以及启动标记

控制活动和任务通信的最主要方法是通过设置启动模式的属性以及意图的相应标记。这两个参数能以不同的组合来共同控制活动的启动结果，这在相应的文档里有描述。这里只描述一些通用的用法以及几种不同的组合方式。

最通常使用的模式是 singleTop。这不会对任务产生什么影响，仅仅是防止在栈顶多次启动同一个活动。

singleTask 模式对任务有一些影响：它能使得活动总是在新的任务里被打开，或者将已经打开的任务切换到前台来。使用这个模式需要加倍注意该进程是如何与系统其他部分交互的，它可能影响所有的活动。这个模式最好用于应用程序入口活动的标记中，支持 MAIN 活动和 LAUNCHER 分类。

singleInstance 启动模式更加特殊，该模式只能当整个应用只有一个活动时使用。

有一种情况会经常遇到，其他实体（如搜索管理器 SearchManager 或通知管理器 NotificationManager）会启动活动。这种情况下，需要使用 Intent. FLAG_ACTIVITY_NEW_TASK 标记，因为活动在任务（这个应用/任务还没有被启动）之外被启动。就像之前描述的一样，这种情况下标准特性就是当前任务与新活动的亲和性匹配的任务将会切换到前台，然后在最顶端启动一个新的活动。当然，也可以实现其他类型的特性。

一个常用的做法就是将 Intent. FLAG_ACTIVITY_CLEAR_TOP 和 NEW_TASK 一起使用。这样，如果任务已经处于运行中，任务将会被切换到前台来，在栈里的所有活动除根活动之外，都将被清空，根活动的 onNewIntent(Intent) 方法传入意图参数后被调用。当使用这种方法的时候，经常使用 singleTop 或者 singleTask 启动模式，这样当前实例会被置入一个新的意图，而不是销毁原先的任务然后启动一个新的实例。

另外可以使用的一个方法是设置活动的任务亲和力为空字串（表示没有亲和力），然后设置 finishOnBackground 属性。如果想让用户给提供一个单独的活动描述通知，还不如返回到应用的任务里。要指定这个属性，不管用户使用 BACK 还是 HOME，活动都会结束；如果没有指定这个属性，按 HOME 键将会导致活动以及任务还留在系统里，并且没有办法返回到该任务里。

4.2.2 进程

默认情况下，应用的所有组件都运行在同一个进程中，而且应用不应该改变这个传统。然而，如果发现需要控制某个组件运行在那个进程中，可以通过应用程序清单来配置。

在应用程序清单文件中，每个类型的应用程序组件都支持 android：process 属性，这个属性用来指明该程序组件运行的进程。可以为应用程序组件设置这个属性，使得每个组件运行在不同的进程中或者某几个组件使用同一进程。也可以通过设置 android：process 使得不同应用中的组件运行在同一个进程中，前提是这些应用使用同一个 Linux 用户名并且使用同一个证书签名。元素也支持 android：process 属性，用来为应用程序的所有组件设置默认的进程。

Android 系统中的系统资源过低，而且需要启动为用户立即提供服务的进程时，可能会终止某些进程的运行。运行在这些被终止的进程中的程序组件将逐个被销毁。此后，如果还有工作需要这些应用程序组件，将启动新的进程。

在决定哪些进程可以杀死时，系统将权衡这些进程对用户的重要性。例如，那些运行不可见的 Activity 的进程，比运行屏幕上可见的 Activity 的进程更容易被杀死。

1. 进程生命周期

Android 系统会尽可能长地保持应用程序进程的运行，但总会需要清除旧的进程来释放资源，以满足新或重要进程的运行。为了决定哪些进程可以杀死，哪些进程需要保留，系统根据运行在其中的应用程序组件和这些组件的状态，将这些进程分配到“重要性层次表”中。具有最低重要性的进程首先被杀死，次重要性的进程为其次等，直到系统恢复所需的资源。“重要性层次表”可以分为 5 个层次，下面列表给出了不同类型进程的重要性等级。

2. 前台进程

这种进程是当前用户所需要的。一个进程被认为是前台进程需满足下面条件之一：

(1) 本进程中有 Activity 是当前和用户有交互的 Activity(该 Activity 的 onResume()已调用)。

(2) 本进程中有 Service 与当前用户有交互 Activity 的绑定。

(3) 本进程中有在前台运行的 Service，该 Service 调用过 startForeground()。

(4) 本进程中有 Service 正在执行某个生命周期回调函数(onCreate()、onStart()或 onDestroy())。

(5) 本进程中的某个 BroadcastReceiver 正在执行 onReceive()方法。

3. 可见进程

这种进程虽然不含有任何在前台运行的组件，但会影响当前显示在用户屏幕上的内容，一个进程中满足下面两个条件之一时被认为是个可见进程：

(1) 本进程含有一个虽然不在前台但却部分可见的 Activity(该 Activity 的 onPause()被调用)。可能发生的情形是前台 Activity 显示一对话框，此时之前的 Activity 变为部分可见。

(2) 本进程含有绑定到可见 Activity 的 Service。

4. 服务进程

该进程运行了某个使用 startService()启动的 Service，但不属于以上两种情况。尽管此服务进程不直接与用户可以看到的任何部分有关联，但它会运行一些用户关心的事情(例如在后台播放音乐或者通过网络下载文件)。因此 Android 系统会尽量让它们运行直到系统资源低到无法满足前台和可见进程的运行。

5. 后台进程

该进程运行一些目前用户不可见的 Activity，该 Activity 的 onStop()已被调用，该进程对用户体验无直接的影响，系统中资源低时，为保证前台、可见或服务进程运行，可以随时杀死该进程。通常系统中有很多进程在后台运行，这些进程保存在最近使用过（Least Recently Used，LRU）列表中，以保证用户最后看到的进程最后被杀死。如果一个 Activity 正确实现了它的生命周期函数，并保存了它的状态。杀死运行该 Activity 的进程对用户来说在视觉上不会有什么影响，这是因为之后用户回到该 Activity 时，该 Activity 能够正确恢复之前屏幕上的状态。

6. 空进程

该进程不运行任何活动的应用程序组件。保持这种进程运行的唯一原因是由于缓存，以缩短下次运行某个程序组件时的启动时间。系统会为了实现进程缓存和内核缓存之间的平衡经常会清除空进程。

Android 系统会根据进程中当前活动的程序组件的重要性，尽可能高地给该进程评级。例如，如果一个进程中同时有一个 Service 和一个可见的 Activity 在运行，该进程将被定级为可见进程而不是服务进程(可见进程的优先级高于服务进程)。

此外，一个进程的级别可能会把其有依赖的其他进程级别提高——一个给其他进程提供服务的进程的级别不会低于它所服务的进程的级别。例如，进程 A 中的 ContentProvider 给进程 B 中某客户端提供数据服务，或者进程 A 中某个服务被进程 B 某组件所绑定，那么进程 A 重要性程度不会低于进程 B。

由于运行 Service 的进程的级别高于运行后台 Activity 的进程的级别，一个需要较长时间运行操作的 Activity 启动能够完成该操作的 Service，可能也能很好地完成任务而无须简单创建一个新工作线程——尤其是该操作运行时间比该 Activity 还要长时。例如，如果一个 Activity 需要完成向服务器上传图片任务时，应该使用一个服务来完成上载任务，这样即使用户离开该 Activity，Service 依然可以在后台完成上载任务。使用 Service 可以保证某个操作至少具有服务进程的优先级而无须关心该 Activity 发生了什么变化。这也是一个 BroadcastReceiver 应该使用一个 Service 而非一个线程来完成某个耗时任务的原因。

4.2.3 线程

Android 系统启动某个应用后，将会创建一个线程来运行该应用，这个线程成为主线程。主线程非常重要，这是因为它要负责消息的分发，给界面上相应的 UI 组件分发事件，包括绘图事件。这也是应用可以与 UI 组件(为 android. widget 和 android. view 中定义的组件)发生直接交互的线程。因此主线程也通常称为用户界面线程(UI 线程)。

Android 系统不会主动为应用程序的组件创建额外的线程。运用在同一进程中的所有程序组件都在 UI 线程中初始化，并使用 UI 线程来分发对这些程序组件的系统调用。由此可见，响应系统回调函数(例如 onKeyDown() 响应用户按键，或某个生命周期回调函数)的方法总是使用 UI 线程来运行。

例如，当用户触摸屏幕上某个按钮时，应用中的 UI 线程将把这个触摸事件发送到对

应的 UI 小组件，然后该 UI 小组件设置其按下的状态并给事件队列发送一个刷新的请求，之后 UI 线程处理事件队列并通知该 UI 小组件重新绘制自身。

如果应用响应用户事件时需要完成一些费事的工作，这种单线程工作模式可能会导致非常差的用户响应性能。尤其是如果所有的工作都在 UI 线程中完成，例如访问网络、数据库查询等费时的工作，将会阻塞 UI 线程。当 UI 线程被阻塞时，就无法分发事件，包括绘图事件。此时从用户的角度来看，该应用看起来不再有响应。更为糟糕的是，如果 UI 线程阻塞超过几秒钟（目前为 5 秒），系统将给用户显示著名的“应用程序无响应”（ANR）对话框。用户可能会选择退出应用，更为甚者，如果他们感觉很不满意还会选择卸载应用。

此外，Android 的 UI 组件包不是“线程安全”的，因此不能使用工作线程中调用 UI 组件的方法，所有有关 UI 的操作必须在 UI 线程中完成。因此，下面为使用 UI 单线程工作线程的两个规则：

（1）永远不要阻塞 UI 线程。

（2）不要在非 UI 线程中操作 UI 组件。

1. 工作线程

由于 Android 使用单线程工作模式，因此不阻塞 UI 线程，对于应用程序的响应性能至关重要。如果在应用中包含一些不是一瞬间就能完成的操作，应用使用额外的线程（工作线程或是后台线程）来执行这些操作。

比如下面示例，在用户单击某个按钮后，就启动一个新线程来下载某个图像，然后在 ImageView 中显示。

```
public void onClick(View v) {
    new Thread(new Runnable() {
        public void run() {
            Bitmap b=loadImageFromNetwork("http://example.com/image.png");
            mImageView.setImageBitmap(b);
        }
        private Bitmap loadImageFromNetwork(String string) {
            //TODO Auto-generated method stub
            return null;
        }
    }).start();
}
public void onClick(View v) {
    new Thread(new Runnable() {
        public void run() {
            Bitmap b=loadImageFromNetwork("http://example.com/image.png");
            mImageView.setImageBitmap(b);
        }
        private Bitmap loadImageFromNetwork(String string) {
            //TODO Auto-generated method stub
```

```
                return null;
            }
        }).start();
    }
```

上述这段代码应该能很好地完成工作，因为它创建了一个新线程来完成网络操作。然而它违法了上面说的第二个规则：不要在非 UI 线程中操作 UI 组件。在这段代码的工作线程中(而不是在 UI 线程中)，直接修改 ImageView，将导致一些不可以预见的后果，常常导致发现此类错误捕捉异常困难和费时。

为了更正此类错误，Android 提供了多种方法使得在非 UI 线程中访问 UI 组件，下面给出了其中的几种方法：

(1) Activity. runOnUiThread (Runnable) 方法。

(2) View. post (Runnable) 方法。

(3) View. postDelayed (Runnable) 方法。

比如，使用 View. post(Runnable)修改上面的代码：

```
public void onClick(View v) {
    new Thread(new Runnable() {
        public void run() {
            final Bitmap bitmap=
                    loadImageFromNetwork("http://example.com/image.png");
            mImageView.post(new Runnable() {
                public void run() {
                    mImageView.setImageBitmap(bitmap);
                }
            });
        }
    }).start();
}
public void onClick(View v) {
    new Thread(new Runnable() {
        public void run() {
            final Bitmap bitmap=
                    loadImageFromNetwork("http://example.com/image.png");
            mImageView.post(new Runnable() {
                public void run() {
                    mImageView.setImageBitmap(bitmap);
                }
            });
        }
    }).start();
}
```

这样的实现是符合“线程安全”原则的：在额外的线程中完成网络操作，并且在 UI 线程中完成对 ImageView 的操作。

然而,随着操作复杂性的增加,上述代码可能会变得非常复杂,从而导致维护困难。为了解决工作线程中处理此类复杂操作,可能会考虑在工作线程中使用 Handler 类来处理由 UI 线程发送过来的消息。但可能使用 AsyncTask 是此类问题的最好解决方案,它简化了工作线程需要与 UI 组件发生交互的问题。

2. 使用 AsyncTask

AsyncTask 允许完成一些与用户界面相关的异步工作。它在一个工作线程中完成一些阻塞工作任务,然后在任务完成后通知 UI 线程,这些都不需要自己来管理工作线程。必须从 AsyncTask 派生一个子类并实现 doInBackground()回调函数来使用 AsyncTask,AsyncTask 将使用后台进程池来执行异步任务。为了能够更新用户界面,必须实现 onPostExecute()方法,该方法将传递 doInBackground()的返回结果,并且运行在 UI 线程中。然后可以在 UI 线程中调用 execute()方法来执行该任务。

例如,使用 AsyncTask 来完成之前的例子:

```
public void onClick(View v) {
    new DownloadImageTask().execute("http://example.com/image.png");
}
private class DownloadImageTask extends AsyncTask {
    /** The system calls this to perform work in a worker thread and
     * delivers it the parameters given to AsyncTask.execute() */
    protected Bitmap doInBackground(String... urls) {
        return loadImageFromNetwork(urls[0]);
    }
     * the result from doInBackground() */
    protected void onPostExecute(Bitmap result) {
        mImageView.setImageBitmap(result);
    }
}
public void onClick(View v) {
    new DownloadImageTask().execute("http://example.com/image.png");
}
private class DownloadImageTask extends AsyncTask {
    /** The system calls this to perform work in a worker thread and
     * delivers it the parameters given to AsyncTask.execute() */
    protected Bitmap doInBackground(String... urls) {
        return loadImageFromNetwork(urls[0]);
    }
    /** The system calls this to perform work in the UI thread and delivers
     * the result from doInBackground() */
    protected void onPostExecute(Bitmap result) {
        mImageView.setImageBitmap(result);
    }
```

```
}
```

现在UI是安全的而且代码变得更简单，因为它把在工作线程中的工作与在UI线程的工作很好地分隔开。应该参考AsyncTask的详细文档以便更好地理解它的工作原理。这里给出它的基本步骤：

(1) 可以使用generics为Task指定参数类型，返回值类型等。

(2) 方法doInBackground()将自动在一个工作线程中执行。

(3) 方法onPreExecute()、onPostExecute()和onProgressUpdate都在UI线程中调用。

(4) 方法doInBackground()的返回值将传递给onPostExecute()方法。

(5) 可以在doInBackground()中任意调用publishProgress()方法，该方法将会调用UI线程中的onProgressUpdate()方法，可以用它来报告任务完成的进度。

(6) 可以在任意线程的任意时刻终止任务的执行。

要注意的是，由于系统配置的变化(例如屏幕的方向转动)，工作线程可能会碰到意外的重新启动，这种情况下，工作线程可能被销毁，可以参考Android开发包中Shelves示例来处理线程重新启动的问题。

3. 编写"线程安全"方法

在某些情况下，编写的方法可能会被多个线程调用，实现此方法时，要保证它是"线程安全"的。"线程安全"是可以被远程调用方法实现的基本规则——例如支持"绑定"的Service中的方法。当在实现了IBinder接口的同一进程中调用IBinder对象的方法时，该方法运行在调用者运行的同一线程中。然而，如果调用来自不同进程，系统将使用与实现IBinder接口的进程关联的线程池中的某个线程(非该进程中的UI线程)来执行IBinder的方法。例如，一个Service的onBind()方法会在某个Service进程的UI线程中调用，而由onBind()返回的对象(比如实现远程调用RPC方法的子类)的方法会在线程池的某个线程中执行。由于Service可能服务于多个客户端，因而线程池中可能有多个线程同时执行IBinder对象的某个方法，因此IBinder对象的方法必须保证是线程安全的。

同样，一个ContentProvider可以接收来自其他多个进程的数据请求。ContentResolver和ContentProvider类隐藏了处理这些数据请求时进程间通信的详细机制。这些请求方法有query()、insert()、delete()、update()及getType()等。这些方法会在ContentProvider进程的线程池的某个线程中执行。由于这些方法同时有不定数量的线程同时调用，因此这些方法也必须是线程安全的。

4. 进程间通信

Android系统支持使用远程调用(Remote Procedure Call Protocol，RPC)来实现进程间通信(interprocess communication，IPC)的机制。此时在一个Activity或其他程序组件中调用某个方法，而该方法的实现执行是在另外的进程中(远程进程)。远程调用可能给调用者返回结果。这就要求将方法调用和相关数据分离到某个层次，以便能让操作系统理解，能从本地进程传送数据到远程进程地址空间，在远程能够重新构造数据以执行方法，返回数据也能够反向返回。Android支持能够完成这些进程间通信事务的所有代码，从而可以只关注于定义和实现远程调用的接口。

为了使用进程间通信，应用需要使用 bindService()绑定到某个 Service。

4.3　Android 组件间的通信

4.3.1　Intent 作用

Intent 被译为意图，其实还是很能传神的，Intent 期望做到的，就是把实现者和调用者完全解耦，调用者专心地将以意图描述清晰，发送出去，就可以梦想成真，达到目的。

Intent 是一个将要执行的动作的抽象描述，一般来说是作为参数来使用，由 Intent 来协助完成 Android 各个组件之间的通信。例如调用 startActivity()来启动一个 Activity，或者由 broadcaseIntent()来传递给所有感兴趣的 BroadcaseReceiver，再或者由 startService()或 bindservice()来启动一个后台的 Service。可以看出，Intent 主要是用来启动其他的 Activity 或者 Service，所以可以将 Intent 理解成 Activity 之间的粘合剂。

4.3.2　Intent 的构成

要在不同的 Activity 之间传递数据，就要在 Intent 中包含相应的内容，一般来说数据中最基本的应该包括如下一些。

1. Action

当日常生活中，描述一个意愿或愿望的时候，总是有一个动词在其中。例如，想做 10 个仰卧起坐，要看一部大片，要写一部小说等。在 Intent 中，Action 就是描述看、做、写等动作的，当指明了一个 Action，执行者就会依照这个动作的指示，接收相关输入，表现相应的行为，产生符合的输出。在 Intent 类中定义了一批量的动作，例如 ACTION_VIEW、ACTION_PICK 之类的，基本涵盖了常用动作。表 4-1 是标准的 Activity Action。表 4-2 是标准的广播 Actions。

表 4-1　标准的 Activity Action

常　　量	动 作 含 义
ACTION_MAIN	作为一个主要的进入口，而并不期望去接收数据
ACTION_VIEW	向用户去显示数据
ACTION_ATTACH_DATA	用于指定一些数据应该附属于一些其他的地方，例如，图片数据应该附属于联系人
ACTION_EDIT	访问已给的数据，提供明确的可编辑
ACTION_PICK	从数据中选择一个子项目，并返回所选中的项目
ACTION_CHOOSER	显示一个 Activity 选择器，允许用户在进程之前选择他们想要的
ACTION_GET_CONTENT	允许用户选择特殊种类的数据，并返回(特殊类型数据，如照张相片或录段音)
ACTION_DIAL	拨打一个指定的号码，显示一个带有号码的用户界面，允许用户启动呼叫

续表

常　　量	动 作 含 义
ACTION_SEND	传递数据，被传送的数据没有指定，接收的 Action 请求用户发数据
ACTION_SYNC	同步执行一个数据
ACTION_PICK_ACTIVITY	为已知的 Intent 选择一个 Activity，返回选中的类
ACTION_SEARCH	执行一次搜索

表 4-2　标准的广播 Action

常　　量	动 作 含 义
ACTION_TIME_TICK	当前时间改变，每分钟都发送，不能通过组件声明来接收，只有通过 Context. registerReceiver()方法来注册
ACTION_TIME_CHANGED	时间被设置
ACTION_TIMEZONE_CHANGED	时间区改变
ACTION_BOOT_COMPLETED	系统完成启动后，一次广播
ACTION_PACKAGE_ADDED	一个新应用包已经安装在设备上，数据包括包名(最新安装的包程序不能接收到这个广播)
ACTION_PACKAGE_CHANGED	一个已存在的应用程序包已经改变，包括包名
ACTION_PACKAGE_REMOVED	一个已存在的应用程序包已经从设备上移除，包括包名(正在被安装的包程序不能接收到这个广播)
ACTION_PACKAGE_RESTARTED	用户重新开始一个包，包的所有进程将被杀死，所有与其联系的运行时间状态应该被移除，包括包名(重新开始包程序不能接收到这个广播)

2. Data(数据)

要实现的具体数据，一般由一个 Uri 变量来表示。下面是一些简单的例子：

```
ACTION_VIEW content://contacts/1//显示 identifier 为 1 的联系人的信息
ACTION_DIAL content://contacts/1//给这个联系人打电话
```

除了 Action 和 Data 这两个最基本的元素外，Intent 还包括一些其他的元素。

3. Category(范畴)

指定 Action 范围，这个选项指定了将要执行的 Action 的其他一些额外约束。有时通过 Action，配合 Data 或 Type，很多时候可以准确地表达出一个完整的意图，但也会需要加一些约束在里面才能够更精准。例如，如果虽然很喜欢做俯卧撑，但一次做 10 个而且只是在特殊的时候才会发生，那么可能表达说：每次吃饭了的时候，都想做 10 分钟散步。吃饭了，这就对应着 Intent 的 Category，它给所发生的意图附加一个约束。在 Android 中，一个实例是，所有应用的主 Activity(单独启动时候，第一个运行的那个 Activity)，都需要一个 Category 为 CATEGORY_LAUNCHER、Action 为 ACTION_MAIN 的 Intent。

4. Type(数据类型)

用于指定类型,以供过滤(比如 ACTION_VIEW 同时指定为 Type 为 Image,则调出浏览图片的应用)。一般情况下,Intent 的数据类型能够根据数据本身进行判定,但是通过设置这个属性,可以强制采用显式指定的类型而不再进行判定。

5. Component(组件)

常用 Action、Data/Type、Category 来描述一个意图,这是 Android 推荐,这种模式称为 Implicit Intents。通过这种模式,提供一种灵活可扩展的模式,给用户和第三方应用一个选择权。例如,一个邮箱软件,大部分功能都好,就是选择图片的功能做得不满意,怎么办?如果它采用的是 Implicit Intents,那么它就是一个开放的体系,在手机中没有其他图片选择功能的情况下,可以继续使用邮箱默认的,如果有,可以任意选择替代原有模块来完成这功能,一切都自然而然。但这种模式需要付出性能上的开销,因为毕竟有一个检索过程。于是,Android 提供了另一种模式,称为 Explicit Intents,这就需要 Component 的帮助了。Component 就是完整的类名,形如 com. xxxxx. xxxx,一旦指明了,可以直接调用,自然是速度快。在明确知道这就是一个内部模块的时候,使用这种模式。

6. Extras(附加信息)

Extras 是其他所有附加信息的集合。使用 Extras 可以为组件提供扩展信息,例如,如果要执行"发送电子邮件"这个动作,可以将电子邮件的标题、正文等保存在 Extras 里,传给电子邮件发送组件。

7. Flags(标志位)

能识别、有输入,整个 Intent 基本就完整了,但还有一些附件的指令,需要放在 Flags 中带过去。顾名思义,Flags 是一个整型数,由一系列的标志位构成,这些标志是用来指明运行模式的。例如,期望这个意图的执行者,以及运行在两个完全不同的任务中,就需要设置 FLAG_ACTIVITY_NEW_TASK 标志位。

Android 一个特色就是应用 A 的 Activity 可启动应用 B 的 Activity,尽管 A 与 B 是毫无干系的,但在用户看来,两个场景紧密联系,视觉上两者构成了一个整体。Android 就是把这种误觉定义为 Task,它既不是类,也不是 AndroidMainifest. xml 中的一个元素。从表现上看 Task 就像是一个栈,一个一个的 Activity 是构成栈的元素,可进行入栈(push)和出栈(pop-up)。

默认的规则总是满足大多数的应用场景,但也总会有一些例外。Task 的默认规则同样并非牢不可破。借助 Intent 中的标志和 AndroidMainifest. xml 中的 Activity 元素的属性,就可以控制 Task 中 Activity 的关联关系和行为。

在 android. content. Intent 中一共定义了 20 种不同的标志,其中与 Task 紧密关联的有如下 4 种:

(1) FLAG_ACTIVITY_NEW_TASK。

(2) FLAG_ACTIVITY_CLEAR_TOP。

(3) FLAG_ACTIVITY_RESET_TASK_IF_NEEDED。

(4) FLAG_ACTIVITY_SINGLE_TOP。

在使用这 4 个标志时,一个 Intent 可以设置一个标志,也可以选择若干个进行组合。

默认情况下，通过 startActivity() 启动一个新的 Activity，这个新的 Activity 将会与调用者在同一个栈中。但是，如果在传递给 startActivity()的 Intent 对象里包含了 FLAG_ACTION_NEW_TASK，情况将发生变化，系统将为新的 Activity 寻找一个不同于调用者的 Task。不过要找的 Task 是不是一定就是新的呢？如果是第一次执行，则这个设想成立；如果说不是，也就是说已经有一个包含此 Activity 的 Task 存在，则不会再启动 Activity。

如果标志是 FLAG_ACTIVITY_CLEAR_TOP，同时当前的 Task 里已经有了这个 Activity，那么情形又将不一样。Android 不但不会启动新的 Activity 实例，而且还会将 Task 里该 Activity 之上的所有 Activity 一律结束掉，然后将 Intent 发给这个已存在的 Activity。Activity 收到 Intent 之后，可以在 onNewIntent()里做下一步的处理，也可以自行结束然后重新创建自己。如果 Activity 在 AndroidManifest.xml 里将启动模式设置成 multiple 默认模式，并且 Intent 里也没有设置 FLAG_ACTIVITY_SINGLE_TOP，那么它将选择后者。否则，它将选择前者。FLAG_ACTIVITY_CLEAR_TOP 还可以与 FLAG_ACTION_NEW_TASK 配合使用。

如果标志设置的是 FLAG_ACTIVITY_SINGLE_TOP，则意味着如果 Activity 已经是运行在 Task 的顶部，则该 Activity 将不会再被启动。

4.3.3 Intent 解析

在应用中，可以以如下两种形式来使用 Intent：

(1) 直接 Intent：指定了 component 属性的 Intent(调用 setComponent(CompoentName)或者 setClass(Context,Class)来指定)。通过指定具体的组件类，通知应用启动对应的组件。

(2) 间接 Intent：没有指定 comonent 属性的 Intent。这些 Intent 需要包含足够的信息，这样系统才能根据这些信息，在所有的可用组件中，确定满足此 Intent 的组件。

对于直接 Intent，Android 不需要去做解析，因为目标组件已经很明确。Android 需要解析的是那些间接 Intent，通过解析，将 Intent 映射给可以处理此 Intent 的 Activity、IntentReceiver 或 Service。

Intent 解析机制主要是通过查找已注册在 AndroidManifest.xml 中的所有<intent-filter>及其中定义的 Intent，通过 PackageManager(注意，PackageManager 能够得到当前设备上所安装的应用包的信息)来查找能够处理这个 Intent 的 component。在这个解析过程中，Android 是通过 Intent 的 action、type、category 这三个属性来进行判断的，判断方法如下：

(1) 如果 Intent 指明 action，则目标组件的 intent-filter 的 action 列表中就必须包含有这个 action，否则不能匹配。

(2) 如果 Intent 没有提供 type，系统将从 data 中得到数据类型。与 action 一样，目标组件的数据类型列表中必须包含 Intent 的数据类型，否则不能匹配。

(3) 如果 Intent 中的数据不是 content 类型的 URI，而且 Intent 也没有明确指定它的 type，将根据 Intent 中数据的 scheme (例如 http：或者 mailto:) 进行匹配。同上，

Intent 的 scheme 必须出现在目标组件的 scheme 列表中。

如果 Intent 指定了一个或多个 category，这些类别必须全部出现在组建的类别列表中。比如 Intent 中包含了两个类别：LAUNCHER_CATEGORY 和 ALTERNATIVE_CATEGORY，解析得到的目标组件必须至少包含这两个类别。

4.3.4　Intent 使用案例

以 Android SDK 中的便笺例子，来说明 Intent 如何定义及如何被解析。这个应用可以让用户浏览便笺列表、查看每一个便笺的详细信息。

```
<manifest xmlns:android="http://schemas.android.com/apk/res/android"
package="com.google.android.notepad">
   <application android:icon="@drawable/app_notes"
         android:label="@string/app_name">
   <provider class="NotePadProvider"
         android:authorities="com.google.provider.NotePad" />
   <activity class=".NotesList"="@string/title_notes_list">
     <intent-filter>
       <action android:value="android.intent.action.MAIN"/>
       <category android:value="android.intent.category.LAUNCHER" />
     </intent-filter>
     <intent-filter>
       <action android:value="android.intent.action.VIEW"/>
       <action android:value="android.intent.action.EDIT"/>
       <action android:value="android.intent.action.PICK"/>
       <category android:value="android.intent.category.DEFAULT" />
       <type android:value="vnd.android.cursor.dir/vnd.google.note" />
     </intent-filter>
     <intent-filter>
       <action android:value="android.intent.action.GET_CONTENT" />
       <category android:value="android.intent.category.DEFAULT" />
       <type android:value="vnd.android.cursor.item/vnd.google.note" />
     </intent-filter>
   </activity>
   <activity class=".NoteEditor"="@string/title_note">
     <intent-filter android:label="@string/resolve_edit">
       <action android:value="android.intent.action.VIEW"/>
       <action android:value="android.intent.action.EDIT"/>
       <category android:value="android.intent.category.DEFAULT" />
       <type android:value="vnd.android.cursor.item/vnd.google.note" />
     </intent-filter>
     <intent-filter>
       <action android:value="android.intent.action.INSERT"/>
       <category android:value="android.intent.category.DEFAULT" />
```

```
        <type android:value="vnd.android.cursor.dir/vnd.google.note" />
      </intent-filter>
    </activity>
    <activity class=".TitleEditor"="@string/title_edit_title"
          android:theme="@android:style/Theme.Dialog">
      <intent-filter android:label="@string/resolve_title">
        <action android:value=
                "com.google.android.notepad.action.EDIT_TITLE"/>
        <category android:value="android.intent.category.DEFAULT" />
        <category android:value="android.intent.category.ALTERNATIVE" />
        <category android:value=
                "android.intent.category.SELECTED_ALTERNATIVE"/>
        <type android:value="vnd.android.cursor.item/vnd.google.note" />
      </intent-filter>
    </activity>
  </application>
  </manifest>
```

例子中的第一个 Activity 是 com. google. android. notepad. NotesList，它是应用的主入口，提供了三个功能，分别由三个 intent-filter 进行描述。

第一个是进入便笺应用的顶级入口(action 为 android. app. acti on. MAIN)。类型为 android. app. category. LAUNCHER 表明这个 Activity 将在 Launcher 中列出。

第二个是当 type 为 vnd. android. cursor. dir/vnd. google. note(保存便笺记录的目录)时，可以查看可用的便笺(action 为 android. app. action. VIEW)，或者让用户选择一个便笺并返回给调用者(action 为 android. app. action. PICK)。

第三个是当 type 为 vnd. android. cursor. item/vnd. google. note 时，返回给调用者一个用户选择的便笺(action 为 android. app. action. GET_CONTENT)，而用户却不需要知道便笺从哪里读取的。有了这些功能，下面的 Intent 就会被解析到 NotesList：

(1) { action=android. app. action. MAIN }：与此 Intent 匹配的 Activity，将会被当作进入应用的顶级入口。

(2) { action = android. app. action. MAIN, category = android. app. category. LAUNCHER }：这是目前 Launcher 实际使用的 Intent，用于生成 Launcher 的顶级列表。

(3) { action=android. app. action. VIEW data=content：//com. google. provider. NotePad/notes }：显示"content：//com. google. provider. NotePad/notes"下的所有便笺列表，使用者可以遍历列表，并且查看某便笺的详细信息。

(4) { action=android. app. action. PICK data=content：//com. google. provider. NotePad/notes }：显示"content：//com. google. provider. NotePad/notes"下的便笺列表，让用户可以在列表中选择一个，然后将所选便笺的 URL 返回给调用者。

(5) {action = android. app. action. GET_CONTENT type = vnd. android. cursor. item/vnd. google. note }：与上面 action 为 pick 的 Intent 类似，不同的是这个 Intent 允

许调用者(在这里指要调用 NotesList 的某个 Activity)指定它们需要返回的数据类型,系统会根据这个数据类型查找合适的 Activity(在这里系统会找到 NotesList),供用户选择便笺。

第二个 Activity 是 com. google. android. notepad. NoteEditor,它为用户显示一条便笺,并且允许用户修改这个便笺。它定义了两个 intent-filter,分别对应两个功能。第一个功能是,当数据类型为 vnd. android. cursor. item/vnd. google. note 时,允许用户查看和修改一个便签(action 为 android. app. action. VIEW 和 android. app. action. EDIT)。第二个功能是,当数据类型为 vnd. android. cursor. dir/vnd. google. note,为调用者显示一个新建便笺的界面,并将新建的便笺插入到便笺列表中(action 为 android. app. action. INSERT)。

有了这两个功能,下面的 Intent 就会被解析到 NoteEditor:

(1) { action=android. app. action. VIEW data=content://com. google. provider. NotePad/ notes/{ID} }:向用户显示标识为 ID 的便笺。

(2) { action=android. app. action. EDIT data=content://com. google. provider. NotePad /notes/{ID} }:允许用户编辑标识为 ID 的便笺。

(3) { action = android. app. action. INSERT data = content://com. google. provider. NotePad/ notes }:在"content://com. google. provider. NotePad/notes"便笺列表中创建一个新的空便笺,并允许用户编辑这个便签。当用户保存这个便笺后,这个新便笺的 URI 将会返回给调用者。

最后一个 Activity 是 com. google. android. notepad. TitleEditor,它允许用户编辑便笺的标题。它可以被实现为一个应用可以直接调用(在 Intent 中明确设置 component 属性)的类,不过这里将作为提供一个在现有的数据上发布可选操作的方法。在这个 Activity 的唯一的 intent-filter 中,拥有一个私有的 action,即 com. google. android. notepad. action. EDIT_TITLE,表明允许用户编辑便笺的标题。与前面的 view 和 edit 动作一样,调用这个 Intent 时,也必须指定具体的便笺(type 为 vnd. android. cursor. item/vnd. google. note)。不同的是,这里显示和编辑的只是便笺数据中的标题。

除了支持默认类别(android. intent. category. DEFAULT),标题编辑器还支持另外两个标准类别:android. intent. category. ALTERNATIVE 和 android. intent. category. SELECTED_ ALTERNATIVE。实现这两个类别之后,其他 Activity 就可以调用 queryIntentActivityOptions(ComponentName, Intent[], Intent, int)来查询这个 Activity 提供的 action,而不需要了解它的具体实现;或者调用 addIntentOptions(int, int, ComponentName, Intent[], Intent, int, Menu. Item[])创建动态菜单。需要说明的是,在这个 intent-filter 中有一个明确的名称(通过 android:label= "@string/resolve_title"指定),在用户浏览数据的时候,如果这个 Activity 是数据的一个可选操作,指定明确的名称可以为用户提供一个更好控制界面。

有了这个功能,下面的 Intent 就会被解析到 TitleEditor:{ action=com. google. android. notepad. action. EDIT _ TITLE data = content: //com. google. provider. NotePad/notes/{ID} }:显示并且允许用户编辑标识为 ID 的便笺的标题。

4.4 用户界面状态保存

4.4.1 使用 SharedPreferences 对象

SharedPreferences 是 Android 平台上一个轻量级的存储类，主要是保存一些常用的配置(例如窗口状态)，一般在 Activity 中重载窗口状态 onSaveInstanceState，一般使用 SharedPreferences 完成保存，它提供 Android 平台常规的 Long(长整型)、Int(整型)、String(字符串型)的保存。

一般将复杂类型的数据转换成 Base 64 编码，然后将转换后的数据以字符串的形式保存在 XML 文件中，再用 SharedPreferences 保存。

使用 SharedPreferences 保存 key-value 对的步骤如下：

(1) 使用 Activity 类的 getSharedPreferences 方法获得 SharedPrefere nces 对象，其中存储 key-value 的文件的名称由 getSharedPreferences 方法的第一个参数指定。

(2) 使用 SharedPreferences 接口的 edit 获得 SharedPreferences. Editor 对象。

(3) 通过 SharedPreferences. Editor 接口的 putXxx 方法保存 key-value 对。其中 Xxx 表示不同的数据类型。例如，字符串类型的 value 需要用 putString 方法。

(4) 通过 SharedPreferences. Editor 接口的 commit 方法保存 key-value 对。commit 方法相当于数据库事务中的提交操作。

4.4.2 使用 Bundle 对象

Bundle 类用作携带数据，它类似于 Map，用于存放 key-value 对形式的值。相对于 Map，它提供了各种常用类型的 putXxx()/getXxx()方法，如 putString()/getString()和 putInt()/getInt()，putXxx()用于往 Bundle 对象中放入数据，getXxx()方法用于从 Bundle 对象中获取数据。Bundle 的内部实际上是使用了 HashMap 类型的变量来存放 putXxx()方法放入的值。

用 Bundle 可以在 Activity 中传递基本数据类型，例如 int、float、string 等，但现在的需求是如何在 Activity 中传递对象实例呢？就目前所知的有两种，分别是 Java 中 Serializable 和 Android 新引进的 Parcelable 方法。

4.4.3 SharedPreferences 与 Bundle 的区别

SharedPreferences 是简单的存储持久化设置，就像用户每次打开应用程序时的主页，它只是一些简单的键值对操作，并将数据保存在一个 XML 文件中；Bundle 是将数据传递到另一个上下文中、保存或回复自己状态的数据存储方式，其数据不是持久化状态。

本章小结

通过本章学习，应清楚地理解 Android 应用程序的控制机制，学会使用 Android 应用程序的任务、进程和线程，熟练掌握创建 Android 组件间通信的具体流程，使用

SharedPreferences 对象和 Bundle 实现对象用户界面状态保存。

习　　题

1. 简述 Android 系统前台进程、可见进程、服务进程、后台进程和空进程是否有优先级排序，如果有描述其原因。

2. 简述 Intent 的定义和用途。

3. 简述 Intent 过滤器的定义和功能。

4. 简述 Intent 解析的匹配规则。

第5章 用户界面编程与设计

所有 Android 管理中的用户接口元素都是通过 View 和 ViewGroup 对象来建立的。一个 View 就是一个可以在与用户交互的屏幕上绘制一些交互对象，一个 ViewGroup 就是一个为了定义布局接口而装载其他 View 和 ViewGroup 的对象。

5.1 高级用户界面设计

5.1.1 用户界面组件结构层次

Android 为提供普通的输入控制控件(如按钮和文本域)和各种布局模式(例如，线性布局和相对布局)提供了一系列的 View 和 ViewGroup 的子类，如图 5-1 所示。每一个视图组都是一个能够组织子视图的可见容器，然而，子视图可能放置一些控件以及来自用户界面部分的小部件。这个具有继承关系的树可以与想的一样简单。

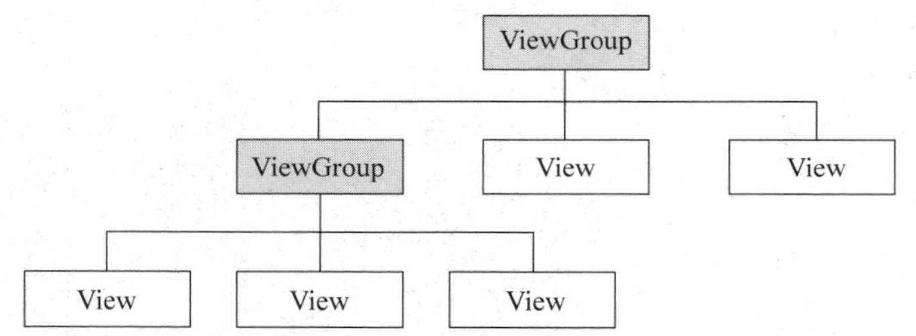

图 5-1 定义在用户界面布局中的继承视图树的图解

为了申明布局，可以用代码实例化一些视图对象和创建一棵树，简单而有效的方法就是在 XML 布局文件中定义，XML 为布局提供了一个人性化、可读性好的结构，类似于 HTML。

5.1.2 用户界面组件的定义

在 Android 中，用户界面的定义最终将在 Activity 中呈现。在呈现之前，开发者必须定义这些用户界面组件，下面以一个实例来说明如何开发自定义的用户界面组件。

实例：跟随手指的小球——开发自定义的用户界面组件，这个组件将会在指定位置绘制一个小球，这个位置可以动态改变。当用户通过手指在屏幕上拖动时，程序监听到这个手指事件，把手指动作的位置传入自定义用户界面组件，并通知该组件重绘。

```
<span style="font-size:14px;">
public class DrawView extends View
{
    private float currentX=40;
    private float currentY=50;
    //定义并创建画笔
    Paint p=new Paint();
    public DrawView(Context context)
    {
      super(context);
    }
    public DrawView(Context context,AttributeSet set)
    {
      super(context,set);
    }
      @Override
    protected void onDraw(Canvas canvas)
    {
        //设置画笔的颜色
        p.setColor(Color.RED);
        //绘制圆
      canvas.drawCircle(currentX,currentY,15,p);
    }
      @Override
    public boolean onTouchEvent(MotionEvent event)
    {
        //获得(更新)位置坐标
        this.currentX=event.getX();
        this.currentY=event.getY();
        //通知当前组件重绘
        this.invalidate();
        return true;
    }
}
</span>
```

在 Activity 类中,把该组件添加到指定容器中。

```
<span style="font-size:14px;">
public class MainActivity extends Activity
{
    private LinearLayout layout=null;
    private DrawView draw=null;
    @Override
    protected void onCreate(Bundle savedInstanceState)
```

```
    {
        super.onCreate(savedInstanceState);
        super.setContentView(R.layout.activity_main);
        //获取 LinearLayout 容器
        this.layout=(LinearLayout) super.findViewById(R.id.layout);
        //创建 DrawView 组件
        this.draw=new DrawView(this);
        //设置组件相关属性
        draw.setMinimumWidth(300);
        draw.setMinimumHeight(500);
        this.layout.addView(draw);
    }
}
</span>
```

为了在手机屏幕上显示出自定义的 DrawView 组件，也可以不在 Activity 类中动态添加，而是选择在 XML 布局文件中添加该组件。

```
<span style="font-size:14px;color:#000000;">
    <LinearLayout
        xmlns:android="http://schemas.android.com/apk/res/android"
        android:id="@+id/layout"
        android:layout_width="match_parent"
        android:layout_height="match_parent"
        tools:context=".MainActivity" >
        <strong>ustb.demo.DrawView </strong>
        android:layout_width="match_parent"
        android:layout_height="match_parent" />
    </LinearLayout>
</span>
```

注意：XML 文件中 DrawView 的路径要写完整，否则会提示找不到该组件。此时，在 Activity 程序中只需如下代码即可：

```
<span style="font-size:14px;">
    public class MainActivity extends Activity
    {
        @Override
        protected void onCreate(Bundle savedInstanceState)
        {
            super.onCreate(savedInstanceState);
            super.setContentView(R.layout.activity_main);
        }
    }
</span>
```

5.2 布局组件

5.2.1 布局的角色

在J2SE平台中,布局管理接口(LayoutManager)是所有布局的父类,从继承关系上,无论是组件还是容器都与布局没有直接关系。容器类通过setLayout方法来显式地设置其包含的所有组件的布局方式。如果不显式指定布局,各个容器将采用其默认的布局,如JPanel的默认布局为流布局(FlowLayout),内容面板的默认布局是边界布局(BorderLayout)。如果显式地将容器的布局设置为空(null),那么该容器会按各子组件的绝对位置摆放子组件,如此一来,必须指定父窗体和各个组件的大小,并为组件设置不同的坐标。

在J2SE平台中,布局与组件的关系是单方依存,布局依赖于组件,组件不依赖于布局。而对Android平台,布局被定义为视图组的直接或间接子类,并纳入到小部件包中。在功能上,布局既可以用于包含其他视图,同时又作为视图显示,也可作为组件加入到其布局中。

Android平台中的布局就是可视组件,既可以作为容器来容纳其他可视组件,也可以作为组件加入到其他布局中。这样,通过布局包含视图,布局包含布局,从而形成繁茂的视图结构层次树,给用户展示的就是更加灵活和丰富的界面效果。

5.2.2 线性布局管理器 LinearLayout

线性布局是最简单的布局之一,它提供了控件水平或者垂直排列的模型。同时,使用此布局时可以通过设置控件的weight参数,来控制各个控件在容器中的相对大小。LinearLayout布局的属性既可以在布局文件(XML)中设置,也可以通过成员方法进行设置。表5-1给出了LinearLayout常用的属性及这些属性的对应设置方法。

表5-1 LinearLayout常用属性及对应设置方法

属性名称	对应方法	描述
android: orientation	setOrientation(int)	设置线性布局的朝向,可取horizontal和vertical两种排列方式
android: gravity	setGravity(int)	设置线性布局的内部元素的布局方式

在线性布局中可使用gravity属性来设置控件的对齐方式,gravity的属性值及其说明如表5-2所示。

表5-2 gravity的属性值及其说明

属性值	说明
top	不改变控件大小,对齐到容器顶部
bottom	不改变控件大小,对齐到容器底部

续表

属 性 值	说 明
left	不改变控件大小，对齐到容器左侧
right	不改变控件大小，对齐到容器右侧
center_vertical	不改变控件大小，对齐到容器纵向中央位置
center-horizontal	不改变控件大小，对齐到容器横向中央位置
center	不改变控件大小，对齐到容器中央位置
fill_vertical	若有可能，纵向拉伸以填满容器
fill_horizontal	若有可能，横向拉伸以填满容器
fill	若有可能，纵向横向同时拉伸以填满容器

5.2.3 表格布局管理器 TableLayout

TableLayout 类以行和列的形式管理控件，每行是一个 TableRow 对象，也可以是一个 View 对象，当是 View 对象时，该 View 对象将跨越该行的所有列。在 TableRow 中可以添加子控件，每添加一个子控件就为一列。TableLayout 布局中并不会为每一行、每一列或每个单元格绘制边框，每一行可以有 0 或多个单元格，每个单元格为一个 View 对象。TableLayout 中可以有空的单元格，单元格也可以像 HTML 中那样跨越多个列。在表格布局中，一个列的宽度由该列中最宽的那个单元格指定，而表格的宽度是由父容器指定的。在 TableLayout 中，可以为列设置如下三种属性。一个列可以同时具有 Shrinkable 和 Stretchable 属性，在这种情况下，该列的宽度将任意拉伸或收缩以适应父容器。

(1) Shrinkable，如果一个列被标识为 Shrinkable，则该列的宽度可以进行收缩，以使表格能够适应其父容器的大小。

(2) Stretchable，如果一个列被标识为 Stretchable，则该列的宽度可以进行拉伸，以使填满表格中空闲的空间。

(3) Collapsed，如果一个列被标识为 Collapsed，则该列将会被隐藏。

TableLayout 继承自 LinearLayout 类，除了继承来自父类的属性和方法，TableLayout 类中还包含表格布局所特有的属性和方法。这些属性和方法说明如表 5-3 所示。

表 5-3 TableLayout 类常用属性及对应方法说明

属性名称	对应方法	描 述
android：collapseColumns	setColumnCollapsed(int,boolean)	设置指定列号的列为 Collapsed，列号从 0 开始计算
android：shrinkColumns	setShrinkAllColumns(boolean)	设置指定列号的列为 Shrinkable，列号从 0 开始计算
android：stretchColumns	setStretchAllColumns(boolean)	设置指定列号的列为 Stretchable，列号从 0 开始计算

说明：setShrinkAllColumns 和 setStretchAllColumns 实现的功能是将表格中的所有列设置为 Shrinkable 或 Stretchable。

5.2.4 相对布局管理器 RelativeLayout

在相对布局中，子控件的位置是相对兄弟控件或父容器而决定的。出于性能考虑，在设计相对布局时要按照控件之间的依赖关系排列，如 View A 的位置相对于 View B 来决定，则需要保证在布局文件中 View B 在 View A 的前面。在进行相对布局时用到的属性很多，首先来看属性值只为 true 或 false 的属性，如表 5-4 所示。

表 5-4 相对布局中只取 true 或 false 的属性

属性名称	属性说明
android：layout_centerHorizontal	当前控件位于父控件的横向中间位置
android：layout_centerVertical	当前控件位于父控件的纵向中间位置
android：layout_centerInParent	当前控件位于父控件的中央位置
android：layout_alignParentBottom	当前控件底端与父控件底端对齐
android：layout_alignParentLeft	当前控件左侧与父控件左侧对齐
android：layout_alignParentRight	当前控件右侧与父控件右侧对齐
android：layout_alignParentTop	当前控件顶端与父控件顶端对齐
android：layout_alignWithParentIfMissing	参照控件不存在或不可见时参照父控件

接下来再来看属性值为其他控件 id 的属性，如表 5-5 所示。

表 5-5 相对布局中取值为其他控件 id 的属性及说明

属性名称	属性说明
android：layout_toRightOf	使当前控件位于给出 id 控件的右侧
android：layout_toLeftOf	使当前控件位于给出 id 控件的左侧
android：layout_above	使当前控件位于给出 id 控件的上方
android：layout_below	使当前控件位于给出 id 控件的下方
android：layout_alignTop	使当前控件的上边界与给出 id 控件的上边界对齐
android：layout_alignBottom	使当前控件的下边界与给出 id 控件的下边界对齐
android：layout_alignLeft	使当前控件的左边界与给出 id 控件的左边界对齐
android：layout_alignRight	使当前控件的右边界与给出 id 控件的右边界对齐

最后要介绍的是属性值以像素为单位的属性及说明，如表 5-6 所示。

表 5-6 相对布局中取值为像素的属性及说明

属性名称	属性说明
android：layout_marginLeft	当前控件左侧的留白
android：layout_marginRight	当前控件右侧的留白
android：layout_marginTop	当前控件上方的留白
android：layout_marginBottom	当前控件下方的留白

注意：在进行相对布局时要避免出现循环依赖，例如设置相对布局在父容器中的排列方式为 WRAP_CONTENT，就不能再将相对布局的子控件设置为 ALIGN_PARENT_BOTTOM。因为这样会造成子控件和父控件相互依赖与参照的错误。

5.2.5 绝对布局管理器 AbsoluteLayout

所谓绝对布局，是指屏幕中所有控件的摆放由开发人员通过设置控件的坐标来指定，控件容器不再负责管理其子控件的位置。由于子控件的位置和布局都通过坐标来指定，因此 AbsoluteLayout 类中并没有开发特有的属性和方法。

5.2.6 框架布局管理器 FrameLayout

FrameLayout 帧布局在屏幕上开辟出了一块区域，在这块区域中可以添加多个子控件，但是所有的子控件都被对齐到屏幕的左上角。帧布局的大小由子控件中尺寸最大的那个子控件来决定。如果子控件一样大，同一时刻只能看到最上面的子控件。FrameLayout 继承自 ViewGroup，除了继承自父类的属性和方法，FrameLayout 类中包含了自己特有的属性和方法，如表 5-7 所示。

表 5-7 FrameLayout 属性及对应方法

属性名称	对应方法	描述
android：foreground	setForeground(Drawable)	设置绘制在所有子控件之上的内容
android：foregroundGravity	setForegroundGravity(int)	设置绘制在所有子控件之上内容的 gravity 属性

在 FrameLayout 中，子控件是通过栈来绘制的，所以后添加的子控件会被绘制在上层。

5.3 布局的选择

至此，对 Android 平台中的布局已经全部介绍完毕。通过以上的详细介绍，应该对各个布局的特性已经逐渐清晰了："开门见山"的线性布局、"菜谱点餐"的相对布局、"岿然不动"的绝对布局，还有"幻灯片放映模式"的框架布局和"简洁明快"的表格布局。

可以结合实际应用的特征来选择适合的界面布局，但是需要提醒读者的是，在

Android 平台中，布局类是归纳在小部件包中的，也就是说，从大的方面看，上述的这些基本布局可能就是屏幕中的某一小部分，一个屏幕内容可能是通过多个布局与布局、布局与组件进行嵌套、组合而成，这才是读者进行界面设计的真正目标。

5.3.1　底层用户界面设计

本节介绍底层用户界面控制的组件以及其使用方式。通过这些底层组件，开发者可以更多地使用底层界面的控制功能，而不拘泥于 Android 平台预定义的界面组件。在游戏开发、视频播放控制和 3D 效果展示等高级应用中会用到这些接口组件。

5.3.2　底层视图绘制

第 4 章介绍了 Android 平台的大部分高级用户界面组件，并且使用这些组件来搭建所需要的应用程序。但是随着应用的深入，读者会发现 Android 平台提供的这些高级组件无法满足一些对性能要求较高的应用(如游戏开发、3D 效果展现等)，这些应用需要系统底层的"控制权"。

为了满足应用程序的这些高性能应用，Android 平台对屏幕设备的底层访问进行了封装，提供了代表屏幕设备的底层视图。同时，为了满足高性能绘制 3D 图形的要求，Android 平台提供对 OpenGL ES API 的支持并对其进行了封装，打造出易用的 3D 图形绘制组件。表 5-8 是底层用户界面类/接口的说明。

表 5-8　底层用户界面类/接口的说明

类/接口	说　　明
SurfaceView	专用于绘制视图结构层次的表面，归集于 android. view 包
GLSurfaceView	实现于表面类，但其表明是专为显示 OpenGL 渲染，归集于 android. opengl 包
RSSurfaceView	支持渲染脚本(Render Script)的表面视图，归集于 android. renderscript 包
VideoView	用于播放视频文件，归集于 android. widget 包

5.3.3　表面视图 SurfaceView

SurfaceView 是视图(View)的继承类，这个视图里内嵌了一个专门用于绘制的 Surface。可以控制这个 Surface 的格式和尺寸。SurfaceView 控制这个 Surface 的绘制位置。

Surface 是纵深排序(Z-ordered)的，这表明它总在自己所在窗口的后面。SurfaceView 提供了一个可见区域，只有在这个可见区域内的 Surface 部分内容才可见，可见区域外的部分不可见。Surface 的排版显示受到视图层级关系的影响，它的兄弟视图结点会在顶端显示。这意味着 Surface 的内容会被它的兄弟视图遮挡，这一特性可以用来放置遮盖物(overlays)(例如，文本和按钮等控件)。注意，如果 Surface 上面有透明控件，那么它的每次变化都会引起框架重新计算它和顶层控件的透明效果，这会影响性能。

可以通过 SurfaceHolder 接口访问 Surface，getHolder()方法可以得到这个接口。

SurfaceView 变得可见时，Surface 被创建；SurfaceView 隐藏前，Surface 被销毁。这样能节省资源。如果要查看 Surface 被创建和销毁的时机，可以重载 surfaceCreated (SurfaceHolder)和 surfaceDestroyed(SurfaceHolder)。

(1) SurfaceView 的核心在于提供了两个线程：UI 线程和渲染线程。这里应注意：所有 SurfaceView 和 SurfaceHolder. Callback 的方法都应该在 UI 线程里调用，一般来说就是应用程序主线程。渲染线程所要访问的各种变量应该做同步处理。

(2) 由于 Surface 可能被销毁，它只在 SurfaceHolder. Callback. surfaceCreated()和 SurfaceHolder. Callback. surfaceDestroyed()之间有效，所以要确保渲染线程访问的是合法有效的 Surface。

5.3.4 表面视图 SurfaceView 的实现

首先继承 SurfaceView 并实现 SurfaceHolder. Callback 接口。使用接口的原因是，因为使用 SurfaceView 有一个原则，所有的绘图工作必须在 Surface 被创建之后才能开始(Surface，即为表面，这个概念在图形编程中常常被提到。基本上可以把它当作显存的一个映射，写入到 Surface 的内容可以被直接复制到显存从而显示出来，这使得显示速度会非常快)，而在 Surface 被销毁之前必须结束。所以，Callback 中的 surfaceCreated 和 surfaceDestroyed 就成了绘图处理代码的边界。需要重写的方法如下：

```
Public void surfaceChanged (SurfaceHolder holder, int format, int width, int
                    height){}
//在 surface 的大小发生改变时激发
Public void surfaceCreated(SurfaceHolder holder){}
//在创建时激发，一般在这里调用画图的线程。
Public void surfaceDestroyed(SurfaceHolder holder){}
//销毁时激发，一般在这里将画图的线程停止、释放
```

整个过程如下：

继承 SurfaceView 并实现 SurfaceHolder. Callback 接口

→SurfaceView. getHolder()获得 SurfaceHolder 对象

→SurfaceHolder. addC allback(callback)添加回调函数

→SurfaceHolder. lockCanvas()获得 Canvas 对象并锁定画布

→Canvas 绘画

→SurfaceHolder. unlockCanvasAndPost(Canvas canvas)

结束锁定画图，并提交改变，将显示图形。

上面用到了一个类 SurfaceHolder，可以把它当成 Surface 的控制器，用来操纵 Surface。处理其 Canvas 上画的效果和动画，控制表面、大小、像素等。下面是几个需要注意的方法：

```
abstract void addCallback(SurfaceHolder.Callback callback);
//给 SurfaceView 当前的持有者一个回调对象
abstract Canvas lockCanvas();
```

```
//锁定画布,一般在锁定后就可通过其返回画布对象 Canvas,在其上面画图等待操作
abstract Canvas lockCanvas(Rect dirty);
//锁定画布的某个区域进行画图等,因为画完图后,会调用下面的 unlockCanvasAndPost
//来改变显示内容。相对部分内存要求比较高的游戏来说,
//可以不用重画 dirty 外的其他区域的像素,可以提高速度
abstract void unlockCanvasAndPost(Canvas canvas);//结束锁定画图,并提交改变
```

下面例子实现了一个矩形和一个计时器:

```
package xl.test;
import android.app.Activity;
import android.content.Context;
import android.graphics.Canvas;
import android.graphics.Color;
import android.graphics.Paint;
import android.graphics.Rect;
import android.os.Bundle;
import android.view.SurfaceHolder;
import android.view.SurfaceView;
public class ViewTest extends Activity {
    /** Called when the activity is first created. * /
    @Override
    public void onCreate(Bundle savedInstanceState) {
        super.onCreate(savedInstanceState);
        setContentView(new MyView(this));
    }
      //视图内部类
      class MyView extends SurfaceView implements SurfaceHolder.Callback
      {
          private SurfaceHolder holder;
          private MyThread myThread;
          public MyView(Context context) {
              super(context);
              //TODO Auto-generated constructor stub
              holder=this.getHolder();
              holder.addCallback(this);
              myThread=new MyThread(holder);//创建一个绘图线程
    }
        @Override
        public void surfaceChanged(SurfaceHolder holder, int format, int width,
                                    int height) {
              //TODO Auto-generated method stub
        }
        @Override
          public void surfaceCreated(SurfaceHolder holder) {
```

```
            //TODO Auto-generated method stub
            myThread.isRun=true;
            myThread.start();
        }
        @Override
        public void surfaceDestroyed(SurfaceHolder holder) {
            //TODO Auto-generated method stub
            myThread.isRun=false;
        }
  }
    //线程内部类
    class MyThread extends Thread
    {
        private SurfaceHolder holder;
        public boolean isRun;
        public  MyThread(SurfaceHolder holder)
        {
            this.holder=holder;
            isRun=true;
        }
        @Override
        public void run()
        {
          int count=0;
            while(isRun)
            {
                Canvas c=null;
                try {
                    synchronized (holder)
                    {
                        c=holder.lockCanvas();
                          //锁定画布,返回的画布对象 Canvas,在其上面画图等操作
                        c.drawColor(Color.BLACK);       //设置画布背景颜色
                        Paint p=new Paint();            //创建画笔
                          p.setColor(Color.WHITE);
                        Rect r=new Rect(100, 50, 300, 250);
                        c.drawRect(r, p);
                        c.drawText("这是第"+(count++)+"秒", 100, 310, p);
                        Thread.sleep(1000);             //睡眠时间为 1 秒
                    }
                }
              catch (Exception e) {
                    e.printStackTrace();
                }
```

```
                finally
                {
                  if(c!=null)
                    {
                      holder.unlockCanvasAndPost(c);   //结束锁定画图,提交改变
                    }
                }
            }
        }
    }
}
```

5.3.5 OpenGL 视图绘制

OpenGL 的英文全称是"Open Graphics Library",顾名思义,OpenGL 是开放的图形程序接口。OpenGL 的前身是 SGI 公司为其图形工作站开发的 IRIS GL。IRIS GL 是一个工业标准的 3D 图形软件接口,功能虽然强大但移植性不好,于是 SGI 公司便在 IRIS GL 的基础上开发了 OpenGL。虽然 DirectX 在家用市场全面领先,但在专业高端绘图领域,OpenGL 是不可取代的主角。

目前,随着 DirectX 的不断发展和完善,OpenGL 的优势逐渐丧失,至今虽然已有 3Dlabs 提倡开发的 2.0 版本面世,在其中加入了很多类似于 DirectX 中可编程单元的设计,但厂商用户的认知程度并不高,未来的 OpenGL 发展前景迷茫。

5.3.6 Android 平台对 OpenGL ES 的支持

Android 3D 引擎采用的是 OpenGL ES。OpenGL ES 是一套为手持和嵌入式系统设计的 3D 引擎 API,由 Khronos 公司维护。在 PC 领域,一直有两种标准的 3D API 进行竞争,即 OpenGL 和 DirectX。一般主流的游戏和显卡都支持这两种渲染方式,DirectX 在 Windows 平台上有很大的优势,但是 OpenGL 具有更好的跨平台性。

一般说来,由于嵌入式系统和 PC 相比,CPU、内存等都比 PC 差很多,而且对能耗有着特殊的要求,许多嵌入式设备并没有浮点运算协处理器。针对嵌入式系统的以上特点,Khronos 公司对标准的 OpenGL 系统进行了维护和改动,以期望满足嵌入式设备对 3D 绘图的要求。

Android 系统使用 OpenGL 的标准接口来支持 3D 图形功能,Android 3D 图形系统也分为 Java 框架和本地代码两部分。本地代码主要实现的 OpenGL 接口的库,在 Java 框架层,javax. microedition. khronos. opengles 是 Java 标准的 OpenGL 包,android . opengl包提供了 OpenGL 系统和 Android GUI 系统之间的联系。

Android 支持的 OpenGL 列表有 GL、GL 10、GL 10 EXT、GL 11、GL 11 EXT、GL 11 ExtensionPack。

5.3.7 Android 平台中的 OpenGL ES 使用说明

实际上,读者可以把 OpenGL 表面视图理解为 OpenGL API,即与 Android 平台的应用接口。通过这个接口，OpenGL 开发人员可以方便地将其工作平台转移到 Android 平台上来。但想要在 Android 平台中绘制 OpenGL 效果的图形，还必须夯实 OpenGL 的应用基础。

可以通过 OpenGL 表面视图来实现 OpenGL 提供的简单功能；至于把 OpenGL 的功能发挥得淋漓尽致则已经不属 Android 平台开发的范畴。关于 3D 图形的绘制、立方体渲染、纹理等 OpenGL 的特效功能，限于篇幅，在此不作深入介绍。

5.3.8 视频视图

视频视图的主要应用不是绘制，而是播放视频文件，它继承于表面视图，但其封装了渲染视频帧的过程，从而简化了视频的播放过程。读者可以参考本书后面的章节进行学习。

本章小结

通过本章学习，应清楚地理解 Android 应用程序用户界面组件结构层次，学会使用 Android 常用的几种布局组件的选择与绘制。

习　　题

1. 简述 6 种界面布局的特点。
2. 参考各种界面控件的摆放位置，基于实例使用多种布局方法实现用户界面，并对比各种布局实现的复杂程度和对不同屏幕尺寸的适应能力。

第 6 章

Android 基本控件编程

在进行界面布局时，添加的按钮、文本框、编辑框和图片等，都是 Android 的基本控件。这些控件实现了程序的一些基本功能。本章将针对这类控件进行详细的介绍，使读者掌握基本控件的使用，开发出简单的 Android 程序。

6.1 文本控件

Android 系统提供给用户已经封装好的界面控件(称为系统控件)。系统控件更有利于帮助用户进行快速开发，同时能够使 Android 系统中应用程序的界面保持一致性。文本类控件主要用于在界面中显示文本，包含 TextView 和 EditText 两种。下面将详细介绍。

6.1.1 TextView 类简介

TextView 是 Android 程序开发中最常用的控件之一，它一般使用在需要显示一些信息的时候，它不能输入，只能通过初始化设置或在程序中修改。TextView 常用属性及其对应方法如表 6-1 所示。

表 6-1 TextView 常用属性及其对应方法说明

属性名称	对应方法	说明
android: autoLink	setAutoLinkMask(int)	设置是否将指定格式的文本转化为可单击的超链接显示。传入的参数值可取 ALL、EMAIL_ ADDRESSES、MAP_ ADDRESSES、PHONE_ NUMBERS 和 WEB_URLS
android: height	setHeight(int)	定义 TextView 的准确高度，以像素为单位
android: width	setWidth(int)	定义 TextView 的准确宽度，以像素为单位
android: singleLine	setTransformationMethod (Transfo rmationMethod)	设置文本内容只在一行内显示
android: text	setText(CharSequence)	为 TextView 设置显示的文本内容
android: textColor	setTextColor(ColorStateList)	设置 TextView 的文本颜色
android: textSize	setTextSize(float)	设置 TextView 的文本大小
android: textStyle	setTypeface(Typeface)	设置 TextView 的文本字体

续表

属性名称	对应方法	说　　明
android：ellipsize	setEllipsize(TextUtils. TruncateAt)	如果设置了该属性，当TextView中要显示的内容超过了TextView的长度时，会对内容进行省略，可取的值有 start、middle、end和 marquee

TextView 文本字体属性示意如图 6-1 所示。

TextView 语法格式如下：

```
<TextView
  <!--TextView 边框包围内容-->
  android:layout_width=" "
  android:layout_height=" "
  <!--TextView 准确高度宽度-->
  android:width=" "
  android:height=" "
  android:text=" "
  <!--字体大小-->
  android:textSize=" "
  android:textColor=" "
  <!--字体格式-->
  android:textStyle=" "
  <!--文本显示位置-->
  android:gravity=" "
  <!--是否转为可单击的超链接形式-->
  android:autoLink=" "
  <!--是否只在一行内显示全部内容-->
  android:singleLine=" " />
```

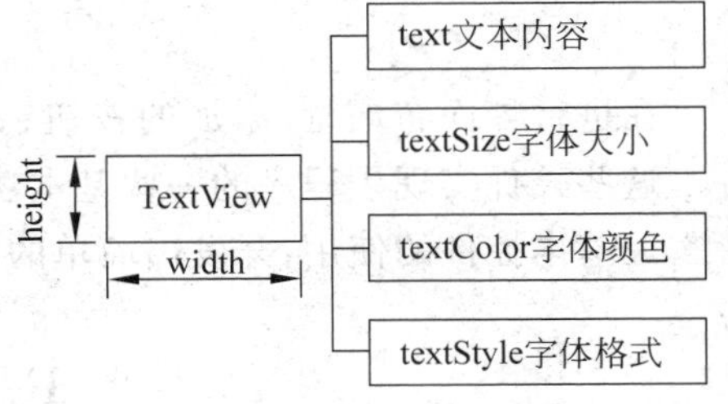

图 6-1　TextView 文本字体属性示意图

【示例】 TextView 的使用。新建项目 TextView，在布局中添加三个 TextView 控件。第一个 TextView 的文本以 Web 形式显示"http://www.ustb.edu.cn"，第二个 TextView 的文本显示"Computer Science"，第三个 TextView 的文本以省略尾部内容的形式显示 26 个英文字母。运行程序，效果如图 6-2 所示。

布局代码如下：

```
<RelativeLayout xmlns:android="http://schemas.android.com/apk/res/android"
    xmlns:tools="http://schemas.android.com/tools"
    android:layout_width="match_parent"
    android:layout_height="match_parent"
    android:paddingBottom="@dimen/activity_vertical_margin"
    android:paddingLeft="@dimen/activity_horizontal_margin"
    android:paddingRight="@dimen/activity_horizontal_margin"
    android:paddingTop="@dimen/activity_vertical_margin"
```

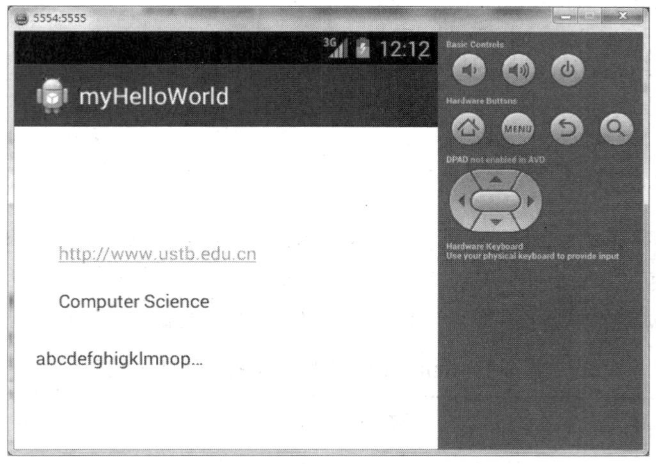

图 6-2　TextView 显示实例

```
tools:context=".MainActivity" >
<TextView
    android:id="@+id/textView2"
    android:layout_width="wrap_content"
    android:layout_height="wrap_content"
    android:layout_alignParentLeft="true"
    android:layout_alignParentTop="true"
    android:layout_marginLeft="17dp"
    android:layout_marginTop="72dp"
    android:autoLink="web"
    android:singleLine="true"
    android:ellipsize="end"
    android:text="@string/ mystring1" />
<TextView
    android:id="@+id/textView1"
    android:layout_width="wrap_content"
    android:layout_height="wrap_content"
    android:layout_alignLeft="@+id/textView2"
    android:layout_below="@+id/textView2"
    android:layout_marginTop="18dp"
    android:text="@string/ mystring2" />
<TextView
    android:id="@+id/textView3"
    android:layout_width="wrap_content"
    android:layout_height="wrap_content"
    android:layout_alignRight="@+id/textView1"
    android:layout_below="@+id/textView1"
    android:layout_marginTop="25dp"
```

```
        android:singleLine="true"
        android:ellipsize="end"
        android:text="@string/mystring3" />
</RelativeLayout>
```

6.1.2 EditText 类简介

在第一次使用一些应用软件时，常常需要输入用户名和密码进行注册和登录。实现此功能，就需要使用 Android 系统中的编辑框 EditText。EditText 也是一种文本控件，除具有 TextView 的一些属性外，EditText 还有一些特有的属性，如表 6-2 所示。

表 6-2　EditText 常用属性及对应方法说明

属性名称	对应方法	说明
android: lines	setLines(int)	通过设置固定的行数来决定 EditText 的高度
android: maxLines	setMaxLines(int)	设置最大的行数
android: minLines	setMinLines(int)	设置最小的行数
android: inputType	setTransformationMethod (TransformationMethod)	设置文本框中的内容类型，可以是密码、数字、电话号码等类型
android: scrollHorizontally	setHorizontallyScrolling (boolean)	设置文本框是否可以水平滚动
android: capitalize	setKeyListener(KeyListener)	如果设置，自动转换用户输入的内容为大写字母
android: hint	setHint(int)	文本为空时，显示提示信息

EditText 属性示意如图 6-3 所示。

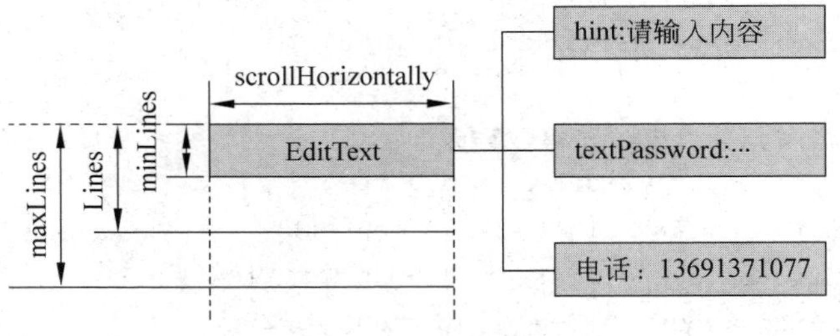

图 6-3　EditText 属性示意图

EditText 语法格式如下：

```
<EditText
    <!--文本提示内容-->
    android:hint=""
    <!--文本内容显示在固定行中-->
    android:lines=""
    <!--文本最大显示长度-->
```

```
    android:maxLength=" "
    <!--文本显示类型-->
    android:inputType=" "
/>
```

【示例】 EditText 的使用。新建项目 EditText，在布局文件中添加三个 EditText 控件。第一个提示输入密码；第二个输入电话号码；第三个把输入内容全部转为大写，并限制文本长度。运行程序，效果如图 6-4 所示。

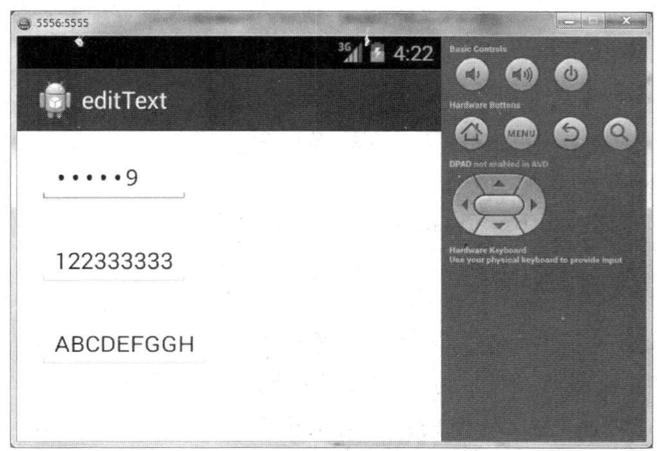

图 6-4　EditText 效果

布局代码如下：

```
<EditText
  android:id="@+id/EditText1"
  android:layout_width="wrap_content"
  android:layout_height="wrap_content"
  android:layout_alignParentLeft="true"
  android:layout_alignParentTop="true"
  android:password="true"
  android:hint="请输入密码">
</EditText>
<EditText
  android:id="@+id/EditText2"
  android:layout_width="wrap_content"
  android:layout_height="wrap_content"
  android:layout_alignParentLeft="true"
  android:layout_below="@+id/EditText1"
  android:layout_marginTop="26dp"
  android:phoneNumber="true"
  android:lines="1" />
<EditText
```

```
  android:id="@+id/EditText3"
  android:layout_width="wrap_content"
  android:layout_height="wrap_content"
  android:layout_alignParentLeft="true"
  android:layout_below="@+id/EditText2"
  android:layout_marginTop="26dp"
  android:maxLength="10"
  android:scrollHorizontally="true"
  android:capitalize="characters"
/>
```

6.2 按钮控件

按钮控件主要包括 Button、ImageButton、ToggleButton、RadioButton 和 CheckBox。

6.2.1 Button 类简介

Button 类是 Android 程序开发过程中较为常用的一类控件。用户可以通过单击 Button 来触发一系列事件，然后为 Button 注册监听器，实现 Button 的监听事件。为 Button 注册监听有两种方法，一种是在布局文件中，为 Button 控件设置 OnCilck 属性，然后在代码中添加一个 public void OnCilck 属性值{}方法；另一种是在代码中绑定匿名监听器，并且重写 onClick 方法。下面通过例子来演示为 Button 注册监听。

【示例】 新建项目 Button，在布局中添加 Button1 和 Button2 控制。在 Activity 中编辑代码为 Button1 注册监听，单击 Button1，修改界面标题“Button1 注册成功”；在布局文件中为 Button2 设置 OnClick 属性值注册监听，单击 Button2，修改界面标题“Button2 注册成功”。布局文件代码如下：

```
<Button
  android:id="@+id/button1"
  android:layout_width="wrap_content"
  android:layout_height="wrap_content"
  android:text="@string/button1" />
  <Button
  android:id="@+id/button2"
  android:layout_width="wrap_content"
  android:layout_height="wrap_content"
  android:layout_alignParentLeft="true"
  android:layout_marginTop="60dp"
  <!--设置 OnClick 属性-->
  android:onClick="click"
  android:text="@string/button2" />
```

逻辑代码如下：

```
package com.example.button;
import android.os.Bundle;
import android.app.Activity;
import android.view.Menu;
import android.view.View;
import android.widget.Button;
import android.view.View.OnClickListener;
public class MainActivity extends Activity {
    Button button1,button2;                          //声明 Button1、Button2
    @Override
    public void onCreate(Bundle savedInstanceState) {
        super.onCreate(savedInstanceState);
        setContentView(R.layout.activity_main);      //加载布局文件
        button1=(Button)findViewById(R.id.button1);  //获取 Button1、Button2 引用
        button2=(Button)findViewById(R.id.button2);
            button1.setOnClickListener(new OnClickListener() {  //为 Button1 注
                                                                //册监听
            public void onClick(View v) {
                setTitle("Button1 注册成功");
            }
        });
    }
    public void click(View v) {
        setTitle("Button2 注册成功");
    }
}
```

运行程序,效果如图6-5所示。

图6-5　Button效果

6.2.2 ImageButton类简介

ImageButton(图片按钮)也是一种 Button 控件。它与 Button 控件类似,只是在设置图片时有些区别。在 ImageButton 控件中,设置按钮显示的图片可以通过 android: src 属性,也可以通过 setImageResource(int)方法来设置。

ImageButton 语法格式如下:

```
<ImageButton
      <!--ImageButton 按钮的 ID -->
      android:id=" "
      <!--ImageButton 宽度和高度-->
      android:layout_width=" "
      android:layout_height=" "
      <!--ImageButton 背景图片-->
      android:src=" " />
```

【示例】 ImageButton 的使用。新建项目 ImageButton,添加两个 ImageButton 控件。第一个使用 drawable 中的图片资源作为按钮背景,第二个使用系统提供图片作为按钮背景。

布局代码如下:

```
<ImageButton
  android:id="@+id/imageButton1"
  android:layout_width="wrap_content"
  android:layout_height="wrap_content"
  android:layout_alignParentLeft="true"
  android:layout_alignParentTop="true"
  android:src="@drawable/ic_launcher" />
<ImageButton
  android:id="@+id/imageButton2"
  android:layout_width="wrap_content"
  android:layout_height="wrap_content"
  android:layout_alignParentLeft="true"
  android:layout_below="@+id/imageButton1"
  android:layout_marginTop="42dp"
  android:src="@android:drawable/back" />
```

运行程序,效果如图 6-6 所示。

6.2.3 ToggleButton类简介

ToggleButton(开关按钮)是 Android 系统中比较简单的一个组件,它带有亮度指示,具有选中和未选中两种状态(默认为未选中状态),并且需要为不同的状态设置不同的显示文本。ToggleButton 常用属性及对应方法如表 6-3 所示。

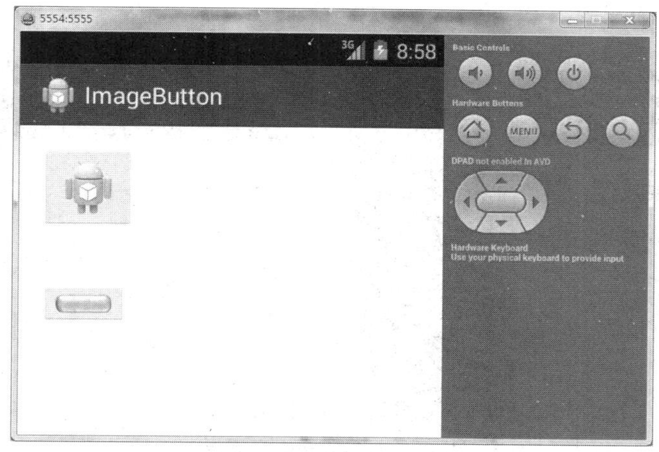

图 6-6　ImageButton 效果

表 6-3　ToggleButton 常用属性及对应方法说明

属性名称	对应方法	说　明
android：disabledAlpha		设置按钮在禁用时的透明度，属性值必须为浮点型
android：textoff	setTextOff(CharSequence textOff)	未选中时按钮的文本
android：texton	setTextOn(CharSequence textOn)	选中时按钮的文本

ToggleButton 语法格式如下：

```
<ToggleButton
  <!--ToggleButton 按钮的 ID -->
  android:id=" "
  <!--ToggleButton 被选中时显示的文本内容-->
  android:textOn=" "
  <!--ToggleButton 未被选中时显示的文本内容-->
  android:textOff=" "/>
```

【示例】 ToggleButton 的使用。新建项目 ToggleButton，在布局文件中添加一个 ToggleButton 控件。设置其被选中时显示“开”，未被选中时显示“关”。布局代码如下：

```
<ToggleButton
  android:id="@+id/toggleButton1"
  android:layout_width="1500dp"
  android:layout_height="80dp"
  android:layout_alignParentLeft="true"
  android:layout_alignParentTop="true"
  android:textOn="开"
  android:textOff="关"/>
```

运行程序,效果如图 6-7 所示。

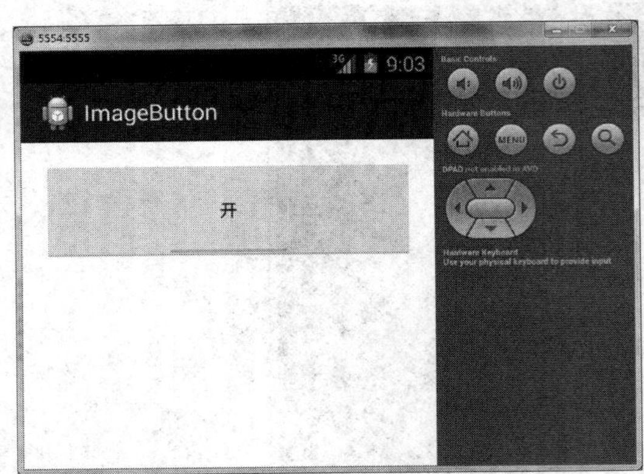

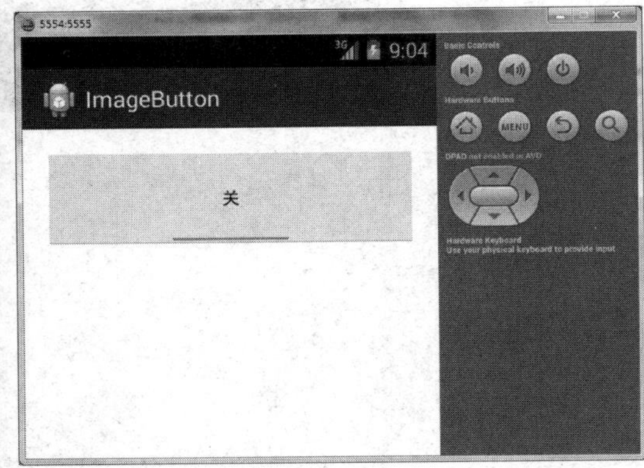

图 6-7 ToggleButton 效果

6.3 单选按钮和复选框控件

6.3.1 CheckBox 类简介

顾名思义,CheckBox(复选按钮)是一种可以进行多选的按钮,默认以矩形表示。与 RadioButton 相同,它也有选中或者不选中两种状态。可以先在布局文件中定义多选按钮,然后对每一个多选按钮进行事件监听,通过 isChecked 来判断选项是否被选中,做出相应的事件响应。CheckBox 语法格式如下:

```
<CheckBox
  <!--CheckBox 复选按钮 ID-->
  android:id=" "
  <!--CheckBox 文本内容-->
  android:text=" " />
```

【示例】 CheckBox 的使用。新建项目 CheckBox,在布局文件中添加一个 TextView,显示为"请选择";添加三个 CheckBox 控件,分别显示为"动车"、"高铁"和"飞机";再添加一个 TextView 显示"您选择的是:"。在逻辑代码部分编辑代码,当选中不同选项时,在第二个 TextView 后追加显示选项内容。

布局代码如下:

```
<LinearLayout xmlns:android="http://schemas.android.com/apk/res/android"
    xmlns:tools="http://schemas.android.com/tools"
    android:layout_width="match_parent"
    android:layout_height="match_parent"
    android:orientation="vertical"
    tools:context=".MainActivity" >
<TextView
```

```
    android:id="@+id/textView1"
    android:layout_width="121dp"
    android:layout_height="wrap_content"
    android:textSize="25sp"
    android:text="请选择" />
<CheckBox
  android:id="@+id/checkBox1"
              android:layout_width="wrap_content"
    android:layout_height="wrap_content"
    android:textSize="25sp"
    android:text="动车" />
<CheckBox
    android:id="@+id/checkBox2"
            android:layout_width="wrap_content"
    android:layout_height="wrap_content"
            android:textSize="25sp"
            android:text="高铁" />
<CheckBox
    android:id="@+id/checkBox3"
    android:layout_width="wrap_content"
    android:layout_height="wrap_content"
    android:textSize="25sp"
    android:text="飞机" />
<TextView
    android:id="@+id/textview2"
    android:layout_width="wrap_content"
    android:layout_height="wrap_content"
    android:textSize="25sp"
    android:text="请选择交通工具:" />
</LinearLayout>
```

运行程序,效果如图 6-8 所示。

关键逻辑代码如下:

```
//为第一个 CheckBox 注册监听
checkBox1.setOnCheckedChangeListener(new OnCheckedChangeListener() {
          public void onCheckedChanged(CompoundButton buttonView,
          boolean isChecked){
              //如果第一个 CheckBox 被选中
              if (isChecked==true) {
                  //显示第一个 CheckBox 内容
                  textView.append(checkBox1.getText()+",");
              }
          }
      });
```

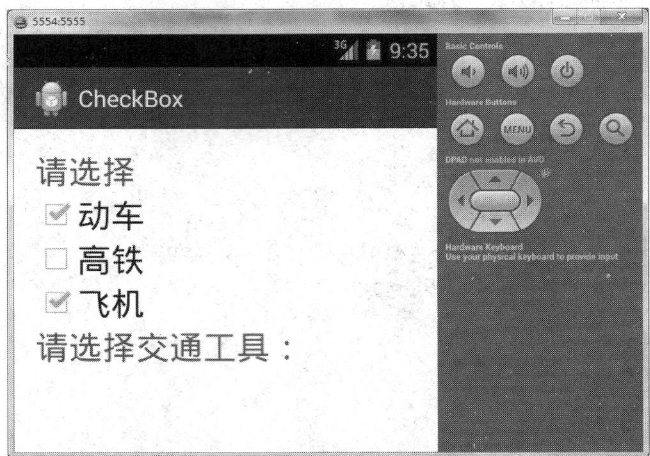

图 6-8　CheckBox 效果

```
//为第二个 CheckBox 注册监听
checkBox2.setOnCheckedChangeListener(new OnCheckedChangeListener()
        publicvoidonCheckedChanged(CompoundButtonbuttonView,
        boolean isChecked) {
            if (isChecked==true) {
                //显示第二个 CheckBox 内容
                textView.append(checkBox2.getText()+",");
            }
        }
    });
  //为第三个 CheckBox 注册监听
  checkBox3.setOnCheckedChangeListener(new OnCheckedChangeListener()
  {
        public void onCheckedChanged(CompoundButton buttonView,
        boolean isChecked) {
            //如果第三个 CheckBox 被选中
            if (isChecked==true) {
                //显示第三个 CheckBox 内容
                textView.append(checkBox3.getText()+",");
        }
    }
});
```

6.3.2　RadioButton 类简介

RadioButton(单选按钮)在 Android 平台上也比较常用，比如一些选择项会用到单选按钮。它是一种单个圆形单选框双状态的按钮，可以选择或不选择。在 RadioButton 没有被选中时，用户通过单击来选中它。但是，在选中后，无法通过单击取消选中。

单选按钮由 RadioButton 和 RadioGroup 两部分组成。RadioGroup 是单选组合框，用于将 RadioButton 框起来。在多个 RadioButton 被 RadioGroup 包含的情况下，同一时刻只可以选择一个 RadioButton，并用 setOnCheckedChan geListener 来对 RadioGroup 进行监听。

RadioButton 语法格式如下：

```
<RadioGroup
      <!--RadioGroup 单选组合框的 ID -->
    android:id=" "
<!--RadioButton 排列方式-->
    android:orientation=" " >
<RadioButton
<!--RadioButton 单选按钮的 ID -->
    android:id=" "
<!--RadioButton 文本内容-->
    android:text=" " />
……
</RadioGroup>
```

【示例】 RadioButton 的使用。新建项目 RadioButton，在布局文件中添加一个 ImageView 控件，用于显示关灯/开灯的图片；添加一个 RadioGroup 控件，设置 RadioButton 以水平方式排列；在 RadioGroup 控件中添加两个 RadioButton 控件，分别显示“关灯”和“开灯”；再添加一个 CheckBox，显示“关灯”。运行程序，效果如图 6-9 所示。

图 6-9 RadioButton 效果

关键逻辑代码如下：

```
package com.example.radiobutton;
```

```
import android.app.Activity; //引入相关类
import android.os.Bundle;
import android.view.Menu;
import android.widget.CheckBox;
import android.widget.CompoundButton;
import android.widget.CompoundButton.OnCheckedChangeListener;
import android.widget.ImageView;
import android.widget.RadioButton;
public class MainActivity extends Activity {
    protected void onCreate(Bundle savedInstanceState) {
        super.onCreate(savedInstanceState);
        setContentView(R.layout.activity_main);
        CheckBox cb=(CheckBox)this.findViewById(R.id.CheckBox01);
        cb.setOnCheckedChangeListener(new OnCheckedChangeListener(){
        //为 CheckBox 添加监听器及开关灯业务代码
        public void onCheckedChanged(CompoundButton buttonView,
                        boolean isChecked) {
            setBulbState(isChecked);}  });
        RadioButton rb=(RadioButton)findViewById(R.id.off);
        rb.setOnCheckedChangeListener(new OnCheckedChangeListener(){
        //为 RadioButton 添加监听器及开关灯业务代码
        public void onCheckedChanged(CompoundButton buttonView,
                        boolean isChecked) {
            setBulbState(!isChecked);} });
        }
    //方法:设置程序状态的
    public void setBulbState(boolean state){
      ImageView iv=(ImageView)findViewById(R.id.ImageView01);//设置图片状态
        iv.setImageResource((state)?R.drawable.bulb_on:
                              R.drawable.bulb_off);
          CheckBox cb=(CheckBox)this.findViewById(R.id.CheckBox01);
          cb.setText((state)?R.string.off:R.string.on);
          cb.setChecked(state);                //设置复选框文字状态
          RadioButton rb=(RadioButton)findViewById(R.id.off);
          rb.setChecked(!state);
          rb=(RadioButton)findViewById(R.id.on);
          rb.setChecked(state);                //设置单选按钮状态
    }
      public boolean onCreateOptionsMenu(Menu menu) {
        //Inflate the menu; this adds items to the action bar if it is present.
        getMenuInflater().inflate(R.menu.main, menu);
        return true;
    }
}
```

6.4　图片控件

6.4.1　ImageView 类简介

ImageView 是一个图片控件，负责显示图片。图片的来源可以是系统提供的资源文件，也可以是 Drawable 对象。ImageView 常用的属性及其对应方法如表 6-4 所示。

表 6-4　ImageView 常用属性及对应方法说明

属性名称	对应方法	说　明
android：adjustViewBounds	setAdjustViewBounds (boolean)	设置是否需要 ImageView 调整自己的边界来保证所显示的图片的长宽比例
android：maxHeight	setMaxHeight(int)	ImageView 的最大高度，可选
android：maxWidth	setMaxWidth(int)	ImageView 的最大宽度，可选
android：src	setImageResource(int)	设置 ImageView 要显示的图片

6.4.2　ImageView 语法格式

ImageView 语法格式如下：

```
<ImageView
    <!--ImageView 图片控件 ID-->
    android:id=" "
    <!--是否保持长宽比-->
    android:adjustViewBounds=" "
    <!--ImageView 最大高度和最大宽度-->
    android:maxHeight=" "
    android:maxWidth=" "
    <!--是否调整图片适应 ImageView-->
    android:scaleType=" "
    android:src=" " />
```

【示例】　ImageView 的使用。新建项目 ImageView，在布局文件中添加两个 ImageView，第一个显示系统图片，第二个显示 Drawable 图片。

布局代码如下：

```
<LinearLayout xmlns:android="http://schemas.android.com/apk/res/android"
    android:orientation="vertical"
    android:layout_width="fill_parent"
    android:layout_height="fill_parent">
    <ImageView
        android:id="@+id/imageView1"
```

```
        android:layout_width="94dp"
        android:layout_height="wrap_content"
        android:layout_marginLeft="60dp"
        android:layout_marginTop="52dp"
        android:src="@android:drawable/btn_star_big_off" />
    <ImageView
        android:id="@+id/imageView2"
        android:layout_width="wrap_content"
        android:layout_height="wrap_content"
        android:layout_marginTop="74dp"
        android:adjustViewBounds="true"
        android:maxHeight="300dp"
        android:maxWidth="300dp"
        android:scaleType="fitXY"
        android:src="@drawable/mybook" />
</LinearLayout>
```

运行程序，效果如图 6-10 所示。

图 6-10　ImageView 效果

6.5 时钟控件

时钟控件包括 AnalogClock 和 DigtialClock，这两种控件都负责显示时间。不同的是，AnalogClock 是模拟时钟，只显示时针和分针；DigtialClock 显示数字时钟，而可精确到秒。两者可以结合使用，能更准确地表达时间。

【示例】 结合使用 AnalogClock 和 DigtialClock。新建项目 Clock，在布局文件中添加一个 AnalogClock 控件和一个 DigtialClock 控件，显示系统时间。运行程序，效果如图 6-11所示。

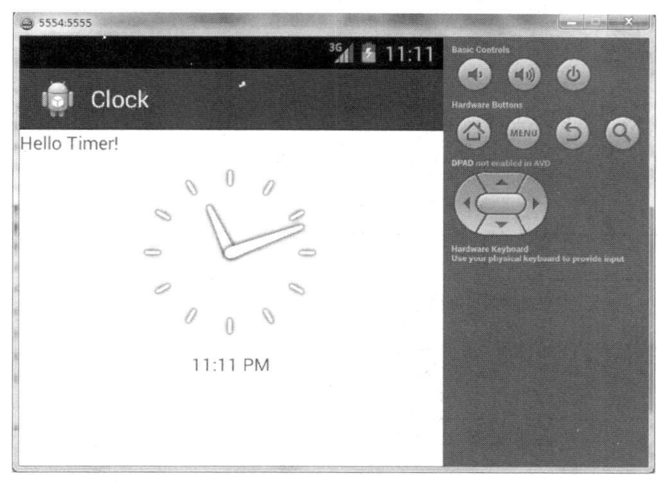

图 6-11 AnalogClock 和 DigtialClock 效果

布局代码如下：

```
<LinearLayout xmlns:android="http://schemas.android.com/apk/res/android"
    android:orientation="vertical"
    android:layout_width="fill_parent"
    android:layout_height="fill_parent">
    <TextView
        android:id="@+id/textView1"
        android:layout_width="wrap_content"
        android:layout_height="wrap_content"
        android:text="@string/hello_world" />
    <AnalogClock
        android:id="@+id/analogClock1"
        android:layout_width="wrap_content"
        android:layout_height="wrap_content"
        android:layout_gravity="center_horizontal"
        />
    <DigitalClock
```

```
        android:id="@+id/digitalClock1"
        android:layout_width="wrap_content"
        android:layout_height="wrap_content"
        android:layout_gravity="center_horizontal"
        />
</LinearLayout>
```

6.6 日期与时间选择控件

Android 为用户提供了显示日期与时间的控件 DatePicker 和 TimePicker。

6.6.1 DataPicker 类简介

日期选择控件(DatePicker)主要的功能向用户提供包含了年、月、日的日期数据，并允许用户对其进行选择。DatePicker 相关属性如表 6-5 所示。

表 6-5 DatePicker 相关属性

属性名称	属性说明
calendarViewShown	是否显示日历视图
maxDate	日历视图显示的最大日期，格式为 mm/dd/yyyy
minDate	日历视图显示的最小日期，格式为 mm/dd/yyyy
spinnersShown	是否显示微调控件

DatePicker 语法格式如下：

```
<DatePicker
    <!--DatePicker ID-->
    android:id=" "
    <!--是否显示日历视图-->
    android:calendarViewShown=" "
    <!--日历视图显示的最小日期和最大日期，格式为 mm/dd/yyyy-->
    android:minDate=" "
    android:maxDate=" "
    <!--是否调整图片适应 ImageView-->
    android:spinnersShown=" "/>
```

【示例】 DatePicker 的使用。新建项目 DatePicker，在布局文件中添加一个 DatePicker 显示系统日期。设置其显示日历视图和微调控件，并设定日历视图显示的最大日期和最小日期。

布局代码如下：

```
<LinearLayout xmlns:android="http://schemas.android.com/apk/res/android"
    android:orientation="vertical"
```

```
    android:layout_width="fill_parent"
    android:layout_height="fill_parent">
    <TextView
        android:id="@+id/textView1"
        android:layout_width="wrap_content"
        android:layout_height="wrap_content"
        android:text="@string/hello_world" />
    <DatePicker
        android:id="@+id/datePicker1"
        android:layout_width="wrap_content"
        android:layout_height="wrap_content"
        />
</LinearLayout>
```

运行程序，效果如图6-12所示。使用微调控件，可以修改日期。

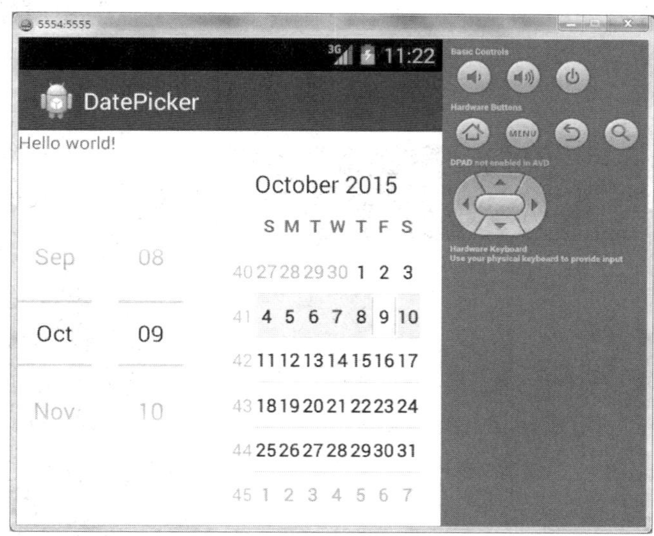

图6-12　DatePicker效果

如果将上述布局文件中DatePicker的android: spinnersShown属性设置为false，就只显示日历视图，如图6-13所示。

6.6.2　TimePicker类简介

时间选择控件(TimePicker)为用户显示一天中的时间(可以为24小时制，也可以为AM/PM制)，并允许用户进行修改。

【示例】　TimePicker的使用。新建项目TimePicker，在布局文件中添加一个TimePicker，以AM/PM制显示系统时间。运行程序，效果如图6-14所示。

【示例】　日期时间控件使用实例。运行程序，效果如图6-15所示。

布局代码如下：

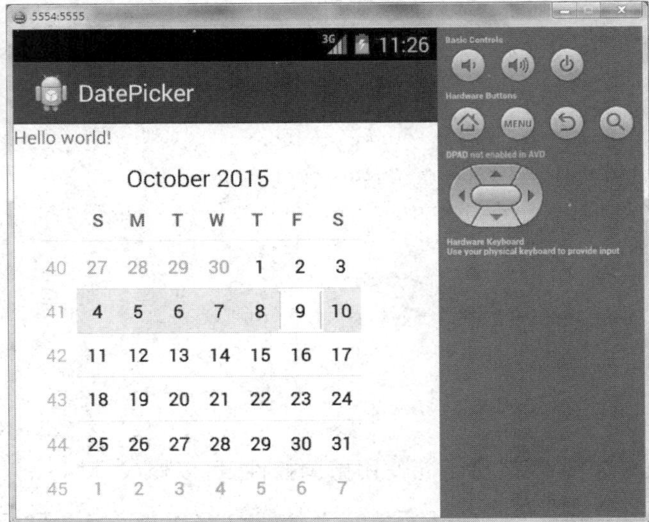

图 6-13　只显示日历视图

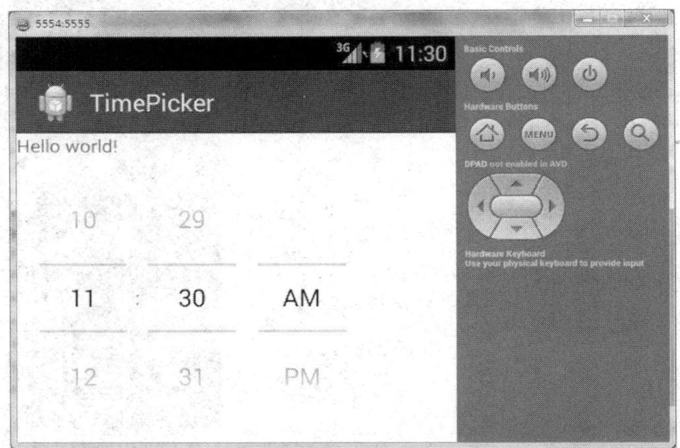

图 6-14　AM/PM 制的 TimerPicker 效果

```
<LinearLayout xmlns:android="http://schemas.android.com/apk/res/android"
    android:orientation="vertical"
    android:layout_width="fill_parent"
    android:layout_height="fill_parent">
    <DatePicker
        android:id="@+id/datepicker"
        android:layout_width="wrap_content"
        android:layout_height="wrap_content"
        android:layout_gravity="center_horizontal"/>
    <EditText
        android:id="@+id/etDate"
        android:layout_width="fill_parent"
```

图 6-15　24 日期时间控件使用实例

```
        android:layout_height="wrap_content"
        android:cursorVisible="false"
        android:editable="false"/>
    <TimePicker
        android:id="@+id/timepicker"
        android:layout_width="wrap_content"
        android:layout_height="wrap_content"
        android:layout_gravity="center_horizontal"/>
    <EditText
        android:id="@+id/etTime"
        android:layout_width="fill_parent"
        android:layout_height="wrap_content"
        android:cursorVisible="false"
        android:editable="false"
        />
</LinearLayout>
```

在 MainActivity 中添加关键代码如下：

```
package com.example.timepicker;
import java.util.Calendar;                                 //引入相关类
import android.app.Activity;
import android.os.Bundle;
```

```
import android.view.Menu;
import android.widget.DatePicker;
import android.widget.EditText;
import android.widget.TimePicker;
import android.widget.DatePicker.OnDateChangedListener;
import android.widget.TimePicker.OnTimeChangedListener;
public class MainActivity extends Activity {
    protected void onCreate(Bundle savedInstanceState) {
        super.onCreate(savedInstanceState);
        setContentView(R.layout.activity_main);    //设置当前屏幕
        DatePicker dp=(DatePicker)findViewById(R.id.datepicker);
        TimePicker tp=(TimePicker)findViewById(R.id.timepicker);
        Calendar c=Calendar.getInstance();         //获得 Calendar 对象
        int year=c.get(Calendar.YEAR);
        int monthOfYear=c.get(Calendar.MONTH);
        int dayOfMonth=c.get(Calendar.DAY_OF_MONTH);
        dp.init(year, monthOfYear, dayOfMonth,
                new OnDateChangedListener(){//初始化 DatePicker
        public void onDateChanged(DatePicker view, int year, int monthOfYear,
                int dayOfMonth) {
            flushDate(year,monthOfYear,dayOfMonth);}//更新 EditText 所显示内容
        });
        tp.setOnTimeChangedListener(new OnTimeChangedListener(){
        //为 TimePicker 添加监听器
        public void onTimeChanged(TimePicker view, int hourOfDay, int minute){
            flushTime(hourOfDay,minute);}          //更新 EditText 所显示内容
        });
    }
    //方法:刷新 EditText 所显示的内容
    public void flushDate(int year, int monthOfYear,int dayOfMonth){
        EditText et=(EditText)findViewById(R.id.etDate);
        et.setText("您选择的日期是:"+year+"年"+(monthOfYear+1)
                +"月"+dayOfMonth+"日");
    }
    //方法:刷新时间 EditText 所显示的内容
    public void flushTime(int hourOfDay,int minute){
          EditText et=(EditText)findViewById(R.id.etTime);
          et.setText("您选择的时间是:"+hourOfDay+"时"+minute+"分。");
    }
    public boolean onCreateOptionsMenu(Menu menu) {
        //Inflate the menu; this adds items to the action bar if it is present.
        getMenuInflater().inflate(R.menu.main, menu);
        return true;
    }
}
```

本 章 小 结

通过本章学习，应清楚地理解 Android 常用基本控件编程技术，学会使用 Android 文本控件、按钮类控件、单选按钮和复选框控件、图片控件、时钟控件、日期与时间选择控件等。

习　　题

1. 新建项目 EditText，在布局中添加两个 EditText。第一个显示为密码格式，在未输入密码时，显示文本“请输入密码”；第二个显示电话号码，输入电话号码时，界面弹出拨号盘。

2. 新建项目 Button，在布局中添加两个按钮。Button1 在代码中绑定监听，修改标题内容为“Button1 注册成功”；Button2 在布局中通过 OnClick 属性绑定监听，修改标题内容为“Button2 注册成功”。

第7章 Android高级控件编程

本章系统介绍 Android 常用高级控件，包括自动完成文本框 AutoCompleteTextView 类，滚动视图 ScrollView 类，网格视图 GridView 类，列表视图 ListView 类，滑块和进度条，下拉列表 Spinner 类控件。

7.1 自动完成文本框

7.1.1 AutoCompleteTextView 类简介

AutoCompleteTextView 类继承自 EditText 类，位于 android. widget 包下。从外表上看，AutoCompleteTextView 与 EditText 控件是一样的，只是在用户进行输入时，如果输入了与事先为该控件定义的一组字符串集相关的信息，会自动出现下拉选项，供用户选择。例如，事先为该控件定义了一组字符串集"，要，想，的，喜欢，非常"，当用户在编辑框内输入了一个" "字，就会在控件下方自动出现下拉选项，将这一系列的"…"显示出来供用户选择。这有点像在中文输入法中设置了联想输入方式。

AutoCompleteTextView 的某些属性可以在 XML 文件中进行设置，也可以在 Java 代码中通过方法进行设置。AutoCompleteTextView 控件常用的属性和相应的方法如表 7-1 所示。

表 7-1 AutoCompleteTextView 常用的属性和相应的方法说明

属　性	方　法	描　述
android：completionThreshold	setThreshold(int)	设置用户输入的字符数，当用户输入够该设定的字符数后开始显示下拉列表
android：dropDownHeight	setDropDownHeight(int)	设置下拉列表的高度
android：dropDownWidth	setDropDownWidth(int)	设置下拉列表的宽度
android：popupBackground	setDropDownBackgroundResource(int)	设置下拉列表的背景

从表 7-1 可以看出，这些属性主要用于设置 AutoCompleteTextView 控件下拉时的外形。下拉列表中的选项内容，需要绑定到数据源上，而绑定数据需要用到适配器(Adapter)。

适配器是界面数据绑定的一种理解。它所操纵的数据包括数组、链表、数据库、集合等。适配器就像显示器，把复杂的东西按人可以接受的方式展现出来。

在 Android 中有很多的适配器，常用的适配器有 ArrayAdapter、SimpleAdapter、SimpleCursorAdapter，它们都是继承自 BaseAdapter，这些适配器都位于 android.widget 包下。其中以 ArrayAdapter 最为简单，顾名思义，它需要把数据放入一个数组中以便显示，一般是展示一行字符。SimpleAdapter 有最好的扩充性，可以自定义为各种效果。

SimpleCursorAdapter 可以认为是 SimpleAdapter 与数据库的简单结合，可以方便地把数据库的内容以列表的形式展示出来。

7.1.2 自动完成文本使用案例

Adapter 对象有两个主要责任：一是用数据填充布局，二是处理用户的选择。下面以 AutoCompleteTextView 控件定义为例，说明 ArrayAdapter 的使用。

【说明】 AutoCompleteTextView 的下拉列表中只是一些字符串，可以使用 String[]数据源来创建一个 ArrayAdapter，为下拉列表进行数据绑定。创建一个适配器实例，即是为适配器指定显示格式和数据源。实例化 ArrayAdapter 可使用下列方法，其格式为：

```
publicArrayAdapter(Context context,int textViewResourceId,T[] objects)
```

参数 context 为当期的上下文对象。通常使用 this。参数 textViewResourceId，为一个包含 TextView 的布局 XML 文件的 id，用于告诉系统以什么样的布局方式来填充数据。例如，参数值为 android. R. layout. simple_dropdown_item_1line，这是系统定义好的布局文件，表示在下拉列表中一个数据只显示一行文字串。参数 objects 是为 ArrayAdapter 提供数据的数组，用来填充下拉列表。

【示例】

(1) 创建项目。在 Eclipse 中创建一个名为 AutoCompleteTxt 的 Android 项目。其应用程序名为 AutoCompleteTxt，包名为 com. example. autocompletetxt。

(2) 设计布局。编写 res/layout 目录下的布局文件，名为 activity_main. xml 文件，代码如下所示。

```
<?xmlversion="1.0"encoding="utf-8"?
<LinearLayoutxmlns:android="http://schemas.android.com/apk/res/android"
     android:orientation="vertical"
     android:layout_width="fill_parent"
     android:layout_height="wrap_content">
     <AutoCompleteTextViewandroid:id="@+id/auto_complete"
            android:layout_width="fill_parent"
            android:layout_height="wrap_content"/>
</LinearLayout>
```

在布局文件中只声明了一个 AutoCompleteTextView 控件,其资源 id 为 auto_complete。

(3) 开发逻辑代码。代码如下所示。

```
package com.example.autocompletetxt;
import android.app.Activity;
import android.os.Bundle;
import android.view.Menu;
import android.widget.ArrayAdapter;
import android.widget.AutoCompleteTextView;
public class MainActivity extends Activity {
    static final String[] COUNTRIES=
            new String[]{"China","Russia","Germany","Ukraine","Belarus",
            USA","China1","China12", "Germany1",
            "Russia2","Belarus1","USA1" };
    protected void onCreate(Bundle savedInstanceState) {
        super.onCreate(savedInstanceState);
        setContentView(R.layout.activity_main);
        setTitle("AutoCompleteTextView_Activity");
        ArrayAdapter <String>  adapter=new ArrayAdapter <String>(this,
            android.R.layout.simple_dropdown_item_1line, COUNTRIES);
        AutoCompleteTextView autotextView=
            (AutoCompleteTextView)findViewById(R.id.auto_complete);
        autotextView.setAdapter(adapter);
        autotextView.setThreshold(1);
    }
        public boolean onCreateOptionsMenu(Menu menu) {
            getMenuInflater().inflate(R.menu.main, menu);
            return true;
    }
}
```

在代码程序中用 ArrayAdapter 和 AutoCompleteTextView 类对象,所以要引入 android. widget. ArrayAdapter 和 android. widget. AutoCompleteTextView 类。创建一个适配器并将其实例化。其中使用的是 Android 系统自带的简单布局,将资源数组 COUNTRIES 传入。获取控件引用 autotextView,使用 setAdapter(adapter)设置适配器。定义用户需要输入的字符数为 1,即当用户输入一个字符时就下拉相应的选项列表。定义一个名为 COUNTRIES 的常量数组,作为适配器的资源数组。

【运行结果】 在 Eclipse 中启动 Android 模拟器,然后运行 AutoCompleteTxt 项目。运行结果如图 7-1 所示。

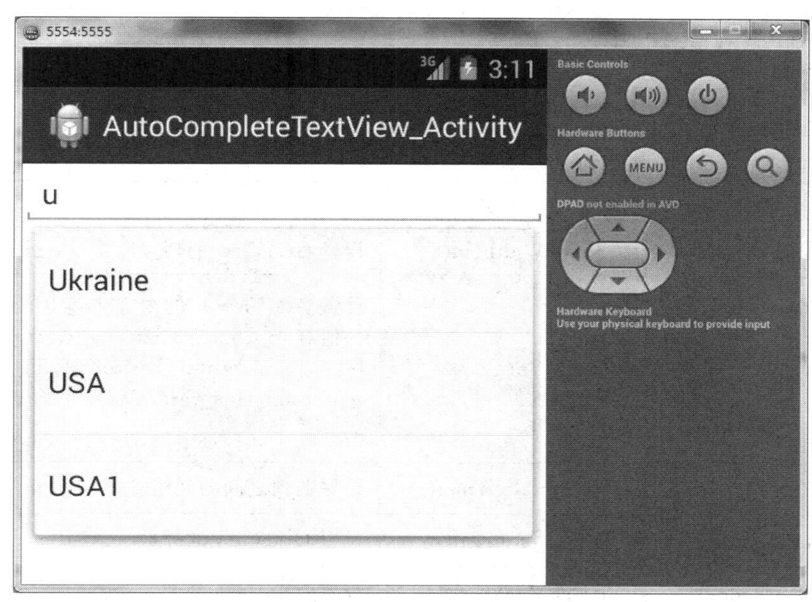

图 7-1　输入 u 时的下拉列表

7.2　滚动视图与 ScrollView 类

7.2.1　ScrollView 类简介

ScrollView 类位于 android. widget 包中，它继承自 FrameLayout，实际上是一个帧布局。在 ScrollView 中可以添加任意一个控件，当其中控件的内容在一屏幕显示不完时，便会自动产生滚动功能，通过垂直滚动的方式以显示被挡住的部分内容。ScrollView 只支持垂直滚动。

7.2.2　ScrollView 类使用注意事项

ScrollView 中只能加一个控制，不能超过两个。一般情况下，在 ScrollView 布局内添加一个线性布局，然后再将控件添加到这个线性布局中，这样就可以实现在其中添加多个控件。

7.3　网格视图与 GridView 类

7.3.1　GridView 类简介

GridView 类位于 android. widget 包中，该视图将其他控件以可滚动的二维网格显示出来，每一个网格项(Item)的显示内容来自于与之相关的 ListAdapter。GridView 是一种较常见的控件，一般用于显示多个图片内容，例如九宫图等。

7.3.2 ScrollView 类使用

GridView 类的常用属性及其对应方法如表 7-2 所示。

表 7-2 GridView 类的常用属性及其对应方法

属　　性	方　　法	描　　述
android：columnWidth	setColumnWidth(int)	设置 GridView 的列宽度
android：gravity	setGravity(int)	设置 GridView 中的内容在其中的位置。可选的值有 top、bottom、left、right、center_vertical、fill_vertical、center_horizontal、fill_horizontal、center、fill、clip_vertical。可以多选，用"|"分隔开
android：horizontalSpacing	setHorizontalSpacing(int)	设置两列之间的间距
android：numColumns	setNumColumns(int)	设置 GridView 的列数
android：stretchMode	setStretchMode(int)	设置 GridView 的缩放模式
android：verticalSpacing	setVerticalSpacing(int)	设置两行之间的间距

7.4 列表视图

7.4.1 ListView 类简介

ListView 类位于 android. widget 包中，是 Android 应用开发过程中最常用的控件之一。它是以垂直的可滚动的列表方式显示一组列表项的视图，ListView 中的每个条目 Item 可以是一个 TextView，也可以是由多个 TextView 和 ImageView 组成的一个组合控件。例如，显示联系人名单、系统设置项等，都会用到 ListView。

实现一个 ListView 控件，主要分为以下 4 个步骤。

(1) 准备 ListView 要显示数据，使用一维或多维动态数组保存数据。

(2) 构建适配器。由于 ListView 的每一个 Item 的组成可能简单，也可能比较复杂，所以根据需要，可选择 ArrayAdapter、SimpleAdapter 或 BaseAdapter 来为 ListView 绑定数据。

(3) 使用 setAdapter()，把适配器添加到 ListView，并显示出来。

(4) 为 ListView 添加监听器，设置各种事件(如单击、滚动、单击长按等)的响应操作。

ListView 常用的监听包括：

- 单击监听，添加单击监听使用 ListView. setOn ItemClickListener()。
- 滚动监听，添加滚动监听使用 ListView. setOnItemSel ectedListener()。
- 长按监听，添加长按监听使用 setOnCreateContextMenuLis tener()。

使用 ArrayAdapter 适配器为 ListView 绑定数据，可以创建每条目显示一行字符串的 ListView 控件。其具体的实现方法为：

```
ArrayAdapter String adapter= newArrayAdapter String (this, android.R.layout.
simple_ list_item_1,strings);
```

其中，android. R. layout. simple_list_item_1 是系统定义好的布局文件，表示以一行的文本显示 ListView 的一个 Item 项。strings 是在代码中定义的数组，也可以是一个列表数据集合 List，它们为适配器提供数据源，用于 ListView 显示。

7.4.2　使用 SimpleAdapter 适配器

SimpleAdapter 的扩展性最好，可以定义各种各样的布局。例如，可以放上 ImageView（图片），还可以放上 Button（按钮），CheckBox（复选框）等。使用 simpleAdapter 构造数据一般都是用数组列表 ArrayList，它定义于 java. util. ArrayList 类中，而 ArrayList 一般是通过 HashMap 构成，HashMap 是一组键-值对的集合，HashMap 定义于 java. util. HashMap 类中。

例如，要生成一个 ArrayList 类型的变量 list，并往其中填充两组 HashMap 键-值对 map1、map2，使用代码段如下。

```
ArrayList HashMap String,String list=new ArrayList HashMap String,String ();
//生成两个 HashMap 类型的变量 map1,map2
HashMap String,String map1=newHashMap String,String ();
HashMap String,String map2=newHashMap String,String ();
//把数据填充到 map1 和 map2 中
map1.put("title","百度");
map1.put("title_ip","http://www.baidu.com/");
map2.put("title","新浪");
map2.put("title_ip","http://www.sina.com.cn/");
//把 map1 和 map2 添加到 list 中
list.add(map1);
list.add(map2);
```

其中第 6 行为 map1 的键名为 title 的传值“百度”。第 7 行为 map1 的又一键名为 title_ip 的传值 http://www. baidu. com/。这个 HashMap 有两个键-值对。

利用 SimpleAdapter 创建适配器实例，其构造方法有 5 个参数，有些参数还比较复杂。例如，在本类中创建一个名为 adapter 的 SimpleAdapter 对象，使用语句如下。

```
SimpleAdapter adapter=new SimpleAdapter(
    this,
    alist,
    R.layout.item,
    newString[]{"img","title","info"},
```

```
newint[]{R.id.img,R.id.title,R.id.info});
```

其中参数 this 指当前 Activity 的对象。参数 alist 是一个 ArrayList 类型的列表对象，它往 adapter 中填充数据。参数 R. layout. item 是一个 XML 布局文件的 ID，该 ID 所指的布局文件用于设置 ListView 中 Item 的布局。

参数 newStri ng[]{"img","title","info"}是一个 String 类型的数组，该数组中的元素确定了 alist 对象中的列，alist 中有几列，这个数组中就要有几个元素。

参数 newint[]{R. id. img,R. id. title,R. id. info}是一个 int 类型的数组，该数组中的元素对应着 R. layout. item 所指的布局文件中的控件资源 ID，并且其顺序和个数与上一个参数 String 类型数组中的列名一一对应。例如，String 类型数组的第一个元素是 img，那么 int 类型数组的第一个元素就是 R. id. img，它是 R. layout. item 布局文件中声明的名为 img 的控件 ID，String 类型数组的第一个元素是 title，那么 int 类型数组的第一个元素就是 R. id. title，它是 R. layout. item 布局文件中声明的名为 title 的控件 ID，如此对应下去。

7.4.3 列表视图使用案例

下面用一个实例来说明，如何使用 SimpleAdapter 适配器为 ListView 控件绑定数据。使用 SimpleAdapter 适配器为 ListView 绑定数据，列出一些著名 IT 精英头像及创新技术信息，单击某一条目时，在标题栏显示其信息。

【说明】 使用 SimpleAdapter 构造数据需要用到 ArrayList，其中的 HashMap 对象对应于 ListView 中的每一条目(Item)。在本例中，ListView 中的每个 Item 包括一个 ImageView 控件和两个分上下行的 TextView 控件。这个布局可以使用 res/layout 目录中的一个 XML 布局文件来定义。

在本实例中要求每单击 ListView 的一个 Item 项，就要在标题栏显示相关信息，所以需要为该 ListView 对象添加 OnItemClickListener()监听，重写 onItemClick()回调方法。在 onItemClick()方法内执行获取 Item 的信息，并将其显示在标题栏中。

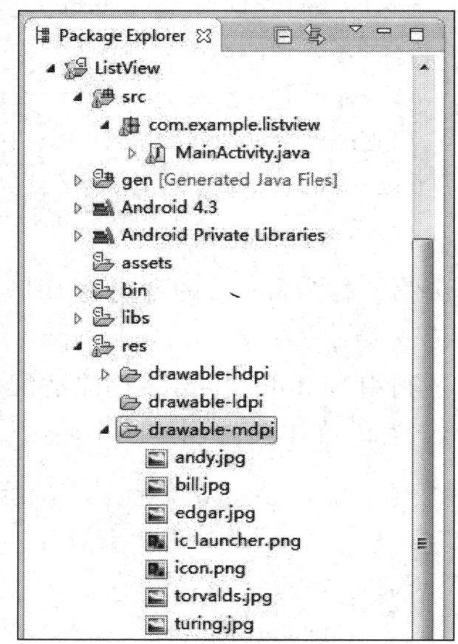

图 7-2 图片资源目录

【示例】

(1) 创建项目。在 Eclipse 中创建一个名为 ListView 的 Android 项目，其应用程序名为 ListView。

(2) 准备图片资源。将图片资源复制到本项目的 res/drawable-mdpi 目录中，如图 7-2 所示。

(3) 设计布局。res/layout 目录下的 activity_main. xml 文件代码如下所示。

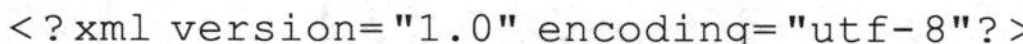

```
<?xml version="1.0" encoding="utf-8"?>
```

```
<LinearLayout xmlns:android="http://schemas.android.com/apk/res/android"
    android:orientation="vertical"
    android:layout_width="fill_parent"
    android:layout_height="fill_parent">
    <TextView
        android:id="@+id/TextView01"
            android:layout_width="fill_parent"
                android:layout_height="wrap_content"
    android:text="@string/hello"
        android:textColor="@color/white"
    android:textSize="24dip"/>
    <ListView
    android:id="@+id/ListView01"
        android:layout_width="fill_parent"
        android:layout_height="fill_parent"
    android:verticalSpacing="5dip"
        android:horizontalSpacing="5dip"
            android:stretchMode="columnWidth"/>
</LinearLayout>
```

(4) 开发逻辑代码，如下所示。

```
package com.example.listview;
import java.util.ArrayList;
import java.util.HashMap;
import java.util.List;
import java.util.Map;
import android.app.Activity;
import android.os.Bundle;
import android.view.Menu;
import android.view.View;
import android.widget.AdapterView;
import android.widget.GridView;
import android.widget.LinearLayout;
import android.widget.ListView;
import android.widget.SimpleAdapter;
import android.widget.TextView;
import android.widget.AdapterView.OnItemClickListener;
import android.widget.AdapterView.OnItemSelectedListener;
public class MainActivity extends Activity {
    //所有资源图片(andy、bill、edgar、torvalds、turing)id的数组
int [] drawableIds = {R.drawable.andy, R.drawable.bill, R.drawable.edgar, R.
```

```
drawable.torvalds, R.drawable.turing};
    //所有资源字符串(andy、bill、edgar、torvalds、turing)id的数组
int[] nameIds = {R.string.andy, R.string.bill, R.string.edgar, R.string.
torvalds,R.string.turing};
int[] msgIds={R.string.andydis,R.string.billdis,R.string.edgardis,R.string.
torvaldsdis,R.string.turingdis};
public List<?extends Map<String,?>>generateDataList(){
        ArrayList<Map<String,Object>>list=new ArrayList<Map<String,Object>>();
    int rowCounter=drawableIds.length;//得到表格的行数
    //循环生成每行对应各个列数据的Map;col1、col2、col3为列名
for(int i=0;i<rowCounter;i++){
        HashMap<String,Object>hmap=new HashMap<String,Object>();
        hmap.put("col1", drawableIds[i]);           //第一列为图片
    hmap.put("col2", this.getResources().getString(nameIds[i])); //第二例为姓名
    hmap.put("col3", this.getResources().getString(msgIds[i]));//第三列为描述
    list.add(hmap);
    }
return list;
}
      protected void onCreate(Bundle savedInstanceState) {
        super.onCreate(savedInstanceState);
        setContentView(R.layout.activity_main);
        ListView lv=(ListView)this.findViewById(R.id.ListView01);
        SimpleAdapter sca=new SimpleAdapter(
            this,
            generateDataList(),                        //数据 List
            R.layout.grid_row,                         //行对应 layout id
            new String[]{"col1","col2","col3"},        //列名列表
            new int[]{R.id.ImageView01,R.id.TextView02,R.id.TextView03}
                //列对应控件 id 列表
        );
        lv.setAdapter(sca);                            //为 GridView 设置数据适配器
        lv.setOnItemSelectedListener(                  //设置选项选中的监听器
          new OnItemSelectedListener(){
            public void onItemSelected(AdapterView<?>arg0, View arg1,
                    int arg2, long arg3) {
                //重写选项被选中事件的处理方法
                //获取主界面 TextView
                TextView tv=(TextView)findViewById(R.id.TextView01);
                //获取当前选中选项对应的 LinearLayout
                LinearLayout ll=(LinearLayout)arg1;
```

```
            TextView tvn=(TextView)ll.getChildAt(1);  //获取其中的 TextView
            TextView tvnL=(TextView)ll.getChildAt(2); //获取其中的 TextView
            StringBuilder sb=new StringBuilder();
            sb.append(tvn.getText());                  //获取姓名信息
            sb.append(" ");
            sb.append(tvnL.getText());                 //获取描述信息
            tv.setText(sb.toString());                 //信息设置进主界面 TextView
        }
        public void onNothingSelected(AdapterView<?>arg0){}
            });
            lv.setOnItemClickListener(                 //设置选项被单击的监听器
            new OnItemClickListener(){
            public void onItemClick(AdapterView<?>arg0, View arg1,
                    int arg2, long arg3) {
                //重写选项被单击事件的处理方法
                //获取主界面 TextView
                TextView tv=(TextView)findViewById(R.id.TextView01);
                //获取当前选中选项对应的 LinearLayout
                LinearLayout ll=(LinearLayout)arg1;
                TextView tvn=(TextView)ll.getChildAt(1);//获取其中的 TextView
                TextView tvnL=(TextView)ll.getChildAt(2);//获取其中的 TextView
                StringBuilder sb=new StringBuilder();
                sb.append(tvn.getText());              //获取姓名信息
                sb.append(" ");
                sb.append(tvnL.getText());             //获取描述信息
                tv.setText(sb.toString());             //信息设置进主界面 TextView
            }
        });
    }
```

在代码中使用了 ArrayList、HashMap、List 和 Map 对象，这些对象都定义于 java.util 下的相应包中，所以需要引入 java.util.ArrayList、java.util.HashMap、java.util.List 和 java.util.Map。引入代码中用到的 Android 中的相关类，重写 onCreate()方法，从资源中获取 ID 为 ListView01 的 ListView 对象 list，创建了 SimpleAdater 对象 listItemAdapter，并生成适配器的 Item 和动态数组对应的元素；为 list 添加适配器，并显示其内容，为 list 添加一个单击监听器。

【运行结果】 在 Eclipse 中启动 Android 模拟器，然后运行项目。运行结果满足预期效果。但是有时候，ListView 不仅是用来显示的，还需要响应 Item 上的操作事件。例如，在 Item 中添加了按钮，这时，ListView 需要能够响应其上的按钮单击事件，等等。如果使用 SimpleAdapter，虽然可以在 ListView 中显示出按钮来，但是无法为这个按钮添加监听响应，如图 7-3 和图 7-4 所示。

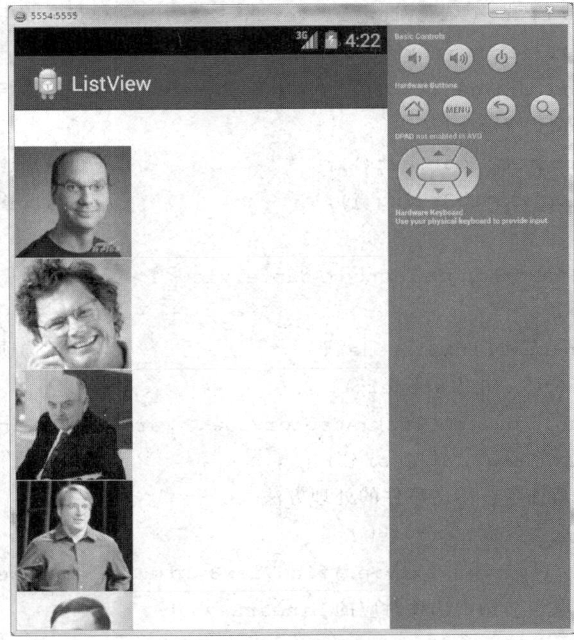

图 7-3 初始运行时显示的 ListView 界面

图 7-4 单击 ListView 第三项后的界面

7.5　滑块和进度条

7.5.1　ProgressBar 类简介

ProgressBar 类位于 android. widget 包中，它是一个非常有用的控件，其最直观的效果就是进度条显示。通常在应用程序执行某些较长时间，加载资源或执行某些耗时的操作时，会使用到进度条。

ProgressBar 类的使用非常简单，只需要将其显示在前台，然后启动一个后台线程定时更新进度条的进度 progress 数值即可。

7.5.2　SeekBar 类简介

SeekBar 位于 android. widget 包中，它继承自 ProgressBar，功能与文相似，不同点在于 SeekBar 是可以被用户拖动的控件。SeekBar 类似于一个尺子，可以进行拖拉滑块，直观地显示数据，常用于调节声音大小的应用。

7.5.3　RatingBar 类简介

RatingBar 类位于 android. widget 包中，它是另一种滑块，外观是 5 个星星，可以通过拖动来改变进度。一般用于星级评分的场合。

7.5.4　滑块和进度条案例

下面通过一个完整案例来介绍进度条和滑块条的使用方法。

在屏幕中各放置一个 ProgressBar、SeekBar 和 RatingBar，当拖动 SeekBar 时，另外两个跟着同步移动，当拖动 RatingBar 时，另外两个也同步移动。

【说明】 要为 ProgressBar 和 SeekBar 设置进度刻度，使用方法 setProgress(in t)，要获得其进度数据，使用方法 getProgress()，要为 RatingBar 设置星级，使用方法 setRating(float)，要获得其星级，使用方法 getRating()。

【示例】

(1) 创建项目。在 Eclipse 中创建一个名为 ProgressBars 的 Android 项目。其应用程序名为 ProgressBars。

(2) 设计布局。res/layout 目录下的 activity_main. xml 文件代码如下所示。

```
<LinearLayout xmlns:android="http://schemas.android.com/apk/res/android"
    android:orientation="vertical"
    android:layout_width="fill_parent"
    android:layout_height="fill_parent">
  <ProgressBar
      android:id="@+id/ProgressBar01"
      android:layout_width="fill_parent"
      android:layout_height="wrap_content"
```

```
        android:max="100"
        android:progress="20"
        style="@android:style/Widget.ProgressBar.Horizontal"/>
    <SeekBar
        android:id="@+id/SeekBar01"
        android:layout_width="fill_parent"
        android:layout_height="wrap_content"
        android:max="100"
        android:progress="20"/>
</LinearLayout>
```

(3) 开发逻辑代码，如下所示。

```
package com.example.progressbars;
import android.os.Bundle;
import android.app.Activity;
import android.view.Menu;
import android.widget.ProgressBar;
import android.widget.SeekBar;
public class MainActivity extends Activity {
final static double MAX=100;//SeekBar、ProgressBar 的最大值
    protected void onCreate(Bundle savedInstanceState) {
        super.onCreate(savedInstanceState);
        setContentView(R.layout.activity_main);
        //普通拖拉条被拉动的处理代码
        SeekBar sb=(SeekBar)this.findViewById(R.id.SeekBar01);
        sb.setOnSeekBarChangeListener(
        new SeekBar.OnSeekBarChangeListener(){
            public void onProgressChanged(SeekBar seekBar,
                    int progress,  boolean fromUser) {
                ProgressBar pb=
                        (ProgressBar)findViewById(R.id.ProgressBar01);
                SeekBar sb=(SeekBar)findViewById(R.id.SeekBar01);
                pb.setProgress(sb.getProg ress());
            }
            public void onStartTrackingTouch(SeekBar seekBar) {}
            public void onStopTrackingTouch(SeekBar seekBar) { }
        });
    }
    public boolean onCreateOptionsMenu(Menu menu) {
        getMenuInflater().inflate(R.menu.main, menu);
        return true;
    }
}
```

【运行结果】 在 Eclipse 中启动 Android 模拟器，然后运行 ProgressBars 项目。运行结果如图 7-5 所示。

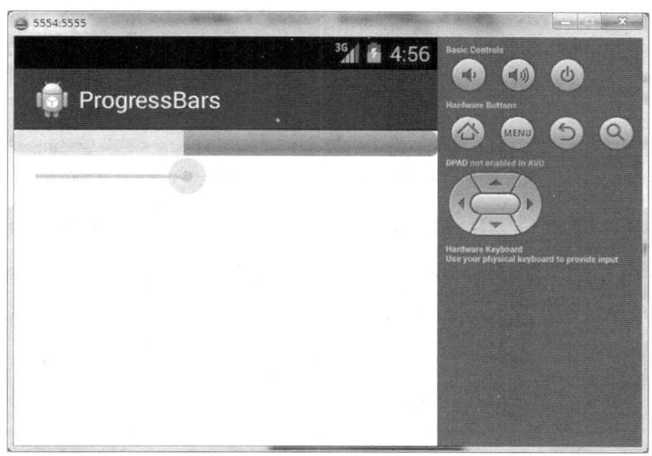

图 7-5 滑块/星星被拖拉时与进度条的进度同步效果

7.6 选项与 TabHost 类

TabHost 类位于 android. widget 包下，它继承自 FrameLayout，是一种帧布局，其中，它包含多个布局，但同一时刻，根据用户的选择只显示其中一个布局的内容。它是选项卡的封装类，用于创建选项卡窗口。

7.7 下拉列表 Spinner 类控件

7.7.1 Spinner 类概述

Spinner(下拉列表)位于 android. widget 包中。Spinner 的外观是一个一行的列表框，右侧有一个下拉按钮，只有当用户单击这个控件时，才会下拉出选项列表以供用户选择。

在应用中常常会遇到这样的情况，应用系统已为用户提供了一些选择项，而不需要用户填写内容。这时需要使用 Spinner 控件。Spinner 每次只显示用户选中的元素，当用户再次单击时，会弹出选择列表供用户选择，而选择列表中的元素来自一个适配器，这个选项资源适配器通常在代码中写入。

如果使用 ArrayAdapter 为 Spinner 的下拉列表加载数据，有以下两种方式。

(1) 使用 Java 代码动态地定义下拉列表的数据源。例如，向 Spinner 的下拉列表加载城市名，可使用如下方法：

```
ArrayAdapter String adapter=
    NewArrayAdapter(this,android.R.layout.simple_spinner_item,citys)
```

其中，参数 android. R. layout. simple_spinner_item 是系统定义好的布局文件，表示在 Spinner 未被单击时的显示样式。参数 citys 是在代码中定义的数组，该数组是预置的一些城市名。

(2) 在 res/values 目录下，使用 XML 文件预先定义数据源。例如，向 Spinner 的下拉列表中加载城市名，可使用如下方法：

```
ArrayAdapter CharSequence adapter=ArrayAdapter.createFromResource(this,
        R.array.citys,android.R.layout.simple_spinner_item);
```

其中，参数 R. array. citys 对应于 res/values 目录下 XML 格式的数组资源描述文件，在其中预先定义一组城市名，为 Spinner 的下拉列表提供数据。参数 android. R. layout. simple_spinner_item 设置在 Spinner 未被单击时的显示样式。在 Java 代码编程中，Spinner 控件有一些常用的方法，如表 7-3 所示。

表 7-3 Spinner 控件常用的方法说明

方　　法	描　　述
getItemAtPosition(int)	获取在下拉列表中指定位置的数据
getSelectedItem()	获取用户在下拉列表中选定的数据
setDropDownViewResource(int)	设置下拉列表样式，其中 int 参数是指定布局资源 ID 号
setPrompt(String)	设置下拉列表框的提示信息
setSelection(int,boolean)	设置 Spinner 在初始化时自动调用一次 OnItemSelectedListener 事件指定的下拉项，如果禁止调用该事件，可使用 setSelection(0,true)

7.7.2 实现 Spinner 需要的 5 个步骤

通常，实现一个 Spinner 需要完成以下 5 个步骤。

(1) 为下拉列表项定义数据源。

(2) 实例化一个适配器。

(3) 为 Spinner 设置下拉列表下拉时的显示样式。

(4) 将适配器添加到 Spinner 上。

(5) 为 Spinner 添加监听器，设置各种事件的响应操作。

【实例】 下拉列表使用案例：设计 Spinner，用于选择所在城市名。

【说明】 在这个 Spinner 中，下拉列表选项只是一些城市名，可以使用 String[]数据源来创建一个 ArrayAdapter，为下拉列表进行数据绑定。

【步骤】

(1) 创建项目。在 Eclipse 中创建一个名为 Spinner 的 Android 项目。其应用程序名为“Spinner”。

(2) 创建数组资源文件。在 res/values 目录下创建一个名为 arrays. xml 的文件(如果使用第一种方式为 Spinner 的下拉列表加载数据，就不需要创建这个文件)。arrays. xml 文件代码如下所示。

```
<?xml version="1.0"encoding="utf-8"?>
<resources>
    <string-arrayname="citys">
        <item>北京</item>
        <item>上海</item>
        <item>广州</item>
        <item>深圳</item>
        <item>杭州</item>
        <item>成都</item>
        <item>大连</item>
        <item>南京</item>
    </string-array>
</resources>
```

第 3 行<string-arrayname="citys"> 定义了这个资源数组的名称为 citys。注意,在代码中调用此数组资源时,与 XML 文件名无关,而只与"<string-arrayname="citys">"定义的名称 citys 有关。

(3) 设计布局。编写 res/layout 目录下的布局文件,名为 spinner. xml 文件,代码如下所示。

```
<?xml version="1.0"encoding="utf-8"?>
<LinearLayout xmlns:android="http://schemas.android.com/apk/res/android"
    android:id="@+id/widget28"
    android:layout_width="fill_parent"
    android:layout_height="fill_parent"
    android:orientation="vertical"
    >
    <TextView
    android:id="@+id/TextView_Show"
    android:layout_width="fill_parent"
        android:layout_height="wrap_content"
        android:text="可以开始选择所在城市。"
        android:textSize="25sp"/>
      <Spinner
        android:id="@+id/spinner_City"
        android:layout_width="fill_parent"
        android:layout_height="wrap_content"/>
</LinearLayout>
```

第 9~14 行声明了一个 TextView 控件,用于显示从 Spinner 的下拉列表中选择的内容。第 16~19 行声明了一个 Spinner 控件。

(4) 开发逻辑代码,如下所示。

```
package com.example.spinner;
import android.app.Activity;
```

```
import android.os.Bundle;
import android.view.Menu;
import android.widget.ArrayAdapter;
import android.widget.Spinner;
import android.widget.TextView;
public class MainActivity extends Activity {
private TextView text;
private Spinner spinner;
    protected void onCreate(Bundle savedInstanceState) {
        super.onCreate(savedInstanceState);
        setContentView(R.layout.activity_main);
        text=(TextView)findViewById(R.id.TextView_Show);
        spinner=(Spinner)findViewById(R.id.spinner_City);
        //建立数据源
        String[] mItems=getResources().getStringArray(R.array.citys);
        //建立 Adapter 并且绑定数据源
        ArrayAdapter<String>Adapter=new ArrayAdapter<String>(this,
                    android.R.layout.simple_spinner_item, mItems);
        //绑定 Adapter 到控件
        spinner.setAdapter(_Adapter);
    }
    public boolean onCreateOptionsMenu(Menu menu) {
        //Inflate the menu; this adds items to the action bar if it is present.
        getMenuInflater().inflate(R.menu.main, menu);
        return true;
    }
}
```

【运行结果】 在 Eclipse 中启动 Android 模拟器,然后运行项目。初始运行结果如图 7-6 所示,单击了 Spinner 控件后下拉出选项列表,如图 7-7 所示,当在下拉列表中选择了"深圳"之后,显示结果如图 7-8 所示。

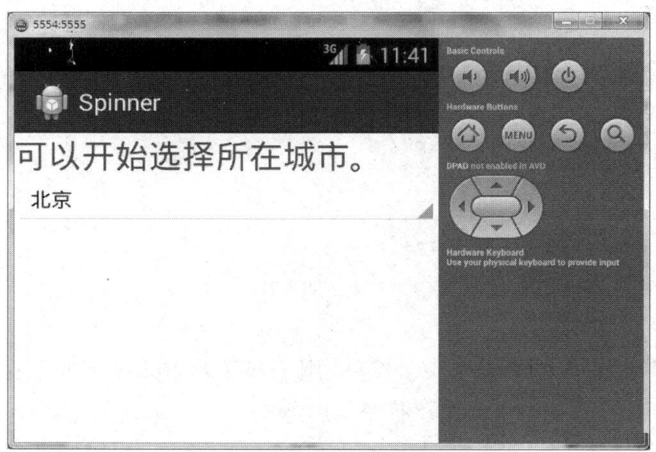

图 7-6 初始运行时的显示界面

图 7-7　单击 Spinner 后下拉的列表选项

图 7-8　选择了城市“深圳”之后的显示界面

本章小结

通过本章学习，应清楚地理解 Android 常用高级控件编程技术，学会使用自动完成文本框、滚动视图与 ScrollView 类控件、网格视图与 GridView 类控件、列表视图、滑块和进度条、下拉列表 Spinner 类控件等。

习　题

1. 页面上现有 ProgressBar 控件 progressBar，请用相关线程以 30 秒的时间完成其进度显示工作。

2. 说明使用操作栏为程序开发所带来的便利有哪些？

3. GridView 用于在界面上按行、列分布的方式显示多个组件。

第 8 章

菜单和对话框编程

在用户界面中,菜单和对话框都是程序与用户进行选择交互的主要途径。本章着重系统介绍菜单和对话框的使用技巧。

8.1 Android 菜单

8.1.1 创建普通的菜单

在主 Activity 中覆盖 onCreateOptionsMenu(Menu menu)方法,具体代码如下。

```
public boolean onCreateOptionsMenu(Menu menu) {
    menu.add(0, 1, 1, "苹果");
    menu.add(0, 2, 2, "香蕉");
    return super.onCreateOptionsMenu(menu);
}
```

这样就有了两个菜单选项。如果要添加单击事件,则要覆盖 onOptionsItemSelected(MenuItem item)方法,具体代码如下。运行界面如图 8-1 所示。

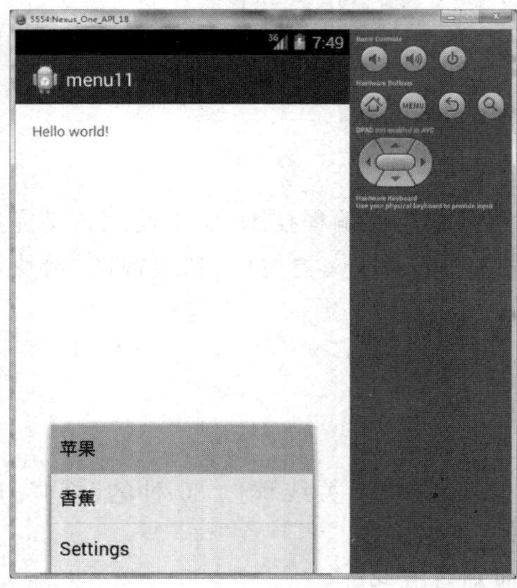

图 8-1 创建普通的菜单

```
public boolean onOptionsItemSelected(MenuItem item) {
    if(item.getItemId()==1){
        Toast t=Toast.makeText(this, "选的是苹果", Toast.LENGTH_SHORT);
        t.show();
    }
    else if(item.getItemId()==2){
        Toast t=Toast.makeText(this, "选的是香蕉", Toast.LENGTH_SHORT);
        t.show();
    }
    return true;
}
```

8.1.2 使用菜单组

菜单组是一系列具有相同特征的 Items 的集合，通过菜单组可以做如下工作。

(1) 显示或者隐藏所有 Items：setGroupVisible()。

(2) 使 Items 同时可用或不可用：setGroupEnabled()。

(3) 使 Items 同时选用：setGroupCheckable()。

可以在 XML 文件中用 group 来包裹 item 实现菜单组，代码如下：

```
<?xml version="1.0" encoding="utf-8"?>
    <menu xmlns:android="http://schemas.android.com/apk/res/android">
        <item android:id="@+id/item1"
            android:icon="@drawable/item1"
            android:title="@string/item1" />
        <!--menu group -->
        <group android:id="@+id/group1">
        <item android:id="@+id/groupItem1"
            android:title="@string/groupItem1" />
        <item android:id="@+id/groupItem2"
            android:title="@string/groupItem2" />
        </group>
    </menu>
```

8.2　响应菜单项

Android 提供了多种响应菜单项的方式，下面逐一加以分析。

8.2.1 通过 onOptionsItemSelected 方法

使用最多的方法是重写 Activity 类的 onOptionsItemSelected(MenuItem)回调方法，每当有菜单项被单击时，Android 就会调用该方法，并传入单击菜单项，具体代码如下。

```
publicboolean onOptionsItemSelected(MenuItem item) {
```

```
    switch (item.getItemId()) {
    //响应每个菜单项(通过菜单项的 ID)
    case1:
        //do something here
        break;
    case2:
        //do something here
        break;
    case3:
        //do something here
        break;
    case4:
        //do something here
        break;
    default:
        //对没有处理的事件,交给父类来处理
        returnsuper.onOptionsItemSelected(item);
    }
    //返回 true 表示处理完菜单项的事件,不需要将该事件继续传播
    Return true;
}
```

以上代码可作为使用 onOptionsItemSelected 方法响应菜单的模板,这里为了方便起见,将菜单 ID 硬编码在程序里,用常量或资源 ID 可使代码更简洁。

8.2.2 使用监听器

虽然第一种方法是推荐使用的方法,Android 还是提供类似 Java Swing 的监听器方式来响应菜单。使用监听器的方式分为两步,具体步骤及代码如下:

(1) 创建监听器类,代码如下。

```
class MyMenuItemClickListener implements OnMenuItemClickListener {
    Public boolean onMenuItemClick(MenuItem item) {
        //do something here...
        Return true;
        //finish handling
    }
}
```

(2) 为菜单项注册监听器,代码如下。

```
menuItem.setOnMenuItemClickListener(new MyMenuItemClickListener());
```

android 文档对 onMenuItemClick(MenuItem item)回调方法的说明是"Called when a menu item has been invoked. This is the first code that is executed; if it return is true, no other callbacks will be executed."可见该方法先于 onOptionsItemSelected

执行。

8.2.3　使用 Intent 响应菜单

第 3 种方式是直接在 MenuItem 上调用 setIntent(Intent intent)方法，这样 Android 会自动在该菜单被单击时调用 startActivity(Intent)。总之，直接在 onOptionsItemSelected 的 case 中手动调用 startActivity(Intent)来得更直观。

8.3　使用其他菜单类型

8.3.1　动态菜单

动态菜单就是根据不同的界面有不同的菜单。下面代码实现这样的功能：当主界面的某个 TextView 的值是“M”和“N”时，弹出不同的菜单。

```
public boolean onPrepareOptionsMenu(Menu menu) {
    TextView tv1=(TextView) findViewById(R.id.tv1);
    String currentText=tv1.getText().toString();
    if("M".equals(currentText)){
        menu.clear();//先清掉菜单
        MenuItem item=menu.add(0, 400, 401, "to N");
        //可以通过单击这个菜单项来改变 tv1 的值这样(变成 N)就可测试
        item.setIcon(android.R.drawable.alert_dark_frame);
        //android 自带的图标
    }
    if("N".equals(currentText)){
        menu.clear();//先清掉菜单
        MenuItem item=menu.add(0, 401, 402, "to M");
        //可以通过单击这个菜单项来改变 tv1 的值这样(变成 M)就可以测试
        item.setIcon(android.R.drawable.alert_light_frame);
    }
    menu.add(0, 402, 403, "Now is "+currentText);  //现在共有两个菜单子项
    return super.onPrepareOptionsMenu(menu);
}
```

运行效果分别如图 8-2 所示。

8.3.2　图标菜单

在 Android 中不仅支持文本，还支持将图像或图标作为菜单内容。但是使用菜单项有些限制：不能将图标用于展开菜单，图标菜单不支持菜单勾选标记，如果图标菜单项中的文本太长，将从一定数量的字符之后截断。创建菜单项和创建基于文本的菜单项一样，然后使用 MenuItem 类的 setIcon()方法来设置图像，语法如下。

```
MenuItem item=menu.add(base, base+1, base+1, "Item1");
```

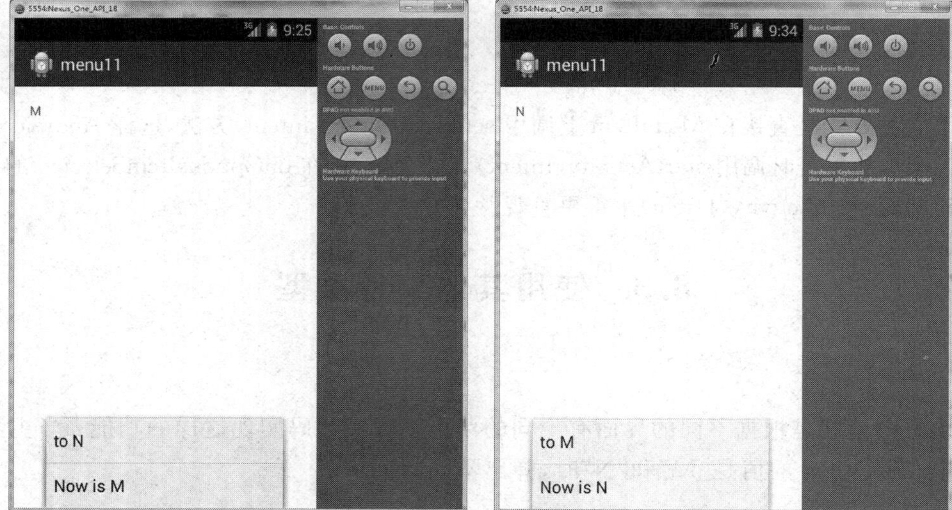

图 8-2 动态菜单

```
item.setIcon(R.drawable.img1);
```

8.3.3 使用子菜单

SubMenu 的制作也同样简单，在第一段代码 onCreateOptionsMenu(Menu menu)方法中编写代码，具体代码如下。

```
public boolean onCreateOptionsMenu(Menu menu) {
    menu.add(0, 1, 1, "葡萄");
    menu.add(0, 2, 2, "香蕉");
    SubMenu subMenu=menu.addSubMenu(1, 100, 100, "苹果");
    subMenu.add(2, 101, 101, "红富士");
    subMenu.add(2, 102, 102, "甜心苹果");
    return true;
}
```

运行效果如图 8-3 所示。单击“桃子”后就会出现子菜单，有两个子选项，分别是“红富士”和“甜心苹果”。

8.3.4 使用上下文菜单

在 Android 中通过名为长按的操作来支持上下文菜单，长按的意思是在 Android 视图上按住的时间比平常稍微较长。上下文菜单表示为 ContextMenu 类。与 Menu 一样，ContextMenu 可以包含很多菜单项。活动只能拥有一个常规的视图菜单，但可以用于多个上下文菜单。尽管上下文菜单归视图拥有，但是填充上下文菜单的方法包含在 Activity 类中，该方法为 activity. onCreateContextMenu()。注意，上下文菜单不支持快捷键、图标和子菜单。

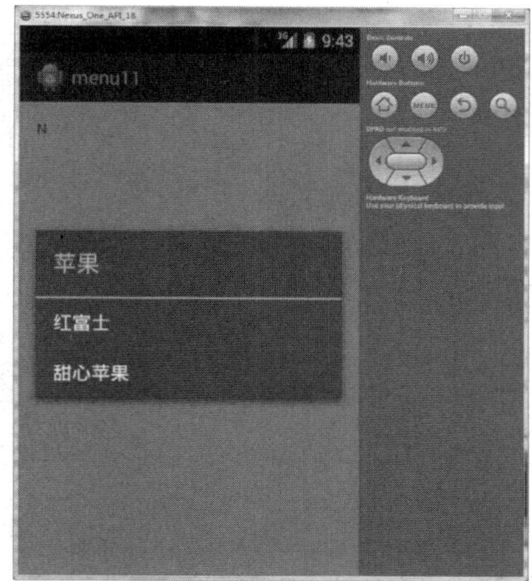

图 8-3　使用子菜单

1. 为上下文菜单注册视图

在活动的 onCreate()方法中为上下文菜单注册视图，在活动中调用 registerForContextMenu(View v)，具体示例代码如下：

```
Protected void onCreate(Bundle savedInstanceState){
    super.onCreate(savedInstanceState);
    setContentView(R.layout.activity_main);
    button=(Button)this.findViewById(R.id.btn);
    registerForContextMenu(button); //注册长按弹出 Menu 列表
}
```

2. 填充上下文菜单

为上下文菜单注册了视图之后，Android 将使用此视图作为参数，调用 onCreateContextMenu()方法，可以在该方法中为上下文填充菜单项。

```
public void onCreateContextMenu (ContextMenu menu, View v, ContextMenuInfo
menuInfo);
```

该方法提供了三个参数，第一个参数是预先构造的 ContextMenu 对象，第二个参数是生成回调的视图(如上面的 Button)，第三个参数是 ContextMenuInfo 类，这个是视图向此方法传递附加信息的一种方式，视图完成此操作需要重写 getContextMenuInfo()方法，并返回 ContextMenuInfo 的派生类，具体示例代码如下。

```
public void onCreateContextMenu(ContextMenu menu, View v,
                                    ContextMenuInfo menuInfo) {
    //TODO Auto-generated method stub
    if(v.getId()==R.id.btn) {
        menu.setHeaderTitle("这是一个 ContextMenu");
        menu.add(3, 200, 200, "Context Menu 1");
```

```
        menu.add(3, 201, 201, "Context Menu 2");
    }
    super.onCreateContextMenu(menu, v, menuInfo);
}
```

3. 响应上下文菜单

实现上下文菜单的最后一步是响应上下文菜单单击，响应上下文菜单的机制与响应选项菜单的机制类似，Android 提供了一个 onContextItemSelected 方法，具体示例代码如下。

```
@Override
public boolean onContextItemSelected(MenuItem item) {
    //TODO Auto-generated method stub
    if(item.getItemId()==200) {
        Toast.makeText(this, "Select Item 1", Toast.LENGTH_LONG).show();
    } else if(item.getItemId()==201) {
        Toast.makeText(this, "Select Item 2", Toast.LENGTH_LONG).show();
    }
    return super.onContextItemSelected(item);
}
```

8.3.5 使用交替菜单

交替菜单支持 Android 上的多个应用程序相互使用，这些交替菜单是 Android 应用程序间通信或使用框架的一部分。交替菜单允许一个应用程序包含另一个应用程序的菜单，当选择交替菜单时，将使用该活动所需的数据 URI 来启动目标应用程序或活动。调用的活动使用传入的 Intent 中的数据 URI。

要创建交替菜单项并附加到菜单上，执行以下步骤，同时在 onCreateOptionsMenu 方法中设置该菜单：

(1) 创建一个 Intent，将它的数据 URI 设置为当前显示数据的 URI。

(2) 将 Intent 的类别设置为 CATEGORY_ALTERNATIVE。

(3) 搜索允许对此 URI 类型支持的数据进行操作的活动。

(4) 将可以调用这些活动的 Intent 以菜单项的形式添加到菜单。

通过 this. getIntent(). getData()获得可能在此活动上使用的数据的 URI。然后找到使用此类数据的其他程序，使用一个 Intent 作为参数来进行搜索：

```
Intent criteriIntent=new Intent(null, getIntent().getData());
intent.addCategory(Intent.CATEGORY_ALTERNATIVE);
```

可以告诉 Menu 对象搜索匹配活动，并将它们作为菜单选项进行添加：

```
menu.addIntentOptions(
    Menu.CATEGORY_ALTERNATIVE,          //Group
    Menu.CATEGORY_ALTERNATIVE,          //Id
```

```
    Menu.CATEGORY_ALTERNATIVE,              //Order
    this.getComponentName(),                //Name of the activity class displaying
    null,                                   //No specific
    criteriIntent,                          //intent
    0,
    null
);
```

匹配活动是指能够处理已为它提供的 URI 的活动，活动通常会使用 URI、操作和类别在其描述文件中注册信息。Menu 类的方法 addIntentOptions 负责查找与 Intent 的 URI 和类别特性匹配的活动，然后该方法使用合适的菜单项 ID 并对 ID 排序，将这些活动添加到正确组下的菜单中。

8.3.6 用 XML 文件方式创建菜单

之前都是用代码的方法创建菜单，用 XML 配置文件也可以相当方便地制作菜单。在 res/目录下创建一个文件夹，名为 menu，下面创建一个 XML 文件，名为 menu_xml_file. xml，代码如下：

```
<?xml version="1.0" encoding="utf-8"?>
<menu xmlns:android="http://schemas.android.com/apk/res/android">
    <group android:id="@+id/grout_main">
        <item android:id="@+id/menu_1" android:title="This 1" />
        <item android:id="@+id/menu_2" android:title="This 2" />
    </group>
</menu>
```

在 Activity 中覆盖 onCreateOptionsMenu(Menu menu)方法，代码如下：

```
public boolean onCreateOptionsMenu(Menu menu) {
// TODO Auto-generated method stub
  MenuInflater inflater=getMenuInflater();
  inflater.inflate(R.menu.menu_xml_file, menu);
    return true;
}
```

其他的都与在 Activity 中制作菜单一样。

8.4 Android 对话框

8.4.1 弹出对话框简介

在 GUI 程序中，有时需要弹出对话框来提示一些信息。这些对话框比一个独立的屏幕简单，Android 的弹出式对话框不同于表示一个屏幕的活动，它通常用于简单的功能处理。

对话框的父类是 android. app. Dialog，通过构建类 android. app. Alert Dialog 来实现弹出式对话框，可以使用 AlertDialog. Builder 和不同的参数来构建对话框。

参考示例程序：Dialog(ApiDemo→App→Dialog)。

布局文件：alert_dialog. xml 。

Dialog 程序的运行结果，如图 8-4 所示。

通过单击屏幕上的不同按钮(第 4 个按钮除外)将会启动不同的对话框。

实现方法是继承 onCreateDialog()函数，返回一个 Dialog 类型：

```
@Override
protected Dialog onCreateDialog(int id) {
}
```

onCreateDialog()函数的参数 id 是区分对话框的标示，当调用对话框的时候需要调用 showDialog()。

```
public final void showDialog (int id)
```

showDialog()函数也是通过 id 来区分对话框的。通过 showDialog()和 onCreateDialog()函数可以创建活动的对话框。

图 8-4　Dialog 程序的运行结果

8.4.2　普通对话框

普通对话框显示一个提示信息和一个按钮，如图 8-5 所示。

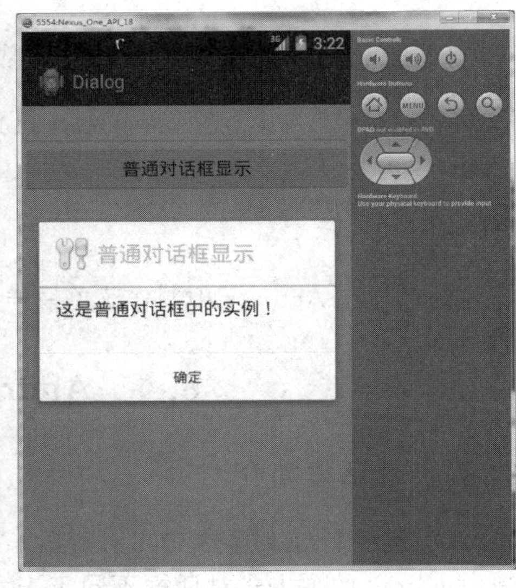

图 8-5　普通对话框(提示+按钮)

具体工作包含在三个文件中。

(1) 项目 res/value/string. xml 内容如下：

```
<?xml version="1.0" encoding="utf-8"?>
<resources>
    <string name="app_name">Dialog</string>
    <string name="action_settings">Settings</string>
    <string name="hello_world">Hello world!</string>
    <string name="btn">普通对话框显示</string>
    <!--声明名为 btn 的字符串资源 -->
    <string name="title">普通对话框</string>
    <!--声明名为 title 的字符串资源 -->
    <string name="ok">确定</string>
    <!--声明名为 ok 的字符串资源 -->
    <string name="dialog_msg">这是普通对话框中的实例!</string>
    <!--声明名为 dialog_msg 的字符串资源 -->
</resources>
```

(2) 项目 res/layout/activity_main. xml 内容如下：

```
<LinearLayout xmlns:android="http://schemas.android.com/apk/res/android"
    xmlns:tools="http://schemas.android.com/tools"
    android:layout_width="fill_parent"
    android:layout_height="fill_parent"
    android:orientation="vertical" >
    <!--声明一个线性布局 -->
    <EditText
        android:id="@+id/EditText01"
        android:layout_width="fill_parent"
        android:layout_height="wrap_content"
        android:cursorVisible="false"
        android:editable="false"
        android:text="" />
    <!--声明一个 EditText 控件 -->
    <Button
        android:id="@+id/Button01"
        android:layout_width="fill_parent"
        android:layout_height="wrap_content"
        android:text="@string/btn" />
    <!--声明一个 Button 控件 -->
</LinearLayout>
```

(3) 项目 src/.. / MainActivity. java 内容如下：

```
package com.example.dialog;
import android.app.Activity;
```

```
import android.app.AlertDialog;
import android.app.AlertDialog.Builder;
import android.app.Dialog;
import android.content.DialogInterface;
import android.content.DialogInterface.OnClickListener;
import android.os.Bundle;
import android.view.Menu;
import android.view.View;
import android.widget.Button;
import android.widget.EditText;
public class MainActivity extends Activity {
    final int COMMON_DIALOG=1;                              //普通对话框 id
    @Override
    protected void onCreate(Bundle savedInstanceState) {
        super.onCreate(savedInstanceState);
        setContentView(R.layout.activity_main);
        //获得 Button 对象
        Button btn=(Button) findViewById(R.id.Button01);
        //为 Button 设置 OnClickListener 监听器
        btn.setOnClickListener(new View.OnClickListener() {
            @SuppressWarnings("deprecation")
            @Override
            public void onClick(View v) {                   //重写 onClick 方法
                showDialog(COMMON_DIALOG);                  //显示普通对话框
            }
        });
    }
    protected Dialog onCreateDialog(int id) {               //重写 onCreateDialog 方法
        Dialog dialog=null;                                 //声明一个 Dialog 对象用于
                                                              返回
        switch (id) {                                       //对 id 进行判断
            case COMMON_DIALOG:
                Builder b=new AlertDialog.Builder(this);
                b.setIcon(R.drawable.header);               //设置对话框的图标
                b.setTitle(R.string.btn);                   //设置对话框的标题
                b.setMessage(R.string.dialog_msg);          //设置对话框的显示内容
                b.setPositiveButton(                        //添加按钮
                R.string.ok, new OnClickListener() {        //为按钮添加监听器
                public void onClick(DialogInterface dialog, int which) {
                    EditText et=(EditText) findViewById(R.id.EditText01);
                    et.setText(R.string.dialog_msg);        //设置 EditText 内容
                }
            });
            dialog=b.create();                              //生成 Dialog 对象
```

```
            break;
        default:
            break;
        }
        return dialog;                                  //返回生成 Dialog 的对象
    }
    @Override
    public boolean onCreateOptionsMenu(Menu menu) {
        //Inflate the menu; this adds items to the action bar if it is present.
        getMenuInflater().inflate(R.menu.main, menu);
        return true;
    }
}
```

8.4.3　列表对话框

列表对话框显示一个提示信息和多个选项按钮，如图 8-6 所示。

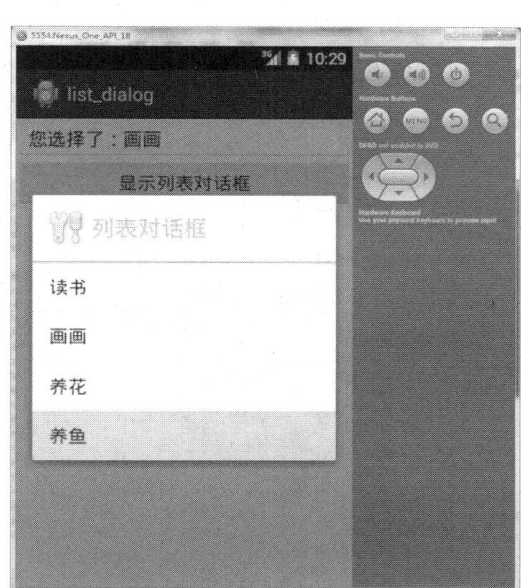

图 8-6　列表对话框实例

具体工作包含在 4 个文件中。

(1) 项目 res/value/string.xml 内容如下：

```
<?xml version="1.0" encoding="utf-8"?>
<resources>
    <string name="app_name">list_dialog</string>
    <string name="action_settings">Settings</string>
    <string name="hello_world">Hello world!</string>
    <string name="btn">显示列表对话框</string><!--声明名为 btn 的字符串资源 -->
    <string name="title">列表对话框</string><!--声明名为 title 的字符串资源 -->
```

```
    </resources>
```

(2) 项目 res/value/ array.xml 内容如下：

```
<?xml version="1.0" encoding="utf-8"?>
<resources>
<string-array name="msa">  <!--声明一个字符串数组 -->
    <item>读书  </item>
    <item>画画 </item>
    <item>养花</item>
    <item>养鱼</item>
    </string-array>
</resources>
```

(3) 项目 res/layout/activity_main.xml 内容如下：

```
<LinearLayout xmlns:android="http://schemas.android.com/apk/res/android"
    android:layout_width="fill_parent"
    android:layout_height="fill_parent"
    android:orientation="vertical" >
    <EditText
        android:id="@+id/EditText01"
        android:layout_width="fill_parent"
        android:layout_height="wrap_content"
        android:cursorVisible="false"
        android:editable="false"
        android:text="" />
    <Button
        android:id="@+id/Button01"
        android:layout_width="fill_parent"
        android:layout_height="wrap_content"
        android:text="@string/btn" />
</LinearLayout>
```

(4) 项目 src/../ MainActivity.java 内容如下：

```
package com.example.list_dialog;
import android.app.Activity;                                    //引入相关类
import android.app.AlertDialog;
import android.app.Dialog;
import android.app.AlertDialog.Builder;
import android.content.DialogInterface;
import android.os.Bundle;
import android.view.View;
import android.widget.Button;
import android.widget.EditText;
public class MainActivity extends Activity {
```

```
    final int LIST_DIALOG=2;                                //声明列表对话框的 id
    @Override
    public void onCreate(Bundle savedInstanceState) {       //重写 onCreate 方法
        super.onCreate(savedInstanceState);
        setContentView(R.layout.activity_main);             //设置当前屏幕
        Button btn=(Button)findViewById(R.id.Button01);
        //为按钮添加 OnClickListener 监听器
        btn.setOnClickListener(new View.OnClickListener() {
            @Override
            public void onClick(View v) {
                showDialog(LIST_DIALOG);                    //显示列表对话框
            }
        });
    }
    @Override
    protected Dialog onCreateDialog(int id) {          //重写的 onCreateDialog 方法
        Dialog dialog=null;
        switch(id){                                         //对 id 进行判断
            case LIST_DIALOG:
                Builder b=new AlertDialog.Builder(this);    //创建 Builder 对象
                b.setIcon(R.drawable.header);               //设置图标
                b.setTitle(R.string.title);//设置标题
                b.setItems(                                 //设置列表中的各个属性
                    R.array.msa,                            //字符串数组
                    //为列表设置 OnClickListener 监听器
                    new DialogInterface.OnClickListener() {
                        @Override
                        public void onClick(DialogInterface dialog,int which){
                            EditText et=
                                    (EditText)findViewById(R.id.EditText01);
                            et.setText("您选择了:"
                                    +getResources().getStringArray
                                    (R.array.msa)[which]);
                        }
                });
                dialog=b.create();                          //生成 Dialog 对象
                break;
            default:
                break;
        }
        return dialog;                                      //返回 Dialog 对象
    }
}
```

8.4.4 单选列表对话框

单选列表对话框如图 8-7 所示。

图 8-7 单选列表对话框

具体工作包含在 4 个文件中。

(1) 项目 res/value/string. xml 内容如下：

```
<?xml version="1.0" encoding="utf-8"?>
<resources>
    <string name="app_name">list_dialog</string>
    <string name="action_settings">Settings</string>
    <string name="hello_world">Hello world!</string>
    <string name="btn">显示单选列表对话框</string>
    <string name="ok">确定</string>
    <string name="title">显示单选列表对话框</string>
    </resources>
```

(2) 项目 res/value/ array. xml 内容如下：

```
<?xml version="1.0" encoding="utf-8"?>
<resources>
<string-array name="msa">   <!--声明一个字符串数组 -->
    <item>读书</item>
    <item>画画</item>
    <item>养花</item>
    <item>养鱼</item>
    </string-array>
</resources>
```

(3) 项目 res/layout/activity_main.xml 内容如下：

```
<LinearLayout xmlns:android="http://schemas.android.com/apk/res/android"
    android:layout_width="fill_parent"
    android:layout_height="fill_parent"
    android:orientation="vertical" >
    <EditText
        android:id="@+id/EditText01"
        android:layout_width="fill_parent"
        android:layout_height="wrap_content"
        android:cursorVisible="false"
        android:editable="false"
        android:text="" />
    <Button
        android:id="@+id/Button01"
        android:layout_width="fill_parent"
        android:layout_height="wrap_content"
        android:text="@string/btn" />
</LinearLayout>
```

(4) 项目 src/../ MainActivity.java 内容如下：

```
package com.example.radio_dialog;
import android.app.Activity;
import android.app.AlertDialog;
import android.app.AlertDialog.Builder;
import android.app.Dialog;
import android.content.DialogInterface;
import android.os.Bundle;
import android.view.View;
import android.widget.Button;
import android.widget.EditText;
public class MainActivity extends Activity {
  final int LIST_DIALOG_SINGLE=3;                    //记录单选列表对话框的 id
  @Override
  public void onCreate(Bundle savedInstanceState) {  //重写 onCreate 方法
    super.onCreate(savedInstanceState);
    //设置当前屏幕
    setContentView(R.layout.activity_main);
    Button btn=(Button) findViewById(R.id.Button01);
    //为 Button 设置 OnClickListener 监听器
    btn.setOnClickListener(new View.OnClickListener() {
      @Override
      public void onClick(View v) {
        showDialog(LIST_DIALOG_SINGLE);              //显示单选按钮对话框
```

```
        }
      });
    }
    @Override
    protected Dialog onCreateDialog(int id) {          //重写 onCreateDialog 方法
      Dialog dialog=null;                              //声明一个 Dialog 对象用于返回
      switch (id) {                                    //对 id 进行判断
      case LIST_DIALOG_SINGLE:
        Builder b=new AlertDialog.Builder(this);       //创建 Builder 对象
        b.setIcon(R.drawable.header);                  //设置图标
        b.setTitle(R.string.title);                    //设置标题
        b.setSingleChoiceItems(                        //设置单选列表选项
            R.array.msa, 0, new DialogInterface.OnClickListener() {
              @Override
              public void onClick(DialogInterface dialog,
                                                       int which){
                EditText et= (EditText) findViewById(R.id.EditText01);
                et.setText("您选择了:"+getResources()
                  .getStringArray(R.array.msa)[which]);
              }
            });
        b.setPositiveButton(                           //添加一个按钮
            R.string.ok,                               //按钮显示的文本
            new DialogInterface.OnClickListener() {
              @Override
              public void onClick(DialogInterface dialog,
                                                       int which) {
              }
            });
        dialog=b.create();                             //生成 Dialog 对象
        break;
      default:
        break;
      }
      return dialog;                                   //返回生成的 Dialog 对象
    }
}
```

8.4.5 复选项对话框

复选项和按钮对话框如图 8-8 所示。

具体工作包含在 4 个文件中。

(1) 项目 res/value/string. xml 内容如下：

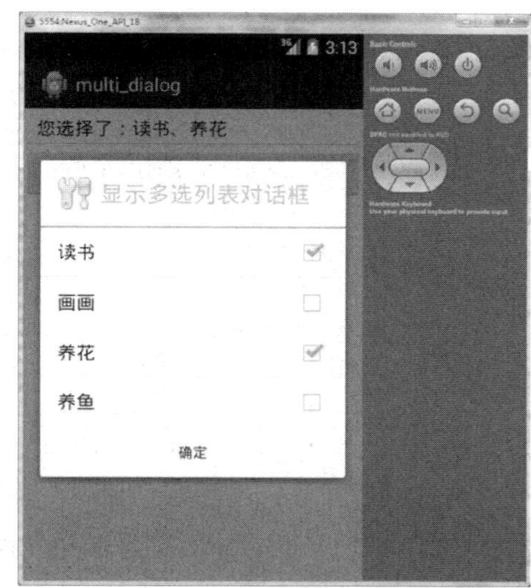

图 8-8　复选项和按钮对话框

```
<?xml version="1.0" encoding="utf-8"?>
<resources>
    <string name="app_name">multi_dialog</string>
    <string name="action_settings">Settings</string>
    <string name="hello_world">Hello world!</string>
    <string name="btn">显示多选列表对话框</string>
    <string name="ok">确定</string>
    <string name="title">显示多选列表对话框</string>
</resources>
```

(2) 项目 res/value/ array.xml 内容如下：

```
<?xml version="1.0" encoding="utf-8"?>
<resources>
<string-array name="msa">  <!--声明一个字符串数组 -->
    <item>读书  </item>
    <item>画画 </item>
    <item>养花</item>
    <item>养鱼</item>
    </string-array>
</resources>
```

(3) 项目 res/layout/activity_main.xml 内容如下：

```
<LinearLayout xmlns:android="http://schemas.android.com/apk/res/android"
    android:layout_width="fill_parent"
    android:layout_height="fill_parent"
    android:orientation="vertical" >
```

```
    <EditText
        android:id="@+id/EditText01"
        android:layout_width="fill_parent"
        android:layout_height="wrap_content"
        android:cursorVisible="false"
        android:editable="false"
        android:text="" />
    <Button
        android:id="@+id/Button01"
        android:layout_width="fill_parent"
        android:layout_height="wrap_content"
        android:text="@string/btn" />
</LinearLayout>
```

(4) 项目 src/../ MainActivity.java 内容如下：

```
package com.example.multi_dialog;
//声明包语句
import android.app.Activity; //引入相关类
import android.app.AlertDialog;
import android.app.Dialog;
import android.app.AlertDialog.Builder;
import android.content.DialogInterface;
import android.os.Bundle;
import android.view.View;
import android.widget.Button;
import android.widget.EditText;

public class MainActivity extends Activity {
  final int LIST_DIALOG_MULTIPLE=4;                    //记录多选按钮对话框的 id
  //初始复选情况
  boolean[] mulFlags=new boolean[] { true, false, false, false};
  String[] items=null;                                 //选项数组
  @Override
  //重写 onCreate 方法
  public void onCreate(Bundle savedInstanceState) {
    super.onCreate(savedInstanceState);
    setContentView(R.layout.activity_main);            //设置当前屏幕
    //获得 XML 文件中的字符串数组
    items=getResources().getStringArray(R.array.msa);
    Button btn= (Button) findViewById(R.id.Button01);
    //为按钮添加监听器
    btn.setOnClickListener(new View.OnClickListener() {
      @SuppressWarnings("deprecation")
      @Override
```

```
        public void onClick(View v) {
            showDialog(LIST_DIALOG_MULTIPLE);          //显示多选按钮对话框
        }
    });
}

@Override
protected Dialog onCreateDialog(int id) {              //重写 onCreateDialog 方法
    Dialog dialog=null;
    switch (id) {                                      //对 id 进行判断
    case LIST_DIALOG_MULTIPLE:
        Builder b=new AlertDialog.Builder(this);       //创建 Builder 对象
        b.setIcon(R.drawable.header);                  //设置图标
        b.setTitle(R.string.title);                    //设置标题
        b.setMultiChoiceItems(                         //设置多选选项
            R.array.msa, mulFlags,                     //传入初始的选中状态
            new DialogInterface.OnMultiChoiceClickListener() {
              @Override
              public void onClick(DialogInterface dialog,
                                                    int which,
                  boolean isChecked) {
                mulFlags[which]=isChecked;             //设置选中标志位
                String result="您选择了:";
                for (int i=0; i<mulFlags.length; i++) {
                  if (mulFlags[i]) {                   //如果该选项被选中
                    result=result+items[i]+"、";
                  }
                }
                EditText et=(EditText) findViewById(R.id.EditText01);
                //设置 EditText 显示的内容
                et.setText(result.substring(0,
                  result.length()-1));
              }
            });
        b.setPositiveButton(                           //添加按钮
            R.string.ok, new DialogInterface.OnClickListener() {
              @Override
              public void onClick(DialogInterface dialog,
                                                    int which) {
              }
            });
        dialog=b.create();                             //生成 Dialog 方法
        break;
    default:
```

```
        break;
      }
      return dialog;                                        //返回 Dialog 方法
    }
  }
```

8.4.6 日期及时间选择对话框

日期及时间选择对话框如图 8-9 所示。

图 8-9　日期及时间选择对话框

具体工作包含在 3 个文件中。

(1) 项目 res/value/string. xml 内容如下：

```
<?xml version="1.0" encoding="utf-8"?>
<resources>
    <string name="app_name">DateTime_Dialog</string>
    <string name="action_settings">Settings</string>
    <string name="hello_world">Hello world!</string>
    <string name="date">日期选择对话框</string>
    <string name="time">时间选择对话框</string>
</resources>
```

(2) 项目 res/layout/activity_main. xml 内容如下：

```
<?xml version="1.0" encoding="UTF-8"?>
```

```
<LinearLayout xmlns:android="http://schemas.android.com/apk/res/android"
    android:id="@+id/LinearLayout01"
    android:layout_width="fill_parent"
    android:layout_height="fill_parent"
    android:orientation="vertical" >
    <!--声明一个线性布局 -->
    <EditText
        android:id="@+id/et"
        android:layout_width="fill_parent"
        android:layout_height="wrap_content"
        android:cursorVisible="false"
        android:editable="false" />
    <!--声明一个 EditText 控件 -->
    <Button
        android:id="@+id/Button01"
        android:layout_width="fill_parent"
        android:layout_height="wrap_content"
        android:text="@string/date" />
    <!--声明一个 Button 控件 -->
    <Button
        android:id="@+id/Button02"
        android:layout_width="fill_parent"
        android:layout_height="wrap_content"
        android:text="@string/time" />
    <!--声明一个 Button 控件 -->
    <DigitalClock
        android:id="@+id/DigitalClock01"
        android:layout_width="fill_parent"
        android:layout_height="wrap_content"
        android:gravity="center"
        android:text="@+id/DigitalClock01"
        android:textSize="20dip" />
    <!--声明一个 DigitalClock 控件 -->
    <AnalogClock
        android:id="@+id/AnalogClock01"
        android:layout_width="fill_parent"
        android:layout_height="wrap_content"
        android:gravity="center" />
    <!--声明一个 AnalogClock 控件 -->
</LinearLayout>
```

(3) 项目 src/../ MainActivity.java 内容如下：

```
package com.example.datetime_dialog;
//引入相关类
```

```
import android.os.Bundle;
import android.app.Activity;
import android.view.Menu;
import java.util.Calendar;
import android.app.Activity;
import android.app.DatePickerDialog;
import android.app.Dialog;
import android.app.TimePickerDialog;
import android.os.Bundle;
import android.view.View;
import android.view.View.OnClickListener;
import android.widget.Button;
import android.widget.DatePicker;
import android.widget.EditText;
import android.widget.TimePicker;

public class MainActivity extends Activity {
    final int DATE_DIALOG=0;                            //日期选择对话框 id
        final int TIME_DIALOG=1;                        //时间选择对话框 id
        Calendar c=null;                                //声明一个日历对象
    @Override
    protected void onCreate(Bundle savedInstanceState) {
        super.onCreate(savedInstanceState);
        setContentView(R.layout.activity_main);
        //打开日期对话框的按钮
        Button bDate=(Button) this.findViewById(R.id.Button01);
        bDate.setOnClickListener(
            new OnClickListener(){
                @Override
                public void onClick(View v){            //重写 onClick 方法
                    showDialog(DATE_DIALOG);            //打开单选列表对话框
                }
            }
        );
        //打开时间对话框的按钮
        Button bTime=(Button) this.findViewById(R.id.Button02);
        bTime.setOnClickListener(
            new OnClickListener(){
                @Override
                public void onClick(View v){            //重写 onClick 方法
                    showDialog(TIME_DIALOG);            //打开单选列表对话框
                }
            }
        );
```

```
}
@Override
public Dialog onCreateDialog(int id){                 //重写 onCreateDialog 方法
  Dialog dialog=null;
  switch(id){                                         //对 id 进行判断
    case DATE_DIALOG:                                 //生成日期对话框的代码
      c=Calendar.getInstance();                       //获取日期对象
      dialog=new DatePickerDialog(                    //创建 DatePickerDialog 对象
        this,
          //创建 OnDateSetListener 监听器
        new DatePickerDialog.OnDateSetListener(){
                  @Override
                  public void onDateSet(DatePicker dp,
                          int year, int month,int dayOfMonth) {
                      EditText et=(EditText)findViewById(R.id.et);
                      et.setText("您选择了:"+year+"年"
                              +month+"月"+dayOfMonth+"日");
                  }
        },
        c.get(Calendar.YEAR),                         //设置年份
        c.get(Calendar.MONTH),                        //设置月份
        c.get(Calendar.DAY_OF_MONTH)                  //设置天数
      );
    break;
    case TIME_DIALOG:                                 //生成时间对话框的代码
      c=Calendar.getInstance();                       //获取日期对象
      dialog=new TimePickerDialog(                    //创建 TimePickerDialog 对象
        this,
      //创建 OnTimeSetListener 监听器
      new TimePickerDialog.OnTimeSetListener(){
                  @Override
                  public void onTimeSet(TimePicker tp,
                                  int hourOfDay, int minute) {
                      EditText et=(EditText)findViewById(R.id.et);
                      et.setText("您选择了:"+hourOfDay+"时"+minute+"分");
                  //设置 EditText 控件的属性
              }
      },
      c.get(Calendar.HOUR_OF_DAY),                    //设置当前小时数
      c.get(Calendar.MINUTE),                         //设置当前分钟数
      false
      );
      break;
  }
```

```
        return dialog;
    }
   @Override
    public boolean onCreateOptionsMenu(Menu menu) {
        //Inflate the menu; this adds items to the action bar if it is present.
        getMenuInflater().inflate(R.menu.main, menu);
        return true;
    }
}
```

8.5 消息提示

8.5.1 Toast 通知

Toast 是一种简单的通知方式，消息可以自动消失，可以使用布局文件构建较为复杂的 Toast，但是不能和用户进行交互。

Toast 通知主要需要使用 android.widget 包中的 Toast 类来完成，具体使用步骤及方法如下。

(1) 基本使用方法。

Toast 具有以下两个静态的方法，用于得到一个 Toast 的实例：

```
static Toast makeText(Context context, CharSequence text, int duration)
static Toast makeText(Context context, int resId, int duration)
```

makeText()需要传入当前的上下文，再附加文本信息或者资源文件 id，持续时间(可以设置为 LENGTH_SHORT 和 LENGTH_LONG 两个数值)。直接在代码中使用 makeText()，就可以启动一个 Toast。

一个简单的 Toast 使用代码如下：

```
public void toast_1(Context context)
{
    Toast toast=Toast.makeText(context, "Toast 1\n"
        +"1. long duration\n"
        +"2. Default Position.\n"
        +"3. Default layout.", Toast.LENGTH_LONG);
    toast.show(); //显示 Toast
}
```

一个带有位置控制的 Toast 使用代码如下：

```
public void toast_2(Context context)
{
    Toast toast=Toast.makeText(context, "Toast 2\n"
        +"1. long duration\n"
```

```
        +"2. Custom Position.\n"
        +"3. Default layout.", Toast.LENGTH_LONG);
    toast.setGravity(Gravity.LEFT | Gravity.CENTER, 20,20);
    toast.show(); //显示 Toast
}
```

由于使用 setGravity()进行设置，Toast 的内容置于居中偏左的位置。

(2) 扩展的使用方法。

Toast 中包含一些设置接口，甚至可以将一个 View 设置到其中。Toast 类中一些额外的方法如下所示。

```
public void setText(CharSequence s)                                    //设置文本
public void setDuration(int duration)                                  //设置持续时间
public void setGravity(int gravity, int xOffset, int yOffset)  //设置对齐
//设置边缘
public void setMargin(float horizontalMargin, float verticalMargin)
public void setView(View view)                                          //设置其中的视图
```

setDuration()和 setDuration ()用于设置 Toast 中的文本和持续时间。setGravity()和 setMargin()方法用于设置 Toast 的对齐方式和边缘。setView()方法用于定义 Toast 中的内容视图，可以结合 LayoutInflater 和布局文件来使用。自定义其中内容来使用 Toast 的方法如下所示。

```
public void toast_3(Context context)
{
    LayoutInflater inflater=LayoutInflater.from(context);
    View v=inflater.inflate(R.layout.toast_notification,null);
    TextView tv=(TextView)v.findViewById(R.id.text);
    tv.setText("Layout Toast.\nNote: Can't use Button!");
    Toast toast=new Toast(context);                          //建立 Toast
    toast.setView(v);                                        //设置其中的 View
    toast.show();                                            //显示 Toast
}
```

其中使用的布局文件 toast_notification.xml 的内容如下所示。

```
<LinearLayout xmlns:android="http://schemas.android.com/apk/res/android"
    android:layout_width="fill_parent" android:layout_height="fill_parent"
    android:orientation="vertical"
    android:background="@android:drawable/picture_frame">
<ImageView android:src="@android:drawable/ic_menu_help"
    android:background="#ff7f0000"
    android:layout_width="100dp" android:layout_height="100dp" />
<TextView android:id="@+id/text"
    android:textSize="25dp" android:textColor="#ff000000"
    android:layout_width="wrap_content"
```

```
                                android:layout_height="wrap_content" />
<LinearLayout android:layout_width="fill_parent"
    android:layout_height="wrap_content"
    android:orientation="horizontal" android:gravity="center_vertical" >
<ImageView android:src="@android:drawable/ic_menu_more"
    android:layout_width="wrap_content"
    android:layout_height="wrap_content" />
<Button android:text="@android:string/ok"
    android:layout_width="wrap_content"
    android:layout_height="wrap_content" />
<Button android:text="@android:string/cancel"
    android:layout_width="wrap_content"
    android:layout_height="wrap_content" />
</LinearLayout>
</LinearLayout>
```

Toast 持续的时间有限，并且默认不能接收事件，因此即使自定义了布局，也不能在其中使用 Button 等控件来处理事件。

8.5.2 状态栏通知

状态栏通知属于 Android 系统的状态栏，它不属于任何一个 Activity。因此状态栏可以作为整个 Android 系统的公共区域来使用，通知的内容可以发送到状态栏上。

1. 基本使用方法

状态栏通知使用 android.app 包中的 NotificationManager 和 Notification 类来完成。NotificationManager 类是一个 Android 中的系统服务，以 Context.NOTIFICATION_SERVICE 为参数调用 Context 类的 getSystemService()方法可以获得一个 NotificationManager 实例。Notification 则表示了一个具体通知的呈现方式，这些内容以 Notification 类的一些公共属性来表示。

一个 Notification 包含以下的内容：图标(对应 icon 属性，表示状态栏和展开后的图标)；展开后的文本(对应 tickerText 属性，表示从状态栏展开看到的文本)；打开通知(对应 PendingIntent 类型的 deleteIntent 属性)；ticker-text(可选，对应 tickerText 属性，表示反复显示的文本)；指示灯(可选，对应 ledARGB、ledOnMS、ledOffMS 等属性)；振动器(可选，对应 long 数组类型的 vibrate 属性)。

状态通知发生后，会显示其图标到状态栏上。每一个状态栏通知可以被展开，展开之后将显示文本、图标、通知时间等信息。

一个简单的状态栏通知可以按照如下步骤进行。

(1) 创建 NotificationManager，代码如下所示。

```
NotificationManager mnotificationManager= (NotificationManager)context
            .getSystemService(Context.NOTIFICATION_SERVICE);
```

(2) 初始化 Notification，代码如下所示。

```
int icon=android.R.drawable.btn_star_big_on;
CharSequence tickerText="Ticker Text";                    //通知在状态栏的信息
long when=System.currentTimeMillis();                     //通知的时间
CharSequence contentTitle="Content Title";                //通知展开后的标题
//通知展开后的内容
CharSequence contentText="Content Text : Settings......! ";
```

(3) 构建通知的 Intent,代码如下所示。

```
Notification notification=new Notification(icon, tickerText, when);
Intent intent=new Intent();
intent.setClassName("com.android.settings",              //建立 Intent
"com.android.settings.Settings");
PendingIntent contentIntent=                    //用于处理通知的 PendingIntent 事件
PendingIntent.getActivity(context, 0, intent, 0);
notification.setLatestEventInfo(context, contentTitle,  //设置通知的信息
contentText, contentIntent);
```

(4) 实现通知,代码如下所示。

```
mnotificationManager.notify(1, notification);             //进行状态栏通知
```

在状态栏通知的实现过程中,当通知内容在状态栏被展开之后,将进行通知的事件,这些事件将使用 PendingIntent 来表示。使用这种方式可以把用户引入到通知构造者希望进入的场景,一般情况下是启动一个 Activity。

此外,NotificationManager 的 cancel()方法用于清除一个通知,其参数为 int 类型 id,此数值的含义和 notify()方法中的 id 相同。

2. 使用远程视图

状态栏还可以配合 RemoteViews 来使用,以此通知展开后的外观。此时的外观需要使用"远程视图"的方式来构建,这是因为状态栏通知展开后的外观属于状态栏程序,而这个外观的实现者一般是通知的发起者,属于另外一个应用程序包。这种在另外的一个应用程序包中呈现外观的方式,就是"远程视图"。

android. widget 包中的 RemoteViews 类表示一个远程视图。这个类并不是一个 View 的继承者。

RemoteViews 的构造函数和主要方法如下所示。

```
RemoteViews(String packageName, int layoutId)
public void setTextViewText(int viewId, CharSequence text)
public void setImageViewBitmap(int viewId, Bitmap bitmap)
public void setImageViewResource(int viewId, int srcId)
public void setImageViewUri(int viewId, Uri uri)
public void setProgressBar(int viewId,int max,
                          int progress,boolean indeterminate)
public void setViewVisibility(int viewId,int visibility)
public void setChronometer(int viewId, long base,
```

```
                              String format, boolean started)
public void setOnClickPendingIntent(int viewId,
                              PendingIntent pendingIntent)
```

在构造的时候，通过一个布局文件表示 RemoteViews 的外观。构建完成后，可以通过 setTextViewText( )、setImageViewResource( )等方法根据资源 id 设置 RemoteViews 中的内容，而 setOnClickPendingIntent()用于设置某个 id 被单击时发送的 PendingIntent。

RemoteViews 并不能像本地的视图和布局那样灵活，它对设置在其中的布局文件有所要求：

(1) RemoteViews 中只能使用 FrameLayout、LinearLayout 和 RelativeLayout 等布局。

(2) RemoteViews 中只能使用 AnalogClock、Button、Chronometer、ImageButton、ImageView、ProgressBar 和 TextView 等控件。

(3) 由于要在两个包之间使用，RemoteViews 对事件响应的处理也比较简单，只能在被单击的时候发送一个 PendingIntent。

Notification 类有一个公有属性 contentView，其类型为 RemoteViews。

实例代码如下所示。

```
public void statusbar_2(Context context)
{
    NotificationManager mNotificationManager=(NotificationManager)context
            .getSystemService(Context.NOTIFICATION_SERVICE);
    int icon=android.R.drawable.ic_delete;
    CharSequence tickerText="Hello";                     //通知在状态栏的信息
    long when=System.currentTimeMillis();                //通知的时间
    Notification notification=new Notification(icon, tickerText, when);
    //建立通知对应的 Intent
    Uri uri=Uri.parse("about://blank");
    Intent intent=new Intent(Intent.ACTION_VIEW, uri);
    PendingIntent contentIntent=                         //建立 PendingIntent
            PendingIntent.getActivity(context, 0, intent, 0);
    //设置通知的事件信息
    notification.setLatestEventInfo(context,"","",contentIntent);
    RemoteViews contentView=new RemoteViews(             //建立 RemoteViews
        context.getPackageName(),R.layout.statusbar_notification);
    notification.contentView=contentView;                //设置 RemoteViews
    mNotificationManager.notify(2, notification);        //进行状态栏通知
}
```

在以上的程序中，由于 id 为 statusbar_notification 的布局文件设置了 RemoteViews，因此这个布局文件中的内容就是呈现在 Notification 下拉列表中的内容。从运行结果中可以得知，当设置了 Notification 中的 contentView 之后，将使用其中的布局表示展开后的内容，不再使用以 contentTitle 和 contentText 为内容的默认布局，根据这种方法可以自定义 StatusBar 通知展开后布局。

statusbar_notification.xml 布局文件的内容如下所示。

```
<LinearLayout
xmlns:android="http://schemas.android.com/apk/res/android"
    android:layout_width="fill_parent" android:layout_height="fill_parent"
    android:orientation="horizontal" android:gravity="center_vertical" >
<TextView android:text="@android:string/ok" android:textSize="40dp"
    android:layout_width="wrap_content"
                        android:layout_height="wrap_content" />
<ImageView android:src="@android:drawable/btn_star_big_off"
    android:layout_width="wrap_content"
                        android:layout_height="wrap_content" />
<ImageView android:src="@android:drawable/btn_star_big_on"
    android:layout_width="wrap_content"
                        android:layout_height="wrap_content" />
</LinearLayout>
```

本 章 小 结

通过本章学习，应清楚地理解 Android 菜单和对话框编程技术，学会创建普通的菜单，学会使用响应菜单项、使用其他菜单类型、各种 Android 对话框等的使用。

习　　题

1. 简述 Android 系统中组菜单、子菜单和上下文菜单的特点及其使用方式。

2. 如果一个 View 对象注册了上下文菜单，用户可以通过长按该 View 对象以触发出上下文菜单。请实现如图 8-10 所示的上下文菜单。

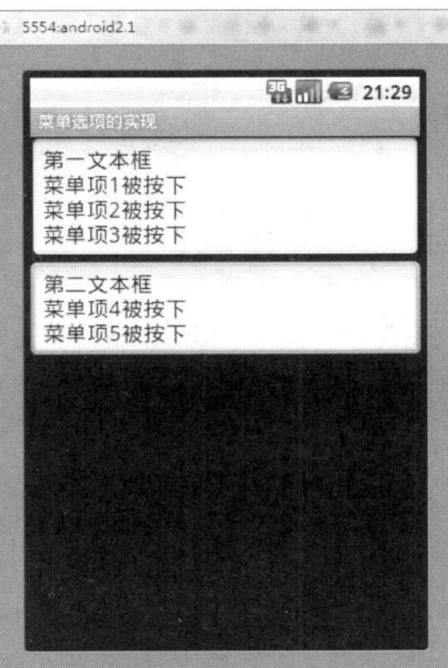

图 8-10　上下文菜单

3. 使用所学知识实现如图 8-11 所示的自定义布局对话框。

图 8-11　自定义布局对话框

第9章 Android事件处理模型及编程

本章系统学习 Android 事件处理模型，具体包括的内容有：基于回调机制的事件处理，基于监听接口的事件处理，Handle 消息传递机制。

9.1 基于回调机制的事件处理

回调机制实质就是将事件的处理绑定在控件上，由图形用户界面控件自己处理事件，回调机制需要自定义 View 来实现。回调不是由该方法的实现方直接调用，而是在特定的事件或条件发生时，由另外的一方通过一个接口来调用，用于对该事件或条件进行响应。

在 Android 平台中，每个 View 都有自己的处理事件的回调方法，开发人员可以通过重写 View 中的这些回调方法来实现需要的响应事件。当某个事件没有被任何一个 View 处理时，便会调用 Activity 中相应的回调方法。

View 类提供了许多公用的捕获用户在界面上所触发事件的回调方法，为了捕获和处理事件，必须继承某个类(如 View 类)，并重写这些方法，以便开发者自己定义具体的处理逻辑代码。下面介绍一些常见的回调方法。

9.1.1 onKeyDown 方法

几乎所有的 View 都有 onKeyDown()方法，该方法用来捕捉手机键盘被按下的事件。该方法是接口 KeyEvent. Callback 中的抽象方法，所有 View 都实现了该接口，并重写了该方法。

onKeyDown()方法声明格式：

```
public boolean onKeyDown(int keyCode,KeyEvent event)
```

参数说明如下。

(1) 参数 keyCode：该参数为 int 类型，表示被按下的键值(即键盘码)。手机键盘中每个键都会有其单独的键盘码，在应用程序中都是通过键盘码才知道用户按下的是哪个键。注意，不同型号的手机中，键值可能不同。

(2) 参数 event：该参数为按键事件的对象，其中包含触发事件的详细信息，例如事件的状态、事件的类型、事件发生的时间等。当用户按下按键时，系统会自动将事件封装成 KeyEvent 对象供应用程序使用。

该方法的返回值为一个 boolean 类型的变量。当返回 true 时，表示已经完整地处理了这个事件，并不希望其他的回调方法再次进行处理；当返回 false 时，表示并没有完全处理完该事件，希望其他回调方法继续对其进行处理，例如 Activity 中的回调方法。

9.1.2 onKeyUp 方法

onKeyUp()方法用来捕捉手机键盘按键抬起的事件。该方法同样是接口 KeyEvent. Callback 中的一个抽象方法，并且所有 View 同样都实现了该接口，并重写了该方法。

onKeyUp()方法声明格式：

```
public boolean onKeyUp(int keyCode,KeyEvent event)
```

onKeyUp()方法的参数与返回值与 onKeyDown()方法相同。

该方法的使用方法与 onKeyDown()基本相同，只不过该方法是在按键抬起时被调用。如果用户需要对按键抬起事件进行处理，通过重写该方法即可以实现。

9.1.3 onTouchEvent 方法

onTouchEvent()方法用来处理手机屏幕的触摸事件。该方法在 View 类中有定义，并且所有 View 子类都重写了该方法。

onTouchEvent()方法声明格式：

```
public boolean onTouchEvent(MotionEvent event)
```

参数说明：

参数 event：为手机屏幕触摸事件封装类的对象，其中封装了该事件的所有信息，例如触摸的位置、触摸的类型以及触摸的时间等。该对象是在用户触摸手机屏幕时被创建。

该方法的返回值机理与键盘响应事件的相同。

该方法并不像之前介绍过的方法只处理一种事件，一般情况下，以下三种情况的事件全部由 onTouchEvent()方法处理，只不过三种情况中的动作值不同。

(1) 屏幕被按下：当屏幕被按下时，会自动调用该方法来处理事件，此时 MotionEvent. getAction()的值为 MotionEvent. ACTION_DOWN。如果在应用程序中需要处理屏幕被按下的事件，只需重写该回调方法，然后在方法中进行动作的判断即可。

(2) 屏幕被抬起：当触控笔离开屏幕时触发的事件，该事件同样需要 onTouchEvent() 方法来捕捉，然后在方法中进行动作判断。当 MotionEvent. get Action()的值为 MotionEvent. ACTION_UP 时，表示是屏幕被抬起的事件。

(3) 在屏幕中拖动：该方法还负责处理触控笔在屏幕上滑动的事件，同样是调用 MotionEvent. getAction()方法来判断动作值是否为 MotionEvent. ACTION_MOVE 再进行处理。

下面通过一个简单的案例介绍手机屏幕的触摸事件。

在屏幕区域内触摸滑动、捕捉按下、抬起事件的状态、滑动的坐标、触点压力、触点的大小等信息。

【说明】 在 Java 代码中，有一系列的 get...()方法可用。在此例中需要用到下列方法。

（1）用 MotionEvent. getAction()方法来获取屏幕被按下等事件的状态。

（2）用 Event. getX()、Event. getY()方法来获取触点坐标值。

（3）用 Event. getPressure()方法来获取触屏压力大小。

（4）用 Event. getSize()方法来获取触点尺寸。

【示例】

（1）创建项目。在 Eclipse 中创建一个名为 Touch 的 Android 项目。其应用程序名为 Touch。

（2）缩写 res/values/string. xml 文件，代码如下所示。

```
<?xml version="1.0" encoding="utf-8"?>
<resources>
    <string name="app_name">Touch</string>
    <string name="action_settings">Settings</string>
    <string name="hello_world">Hello world!</string>
    <string name="TouchTestArea">触摸事件测试区</string>
    <string name="TouchEvent">触摸事件</string>
</resources>
```

（3）设计布局。编写 res/layout 目录下的 activity_main. xml 文件，代码如下所示。

```
<?xml version="1.0" encoding="UTF-8"?>
<LinearLayout xmlns:android="http://schemas.android.com/apk/res/android"
        android:orientation="vertical"
        android:background="#FF00FF"
        android:layout_width="fill_parent"
        android:layout_height="fill_parent">
        <TextView
            android:id="@+id/touch_area"
            android:layout_width="fill_parent"
            android:layout_height="360dip"
            android:text="@string/TouchTestArea"
            android:textColor="#99FFFF"/>
        <TextView
            android:id="@+id/event_label"
            android:layout_width="fill_parent"
            android:layout_height="wrap_content"
            android:text="@string/TouchEvent"
            android:textColor="#FFFFFF" />
</LinearLayout>
```

第 7～12 行声明了一个 TextView 控件。为了在触摸滑动时将相关的信息显示在屏幕下方，所以在第 10 行设置 TextView 的高为 360 dip。

第 13～19 行声明另一个 TextView 控件。该控件的资源 id 为 event_label。

(4) 编写 MainActivity.java 文件,代码如下所示。

```
package com.example.touch;
import android.app.Activity;
import android.os.Bundle;
import android.view.Menu;
import android.view.MotionEvent;
import android.widget.TextView;
public class MainActivity extends Activity {
    private TextView eventlabel;
    @Override
    protected void onCreate(Bundle savedInstanceState) {
        super.onCreate(savedInstanceState);
        setContentView(R.layout.activity_main);
        eventlable=(TextView) findViewById(R.id.event_label);
    }
    @Override
    public boolean onTouchEvent(MotionEvent event) {
        int action=event.getAction();
        switch (action) {
            当按下的时候
            case (MotionEvent.ACTION_DOWN):
                Display("ACTION_DOWN", event);
                break;
            //当抬起的时候
            case (MotionEvent.ACTION_UP):
                Display("ACTION_UP", event);
                break;
            //当触摸的时候
            case (MotionEvent.ACTION_MOVE):
                Display("ACTION_MOVE", event);
        }
        return super.onTouchEvent(event);
    }
    public void Display(String eventType, MotionEvent event) {
        //获取触点相对坐标的信息
        int x=(int) event.getX();
        int y=(int) event.getY();
        //获取触屏压力大小
        float pressure=event.getPressure();
        //获取触点尺寸
        float size=event.getSize();
        变量 msg 存放显示信息
        String msg="";
```

```
        msg+="事件类型:"+eventType+"\n";
        msg+="坐标(x,y):"+String.valueOf(x)+","
                +String.valueOf(y)+"\n";
        msg+="触点压力:"+String.valueOf(pressure)+"\n";
        msg+="触点尺寸:"+String.valueOf(size)+"\n";
        eventlable.setText(msg);
    }
    @Override
    public boolean onCreateOptionsMenu(Menu menu) {
        //Inflate the menu; this adds items to the action bar if it is present.
        getMenuInflater().inflate(R.menu.main, menu);
        return true;
    }
}
```

① 第5行引入android.view.MotionEvent类,因为在代码中将使用到触摸滑动类的对象。

② 第6行引入android.widget.TextView类,在代码中要给一个TextView类对象赋值。

③ 第8行声明一个TextView类对象,名为eventlabel。

④ 第13~18行重写onCreate()方法。在第16行为eventlabel对象实例化,即将资源中ID为event_label的TextView对象赋予变量eventlabel中。

⑤ 第19~36行重写onTouchEvent()方法。在该方法中,event参数是一个MotionEvent对象。第21行,通过getAction()方法来获取事件的状态,并将返回结果赋予整型变量action中。

⑥ 第22~34行是一组switch-case语句,根据action中的不同值,将不同的参数传入自定义的Display()方法中。例如,当action值为MotionEvent.ACTION_DOWN时,调用方法Display("ACTION_DOWN",event);当action值为MotionEvent.ACTION_UP时,调用方法Display("ACTION_UP",event);当action值为MotionEvent.ACTION_MOVE手机屏幕内触摸滑动及相关信息时,调用方法Display("ACTION_MOVE",event)。

⑦ 第38~53行定义了Display()方法。该方法通过onTouchEvent()方法调用,获取触屏事件的状态、触点坐标、触点尺寸等信息,并且显示在eventlabel对象中。

在Eclipse中启动Android模拟器,然后运行Touch项目,运行结果如图9-1所示。

9.1.4 onTrackBallEvent方法

onTrackballEvent()方法用来处理手机中的轨迹球事件。所有View同样都实现了该方法。

onTrackballEvent()方法声明格式:

```
public Boolean onTrackballEvent(MotionEvent event)
```

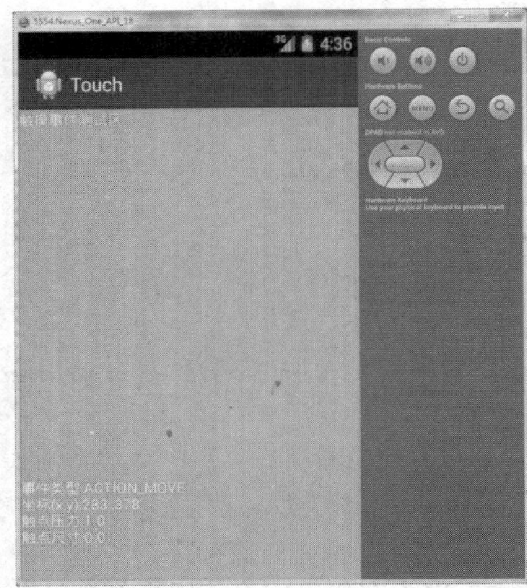
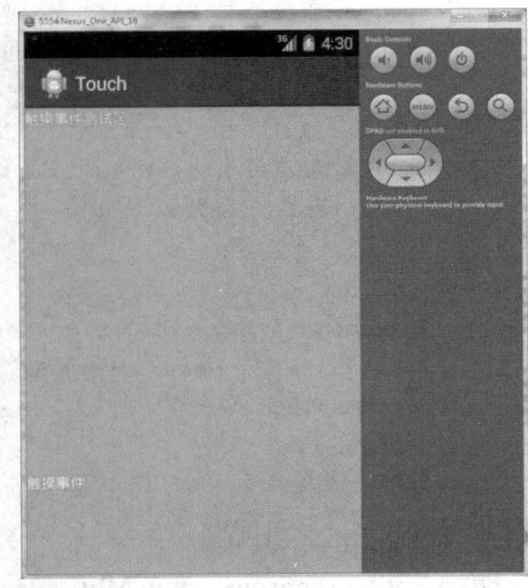

图 9-1 在手机屏幕内触摸滑动及相关信息

参数说明：

参数 event：为手机轨迹球事件封装类的对象，其中封装了触发事件的详细信息，同样包括事件的类型、触发时间等。一般情况下，该对象会在用户操控轨迹球时被创建。

该方法的返回值机制与前面介绍的各个回调方法完全相同，在此不作赘述。

该方法的使用方法与前面介绍过的各个回调方法基本相同，可以在 Activity 中重写该方法，也可以在各个 View 的实现类中重写。

在手机中使用轨迹球，可以使用户操作达到更好的效果。因为使用轨迹球有如下特点。

(1) 某些型号的手机设计出的轨迹球会比只有手机键盘时更美观。

(2) 轨迹球使用更为简单。

(3) 使用轨迹球会比键盘更为细化，因为滚动轨迹球时，后台表示状态的数值会变化得更细微、更精准。

如果想在 Android 模拟器中实现轨迹球操作，可以通过 F6 键打开模拟器的轨迹球，然后可以通过鼠标的移动来模拟轨迹球事件。

9.1.5 onFocusChanged 方法

onFocusChanged()方法用来处理焦点改变的事件。前面介绍的各个方法都可以在 View 及 Activity 中重写，但 onFocusChanged()只能在 View 中重写。当某个控件重写该方法后，焦点发生变化时，会自动调用该方法来处理焦点改变的事件。

onFocusChanged()方法声明格式：

```
protected void onFocusChanged(Boolean gainFocus,
                    int direction, Rect previouslyFocusedRect)
```

参数说明：

(1) 参数 gainFocus：表示触发该事件的 View 是否获得了焦点，当该控件获得焦点时，gainFocus 为 true，否则为 false。

(2) 参数 direction：表示焦点移动的方向，用数值表示。有兴趣的读者可以重写 View 中的该方法，打印该参数的数值进行观察。

(3) 参数 previouslyFocusedRect：表示在触发事件的 View 的坐标系中，前一个获得焦点的矩形区域，即表示焦点是从哪里来的。如果不可用则为 null。

(4) 该方法没有返回值。

在图形用户界面中，焦点描述了按键事件(或屏幕事件)的承受者，每次按键事件都发生在拥有焦点的 View 上。在应用程序中，可以对焦点进行控制，例如从一个 View 移动到另一个 View。表 9-1 列出一些与焦点有关的常用方法。

表 9-1　与焦点有关的常用方法及说明

方　法	描　述
setFocusable(boolean)	设置 View 是否可以拥有焦点
isFocusable()	监测此 View 是否可以拥有焦点
setNextFocusDownId(int)	设置 View 的焦点向下移动后获得焦点 View 的 ID
hasFocus()	返回了 View 的父控件是否获得了焦点
requestFocus()	尝试让此 View 获得焦点
isFocusableTouchMode()	isFocusableTouchMode() 在触摸模式下，设置 View 控件是否可以拥有焦点。默认情况下是不能的

9.2　基于监听接口的事件处理

在 Android 系统中引用了 Java 的事件监听处理机制，它包括事件、事件源和事件监听器三个方面。事件可以是鼠标事件、键盘事件、触摸事件或鼠标移动事件等；事件源是指产生事件的控件；事件监听器是控件产生事件时响应的接口。根据事件的不同重写不同的事件处理方法来处理事件。例如，一辆轿车上安装了防盗设备，当轿车被外力引起强烈震动时就会报警。这时，震动好比事件，轿车好比事件源，报警器好比事件监听器。

9.2.1　Android 的事件处理模型

对于一个 Android 应用程序来说，事件处理是必不可少的，用户与应用程序之间的交互是通过事件处理来完成的。在 Android 的监听事件处理模型中涉及以下内容。

(1) 事件源与事件。在应用程序中，各个控件在不同情况下触发的事件不尽相同，因此，产生的事件也可能不同。

(2) 事件监听器。事件监听器是用来处理事件的对象，实现特定的接口，根据事件的不同，重写不同的事件处理方法来处理事件。

(3) 事件源与事件监听器。当用户与应用程序交互时，一定是通过触发某些事件来完成的，让事件来通知程序应该执行哪些操作，此过程主要涉及事件源与事件监听器。将事件源与事件监听器联系到一起，就需要为事件源注册监听，当事件发生时，系统才会自动通知事件监听器来处理相应的事件。

在 Android 中为相应接口设置监听器对象方法是使用一系列的 set…Listener()，为指定的 View 对象设置为某种事件接口的监听器。例如，为 Button 对象的 OnClick 事件接口设置监听器使用 setOnClickListener()方法，为在触屏区域的某个 View 对象的 OnTouch 事件接口设置监听器使用 setOnTouchListener()方法，等等。

事件处理的过程一般分为以下 3 步。

(1) 为事件源对象添加监听对象。这样当某个事件被触发时，系统才会知道通知谁来处理该事件。

(2) 当事件发生时，系统会将事件封装成相应类型的事件对象，并发送给注册到事件源的事件监听器对象。

(3) 当监听器对象接收到事件对象之后，系统会调用监听器中相应的事件处理方法来处理事件并给出响应。

9.2.2 OnClickListener 接口

该接口处理的是单击事件。单击事件包括：在触控模式下，在某个 View 上按下并抬起的组合动作；在键盘模式下，某个 View 获得焦点后单击"确定"键或者按下轨迹球的事件。

对应的回调方法。

```
Public void onClick(View v)
```

说明：

① 需要实现 onClick()方法。

② 参数 v 便是事件发生的事件源。

9.2.3 OnLongClickListener 接口

OnLongClickListener 接口与之前介绍的 OnClickListener 接口原理基本相同，只是该接口为 View 长按事件的捕捉接口，即当长时间按下某个 View 时触发的事件。

对应的回调方法。

```
Public Boolean onLongClick(View v)
```

说明：

① 需要实现 onLongClick()方法。

② 参数 v 为事件源控件，当长时间按下此控件时才会触发该方法。

③ 返回值：该方法的返回值为一个 boolean 类型的变量，当返回 true 时，表示已经完整地处理了这个事件，并不希望其他的回调方法再次进行处理；当返回 false 时，表示并没有完全处理完该事件，希望其他方法继续对其进行处理。

9.2.4 OnFocusChangeListener 接口

OnFocusChangeListener 接口用来处理控件焦点发生改变的事件。如果注册了该接口，当某个控件失去焦点或者获得焦点时都会触发该接口中的回调方法。

对应的回调方法。

```
Public void onFocusChange(View v, Boolean hasFocus)
```

说明：

① 需要实现 onFocusChange()方法。

② 参数 v 便为触发该事件的事件源。

③ 参数 hasFocus 表示 v 的新状态，即 v 是否获得焦点。

9.2.5 OnKeyListener 接口

OnKeyListener 是对手机键盘进行监听的接口，通过对某个 View 注册该监听，当 View 获得焦点并有键盘事件时，便会触发该接口中的回调方法。

对应的回调方法。

```
public booleanon Key(View v, int keyCode, KeyEvent event)
```

说明：

① 需要实现 onKey()方法。

② 参数 v 为事件的事件源控件。

③ 参数 keyCode 为手机键盘的键盘码。

④ 参数 event 便为键盘事件封装类的对象，其中包含事件的详细信息，例如发生的事件、事件的类型等。

9.2.6 OnTouchListener 接口

OnTouchListener 接口是用来处理手机屏幕事件的监听接口，当在 View 的范围内发生触摸按下、抬起或滑动等动作时都会触发该事件。

对应的回调方法。

```
public boolean onTouch(View v,MotionEvent event)
```

说明：

① 需要实现 onTouch()方法。对应接口的回调方法。这个方法还处理触摸事件的调用，包括在屏幕上按下、释放和移动手势时调用。

② 参数 v 同样为事件源对象。

③ 参数 event 为事件封装类的对象，其中封装了触发事件的详细信息，同样包括事件的类型、触发时间等信息。

9.2.7 OnCreateContextMenuListener 接口

OnCreateContextMenuListener 接口是用来处理上下文菜单显示事件的监听接口。

该方法是定义和注册上下文菜单的另一种方式。

对应的回调方法。

```
public void onCreateContextMenu(ContextMenu menu,View v,
                                ContextMenuInfo info)
```

说明：

① 需要实现 onCreateContextMenu()方法。

② 参数 menu 为事件的上下文菜单。

③ 参数 v 为事件源 View，当该 View 获得焦点时才可接收该方法事件响应。

④ 参数 info 对象中封装了有关上下文菜单额外的信息，这些信息取决于事件源 View。该方法会在某个 View 中显示上下文菜单时被调用，开发人员可以通过实现该方法来处理上下文菜单显示时的一些操作。其使用方法与前面介绍的各个监听接口没有任何区别。

9.3 Handle 消息传递机制

9.3.1 Handler 类

在 Android 平台中，新启动的线程无法访问 Activity 中的 Widget，也不能将运行状态外送出来，这就需要有 Handler 机制进行消息的传递，Handler 类位于 android. os 包中，主要的功能是完成 Activity 的 Widget 与应用程序中线程之间的交互。该类的常用方法如表 9-2 所示。

表 9-2 Handler 类的常用方法

方法签名	描述
public void handleMessage (Message msg)	子类对象通过该方法接收信息
public final boolean sendEmptyMessage (int what)	发送一个只含有 what 值的消息
public final boolean sendMessage (Message msg)	发送消息到 Handler，通过 handleMessage 方法接收
public final boolean hasMessages (int what)	监测消息队列中是否还有 what 值的消息
public final boolean post (Runnable r)	将一个线程添加到消息队列

将一个线程添加到消息队列，开发带有 Handler 类的程序步骤如下。

(1) 在 Activity 或 Activity 的 Widget 中开发 Handler 类的对象，并重写 handleMessage 方法。

(2) 在新启动的线程中调用 sendEmptyMessage 或者 sendMessage 方法向 Handler 发送消息。

(3) Handler 类的对象用 handleMessage 方法接收消息，根据消息不同执行不同的操作。

9.3.2 Handle 使用案例

布局文件 activity_main. xml 如下。

```
<RelativeLayout
    xmlns:android="http://schemas.android.com/apk/res/android"
    xmlns:tools="http://schemas.android.com/tools"
    android:layout_width="match_parent"
    android:layout_height="match_parent"
    android:paddingBottom="@dimen/activity_vertical_margin"
    android:paddingLeft="@dimen/activity_horizontal_margin"
    android:paddingRight="@dimen/activity_horizontal_margin"
    android:paddingTop="@dimen/activity_vertical_margin"
    tools:context=".MainActivity" >
    <TextView
        android:layout_width="wrap_content"
        android:layout_height="wrap_content"
        android:text="@string/hello_world" />
    <ImageView
        android:id="@+id/imgv"
        android:layout_width="fill_parent"
        android:layout_height="fill_parent"
        />
</RelativeLayout>
```

MainActivity. java 的代码如下。

```
import java.util.Timer;
import java.util.TimerTask;
import android.os.Bundle;
import android.os.Handler;
import android.os.Message;
import android.app.Activity;
import android.view.Menu;
import android.widget.ImageView;
public class MainActivity extends Activity {
    private static int[] pic=new int [] {
        R.drawable.jay1,
        R.drawable.jay2,
        R.drawable.jay3,
        R.drawable.jay4
    };
    private static int curPicId=0;
    @Override
    protected void onCreate(Bundle savedInstanceState) {
```

```
        super.onCreate(savedInstanceState);
        setContentView(R.layout.activity_main);
        final ImageView show=(ImageView)findViewById(R.id.imgv);
        final Handler handler=new Handler(){
            @Override
            public void handleMessage(Message msg){
                //TODO Auto-generated method stub
                super.handleMessage(msg);
                if(msg.what==13){
                    show.setImageResource(pic[curPicId]);
                    curPicId=(curPicId+1)%pic.length;
                }
            }
        };
        new Timer().schedule(new TimerTask(){
            @Override
            public void run(){
                //TODO Auto-generated method stub
                Message msg=new Message();
                msg.what=13;
                handler.sendMessage(msg);
            }
        }, 0, 1000);
    }
    @Override
    public boolean onCreateOptionsMenu(Menu menu){
        //Inflate the menu; this adds items to the action bar if it is present.
        getMenuInflater().inflate(R.menu.main, menu);
        return true;
    }
}
```

本章小结

通过本章学习，应清楚地理解 Android 事件处理模型及编程技术，学会基于回调机制的事件处理，学会使用基于监听接口的事件处理、Handle 消息传递机制等。

习　　题

1. Android 中实现事件处理的步骤如何？
2. 基于回调机制的事件处理与基于监听器的事件处理的区别。

第 10 章

Android 触摸屏编程

本章系统 Android 触摸屏控制原理，了解 MotionEvent 必要性，掌握常用 MotionEvent API。

10.1　MotionEvent 类

10.1.1　MotionEvent 对象

当用户触摸屏幕时将创建一个 MotionEvent 对象。MotionEvent 包含关于发生触摸的位置和时间等细节信息。MotionEvent 对象被传递给程序中合适的方法（比如 View 对象的 onTouchEvent()方法中）。在这些方法中可以分析 MotionEvent 对象，以决定要执行的操作。MotionEvent 对象是与用户触摸相关的时间序列，该序列从用户首次触摸屏幕开始，经历手指在屏幕表面的任何移动，直到手指离开屏幕时结束。手指的初次触摸（ACTION_DOWN 操作）、滑动（ACTION_MOVE 操作）和抬起（ACTION_UP）都会创建 MotionEvent 对象。所以每次触摸时这三个操作是肯定发生的，而在移动过程中会产生大量事件，每个事件都会产生对应的 MotionEvent 对象以记录发生的操作、触摸的位置、使用的多大压力、触摸的面积、何时发生，以及最初的 ACTION_DOWN 何时发生等相关的信息。

在设置事件时，有两种设置的方式，一种是委托式，一种是回调式。委托式就是将事件的处理委托给监听器处理，可以定义一个 View.OnTouchListener 接口的子类作为监听器，其中有 onTouch()方法。回调式是重写 View 类自己本身的 onTouchEvent 方法，也就是控件自己处理事件。onTouch 方法接收一个 MotionEvent 参数和一个 View 参数，而 onTouchEvent 方法仅接收 MotionEvent 参数。这是因为监听器可以监听多个 View 控件的事件。通过 MotionEvent 方法可以得到该 MotionEvent 具体是哪个操作（如 ACTION_DOWN）。表 10-1 所示为一些动作常量表，表 10-2 所示为掩码常量表。

表 10-1　为一些动作常量表

动作常量	描　　述
ACTION_DOWN	单点触摸动作
ACTION_MOVE	触摸点移动动作
ACTION_UP	单点触摸离开动作

续表

动作常量	描　　述
ACTION_POINTER_DOWN	多点触摸动作
ACTION_POINTER_UP	多点触摸离开动作

表 10-2　掩码常量表

掩码常量	描　　述
ACTION_MASK＝0X000000ff	动作掩码
ACTION_POINTER_INDEX_MASK＝0X0000ff00	触摸点索引掩码

10.1.2　getAction()与 getActionMasked()方法的区别

在监听 OnTouch()里面测试的时候会发现，这两个返回值竟然是一样的。查询 API 会发现 ACTION_MASK 说明是，常量值 255(0x000000ff)，也就是 0Xff。

```
public final int getAction()
```

返回 action 的类型，考虑使用 getActionMasked()和 getActionIndex()来获得单独的经过掩码的 action 和触控点的索引。

```
public final int getActionMasked ()
```

返回经过掩码的 action，没有触控点索引信息的通过 getActionIndex()来得到触控操作点的索引，所以两个返回值差别就是一个类似 IP 中的掩码问题。一个 MotionEvent 中的 action 代码，前 8 位实实在在表示哪一个动作常量，后八位包含触控点的索引信息。

动作常量就是指代什么类型操作，由于触摸操作可能是多点的，所以索引信息就是用来作为多点的标识，比如单点的话索引值是为 0 的。因为 ACTION_ MASK＝0x00ff，所以 ACTION _ MASK 掩码过后的 action 码就没有索引信息了。也就是说 getActionMasked()得到的值是经过掩码处理过的 action 码，其中的信息只有动作常量。下面详细说明如何获得索引值。

先将 action 和 0xff00 进行与运算，清除前 8 位(用于存储动作常量的信息)，然后将 action 右移 8 位就可以得到索引值。也可以自己想办法得到索引信息。先对 action 用 ACTION _ PO INTER _ INDEX _ MASK 进行掩码处理，即 maskedIndex ＝ action&ACTION_ POINTER_I NDEX_MASK＝action&0xff00，这个掩码也就是将 action 的前 8 位清零，然后再将 maskedIndex 向右移 8 位就能够得到索引值了。通过调用 getActionIndex()函数即可得到该操作的索引值了。

在 Android 中，当有触摸事件发生时(假设已经注册了事件监听器)，调用注册监听器中的方法 onTouch(,MotionEvent ev)传递一个 MotionEvent 对象，但这只传递进来一个 MotionEvent。如果只是单点触控这没有问题。问题是当多个手指触控时只传递一个 MotionEvent 是不够的。这时需要知道每个手指所对应的触控点数据信息。所以

MotionEvent 中有就要索引信息。可以很容易通过 API 看到，MotionEvent 还包含了移动操作中的其他历史移动数据，方便处理触控的移动操作。

10.1.3　使用 VelocityTracker

VelocityTracker 是用来得到手势在屏幕上滑动的速度，也许用得比较少，但还是有必要介绍怎样使用 VelocityTracker 类。

第一步是得到该类的一个实例：

```
mVelocityTracker=VelocityTracker.obtai n();
```

第二步，需要告诉 mVelocityTracker 对象，要对哪个 MotionEvent 进行监控（也就是得到哪个 MotionEvent 上的速度）。对象用于报告运动（鼠标、笔、手指、轨迹球）事件。这个类持有绝对或相对运动。可以使用 mVelocityTracker. addMovement(ev)方法来制定一个 MotionEvent。

第三步，直接用 mVelocityTracker. getXVelocity()方法获取在水平方向上的滑动速度，用 mVelocityTracker. getYVelocity()方法可以获取垂直方向上的滑动速度。

10.1.4　VelocityTracker 类

该类用来追踪触摸事件的速率。用 obtain()函数来获得类的实例，用 addMovement(MotionEvent)函数将 MotionEvent 加入到 VelocityTracker 类实例中。当使用到速率时，用 computeCurrentVelocity(int)初始化速率的单位，并获得当前事件的速率，然后使用 getXVelocity() 或 getXVelocity()获得横向和纵向的速率，计算那些已经发生触摸事件点的当前速率。这个函数只有在需要得到速率消息的情况下才调用，因为使用它需要消耗很大的性能。

一个完整的例子代码如下。

```
VelocityTracker mVelocityTracker=VelocityTracker.obtain();
mVelocityTracker.addMovement(ev);
if (ev.getAction()==MotionEvent.ACTION_UP) {
    mVelocityTracker.computeCurrentVelocity(1000, mMaximumVelocity);
    final int velocityX=(int) mVelocityTracker.getXVelocity();
    final int velocityY=(int) mVelocityTracker.getYVelocity();
    if (mListener!=null) {
        int Direction=FLING_NONE;
        if (velocityX >SNAP_VELOCITY) {
            Direction=FLING_LEFT;
        } else if (velocityX<-SNAP_VELOCITY) {
            Direction=FLING_RIGHT;
        } else if (velocityY >SNAP_VELOCITY) {
            Direction=FLING_DOWN;
        } else if (velocityY<-SNAP_VELOCITY) {
```

```
            Direction=FLING_UP;
        }
    }
```

10.2 多点触摸

这一节学习 Android 多点触控程序的编写。先准备好校园风景图片(ustbpic.jpg)，如图 10-1 所示。

图 10-1 校园风景图片(ustbpic.jpg)

(1) 在 Eclipse 下新建一个 Android 工程(与一般 Android 工程一样)，如图 10-2 所示。

(2) 完成后，需要将原先准备好的图片放进 res/drawable 文件夹下，如图 10-3 所示。

该图片是为了给该多点触控的实例提供运行环境，实现图片的放大和缩小。下面，来修改一下 activity_main.xml 文件，如下所示。

```
<RelativeLayout
    xmlns:android="http://schemas.android.com/apk/res/android"
    xmlns:tools="http://schemas.android.com/tools"
    android:layout_width="match_parent"
    android:layout_height="match_parent"
    android:paddingBottom="@dimen/activity_vertical_margin"
    android:paddingLeft="@dimen/activity_horizontal_margin"
    android:paddingRight="@dimen/activity_horizontal_margin"
    android:paddingTop="@dimen/activity_vertical_margin"
```

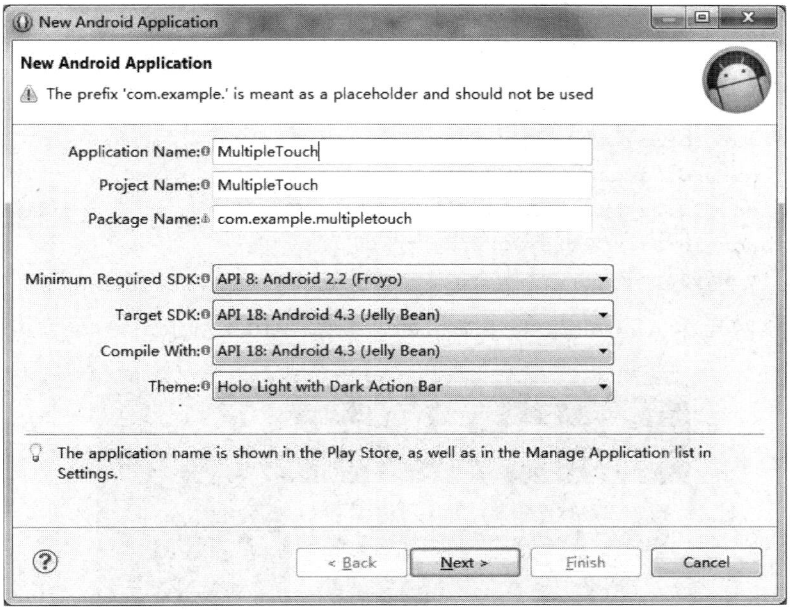

New Android Application

New Android Application

The prefix 'com.example.' is meant as a placeholder and should not be used

Application Name: MultipleTouch

Project Name: MultipleTouch

Package Name: com.example.multipletouch

Minimum Required SDK: API 8: Android 2.2 (Froyo)

Target SDK: API 18: Android 4.3 (Jelly Bean)

Compile With: API 18: Android 4.3 (Jelly Bean)

Theme: Holo Light with Dark Action Bar

The application name is shown in the Play Store, as well as in the Manage Application list in Settings.

< Back　Next >　Finish　Cancel

图 10-2　新建一个 Android 工程

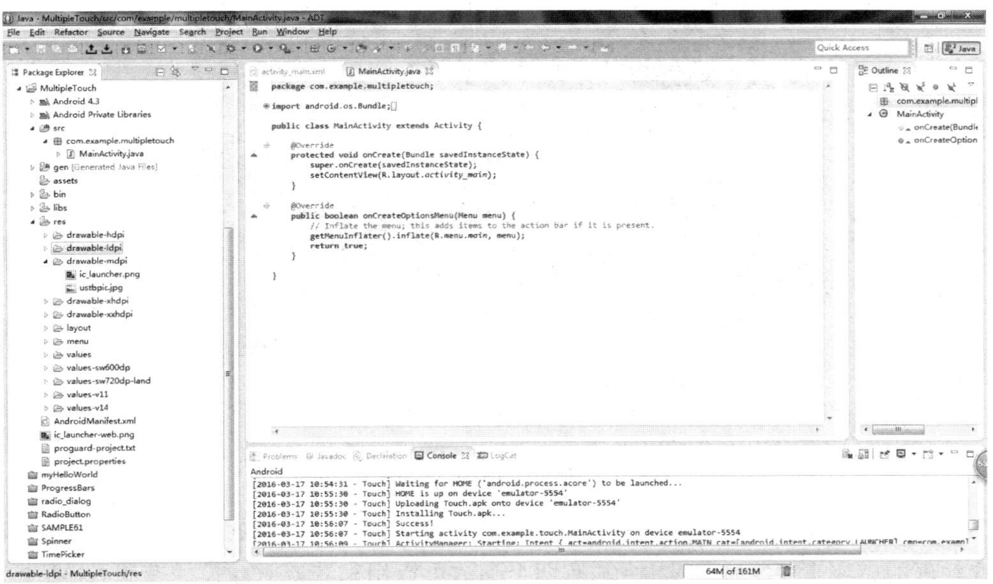

图 10-3　图片存放位置

```
tools:context=".MainActivity" >
<TextView
    android:id="@+id/textView1"
    android:layout_width="wrap_content"
    android:layout_height="wrap_content"
```

```
        android:text="@string/hello_world" />
    <ImageView
        android:id="@+id/imageView1"
        android:layout_width="wrap_content"
        android:layout_height="wrap_content"
        android:layout_alignParentLeft="true"
        android:layout_alignTop="@+id/textView1"
        android:src="@drawable/ustbpic" />
</RelativeLayout>
```

一张静态图片在 Android 面板上显示的效果如图 10-4 所示。

图 10-4　图片在 Android 面板上的显示效果

设置 Matrix 可以获得对 ImageView 的一些基本操作。需要实现一个 OnTouchListener 的方法，来设置 ImageView 的侦听属性，该接口位于 android. view. view. OnTouchListener。实现 onTouch(View view, MotionEvent event)的方法，就可以获取触屏的感应事件。在该事件中，有两个参数可以用来获取对触摸的控制，这两个参数分别为 MotionEvent. getAction()和 MotionEvent. ACTION_MASK，前者用于对单点触控进行操作，后者用于对多点触控进行操作。相应地，可以通过 Android Developers' Reference 看到，对于单点触控，由 MotionEvent. getAction()可以得到以下几种事件：ACTION_DOWN、ACTION_UP，而对于多点触控，由 MotionEvent. ACTION_ MASK，可以得到 ACTION_POINTER_DOWN、ACTION_POINTER_UP，都是 MotionEvent 中的常量，可以直接调用。而有些常量则是单点和多点共用的，如 ACTION_MOVE，因

此在按下时，必须标记单点与多点触控的区别。

下面来介绍缩放功能的实现。缩放需要定义有两种手势，一种是双指拉伸式，一种是单指旋转式。

10.2.1 双指拉伸式缩放功能的实现

这是一种比较常规的图片缩放方式，实现起来也比较方便，可以很容易想到，在处理多点触控事件时，如果没有别的手势干扰，只需检测两指按下时和移动之后的位置关系即可，如果距离变大，则是放大图片；反之则是缩小图片。

10.2.2 单指旋转式缩放功能的实现

这是一种单指操作中比较流行的方式，然而实现起来并非特别方便。具体说来，可以定义顺时针转动为图片放大，逆时针转动为图片缩小。在没有其他干扰项的时候，可以通过捕获三次连续移动来得知手势顺时针还是逆时针。如图 10-5 所示，把前两次的位置作一个向量 A，后两次位置作一个向量 B，如果向量 B 比向量 A 大，则是逆时针；向量 B 比向量 A 小则是顺时针。这里用到反三角函数，同时要注意 2pi 的角度问题。

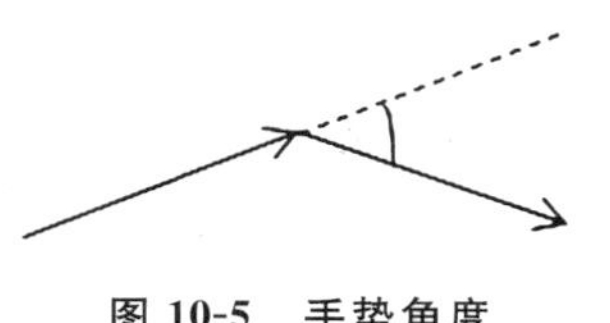

图 10-5 手势角度

注意：在处理同为单指操作或者同为多指操作的时候，要考虑不同行为之间的区别。

下面是代码的具体解析：

```
import android.app.Activity;
import android.graphics.Matrix;
import android.graphics.PointF;
import android.os.Bundle;
import android.view.MotionEvent;
import android.view.View;
import android.view.View.OnTouchListener;
import android.widget.ImageView;
public class TouchActivity extends Activity {
private static final int NONE=0;
private static final int MOVE=1;
private static final int ZOOM=2;
private static final int ROTATION=1;
private int mode=NONE;
private Matrix matrix=new Matrix();
private Matrix savedMatrix=new Matrix();
private PointF start=new PointF();
private PointF mid=new PointF();
private float s=0;
private float oldDistance;
private int rotate=NONE;
```

```
@Override
public void onCreate(Bundle savedInstanceState) {
    super.onCreate(savedInstanceState);
    setContentView(R.layout.main);
    ImageView imageView=(ImageView)findViewById(R.id.imageView);
    imageView.setOnTouchListener(new OnTouchListener()
    {
        @Override
        public boolean onTouch(View view, MotionEvent event) {
            ImageView imageView=(ImageView)view;
            switch (event.getAction()&MotionEvent.ACTION_MASK) {
                case MotionEvent.ACTION_DOWN:
                    savedMatrix.set(matrix);
                    start.set(event.getX(), event.getY());
                    mode=MOVE;
                    rotate=NONE;
                    break;
                case MotionEvent.ACTION_UP:
                case MotionEvent.ACTION_POINTER_UP:
                    mode=NONE;
                    break;
                case MotionEvent.ACTION_POINTER_DOWN:
                        oldDistance=(float)Math.sqrt((event.getX(0)
                        -event.getX(1))*(event.getX(0)-event.getX(1))
                        +(event.getY(0)-event.getY(1))
                         *(event.getY(0)-event.getY(1)));
                    if (oldDistance >10f) {
                        savedMatrix.set(matrix);
                        mid.set((event.getX(0)+event.getX(1))/2,
                                (event.getY(0)+event.getY(1))/2);
                        mode=ZOOM;
                    }
                case MotionEvent.ACTION_MOVE:
                    if (mode==MOVE)
                    {
                        if(rotate==NONE) {
                            savedMatrix.set(matrix);
                              mid.set(event.getX(), event.getY());
                            rotate=ROTATION;
                        }
                        else {
                            matrix.set(savedMatrix);
                            double a=
                                    Math.atan((mid.y-start.y)/(mid.x-start.x));
```

```
                        double b=
                                Math.atan((event.getY()
                                -mid.y)/(event.getX()-mid.x));
                        if ((b -a<Math.PI/2 && b -a >Math.PI / 18)||((b
                                +Math.PI) %Math.PI -a<Math.PI/2 && (b
                                +Math.PI) %Math.PI -a >Math.PI/ 18)) {
                            matrix.postScale((float)0.9, (float)0.9);
                        }
                        else if ((a -b<Math.PI / 2 && a -b >Math.PI
                                / 18)||((a+Math.PI) %Math.PI -b<Math.PI
                                /2 && (a+Math.PI) %Math.PI -b >Math.PI/18)){
                            matrix.postScale((float)1.1, (float)1.1);
                        }
                        start.set(event.getX(), event.getY());
                        rotate=NONE;
                    }
                }
                else if(mode==ZOOM)
                {
                    float newDistance;
                    newDistance=(float)Math.sqrt((event.getX(0)
                        -event.getX(1))*(event.getX(0)-event.getX(1))
                        +(event.getY(0)-event.getY(1))*(event.getY(0)
                        -event.getY(1)));
                    if(newDistance >10f) {
                        matrix.set(savedMatrix);
                        matrix.postScale(newDistance/oldDistance,
                                newDistance/oldDistance, mid.x, mid.y);
                        oldDistance=newDistance;
                        savedMatrix.set(matrix);
                    }
                }
                break;
            }
            imageView.setImageMatrix(matrix);
            return true;
        }
    });
  }
}
```

AndroidManifest.xml 的内容如下：

```
<?xml version="1.0" encoding="utf-8"?>
<manifest xmlns:android="http://schemas.android.com/apk/res/android"
```

```
android:versionCode="1"
  android:versionName="1.0">
  <uses-sdk android:minSdkVersion="8" />
<application android:icon
         ="@drawable/icon" android:label="@string/app_name">
  <activity android:name=".TouchActivity"
  android:label="@string/app_name">
  <intent-filter>
  <action android:name="android.intent.action.MAIN" />
  <category android:name="android.intent.category.LAUNCHER" />
  </intent-filter>
  </activity>

  </application>
</manifest>
```

10.3 手　　势

10.3.1 GestureDetector 简介

1. 组成

GestureDetector 类用来识别触摸屏的各种手势，它包含了两个接口和一个内部类：

(1) 接口 OnGestureListener 用来监听手势事件(6 种)，OnDoubleTapListener 用来监听双击事件。

(2) 内部类 SimpleOnGestureListener 用来监听所有的手势。实际上它实现了上述两个接口，不过方法体是空的，需要自己编写。可以继承这个类，重写里面的方法进行手势处理。

2. 构造

```
GestureDetectorgestureDetector=newGestureDetector
       (GestureDetector.OnGestureListener listener);
GestureDetector gestureDetector=newGestureDetector
       (Context context, GestureDetector. OnGestureListener listener);
GestureDetectorgestureDetector=newGestureDetector
       (Context context,
           GestureDetector. SimpleOnGestureListener listener);
```

3. 方法

(1) onTouchEvent(MotionEvent ev) 分析捕捉到的触摸事件触发相应的回调函数。

(2) setIsLongpressEnabled(boolean isLongpressEnabled) 设置“长按”是否可用。

(3) setOnDoubleTapListener(GestureDetector. OnDoubleTapListener onDoubleTapListener) 设置双击监听器。

4. 使用流程

首先,系统捕捉屏幕的触摸事件(onTouchListener),这时还未涉及具体手势,只是简单地捕捉到触摸。接着,在 onTouch()方法中调用 GestureDetector 的 onTouchEvent()方法,将捕捉到的 MotionEvent 交给 GestureDetector 来处理。最后,还需要实现抽象方法实现:

(1) 在 Activity 中创建 GestureDetector 实例 gestureDetector。

(2) 可根据需要选择:

- 重写 OnGestureListener 并通过构造函数传入 gestureDetector。
- 重写 OnDoubleTapListener 并通过 GestureDetector. setOnDoubleT apListener 方法传入 gestureDetector。
- 重写 SimpleOnGestureListener 并通过构造函数传入 gestureDetector。

(3) 重写 Activity 的 onTouchEvent 方法,将所有的触摸事件交给 gestureDetector 来处理。

```
@Override
publicbooleanonTouchEvent(MotionEvent event) {
    returngestureDetector.onTouchEvent(event);
}
```

10.3.2　OnGestureListener 简介

onGestureListener 识别 6 种手势,分别是:

(1) onDown(MotionEvent e):按下事件。

(2) onSingleTapUp(MotionEvent e):一次单击抬起事件。

(3) onShowPress(MotionEvent e):按下事件发生而按动或抬起还没发生前触发该事件;

(4) onLongPress(MotionEvent e):长按事件。

(5) onFling(MotionEvent e1, MotionEvent e2, float velocityX, float velocityY):滑动手势事件。

(6) onScroll(MotionEvent e1, MotionEvent e2, float distanceX, float distanceY):在屏幕上拖动事件。

关于 onFling 与 onScroll 的一点区别如下。

onFling()是甩,这个甩的动作是在一个 MotionEvent. ACTION_UP(手指抬起)发生时执行,而 onScroll(),只要手指移动就会执行,不会执行 MotionEvent. ACTION_UP。onFling 通常用来实现翻页效果,而 onScroll 通常用来实现放大缩小和移动。

重写函数如下:

```
OnGestureListener onGestureListener=new OnGestureListener(){
    @Override
    public boolean onDown(MotionEvent e) {
        return false;
```

```
    }
    @Override
    public boolean onFling(MotionEvent e1, MotionEvent e2,
            float velocityX, float velocityY) {
        return false;
    }
    @Override
    public boolean onLongPress(MotionEvent e) {
        return false;
    }
    @Override
    public boolean onScroll(MotionEvent e1, MotionEvent e2,
            float distanceX, float distanceY) {
        return false;
    }
    @Override
    public void onShowPress(MotionEvent e) {
    }
    @Override
    public boolean onSingleTapUp(MotionEvent e) {
        return false;
    }
}
```

可以根据需要，在函数里添加具体的处理方法。之后通过构造函数传入 GestureDetector 即可。

```
GestureDetectorgestureDetector=newGestureDetector(this,
                                    onGestureListener);
```

本章小结

通过本章学习，应清楚地理解 Android 触摸屏编程技术，学会使用 MotionEvent 对象，学会使用多点触摸的事件处理、GestureDetector 类等。

习　　题

1. 描述 MotionEvent 的功能和它的对象。
2. 简述 GestureDetector 的处理流程，并举例说明。

第 11 章 地图和基于位置服务的编程

本章包含基于位置的服务(Location Based Service,LBS)的相关内容,这些服务可以查找设备当前的位置,具体包括 GPS 和 Google 的基于蜂窝的定位技术。可以显式地通过名称来指定使用哪种定位技术,或者可以通过定义精度、花费和其他要求的标准集合来隐式地指定。

地图和基于位置的服务使用经度和纬度来精确地指定地理位置,但是用户可能更喜欢按照地址来考虑它们。Android 提供了地理编码器(Geocoder)来支持前移和反转地理编码的功能。使用地理编码器,就可以对经纬度值和真实世界的地址进行相互转换。地图、地理编码和基于位置的服务合起来提供了一个强大的工具箱,从而把电话固有的移动性和移动应用程序结合了起来。

11.1 使用基于位置的服务

Android 中最诱人的一些功能就是那些可以发现并绘制物理位置以及了解物理位置周边环境的服务。可以使用 Google 地图作为用户界面元素,创建基于地图的活动。对地图有全权的访问权,它允许控制显示设置,改变放大率,并移动中心位置。基于位置的服务是一个宽泛的概念,它描述了用来查找设备当前位置的不同技术。其中两个重要的 LBS 元素是:

(1) LocationManager 提供基于位置的服务的挂钩;

(2) LocationProviders 每一个 Provider 都表示不同的位置查找技术,该技术用来确定设备当前位置。

使用 LocationManager,可以:

(1) 获得当前的位置;

(2) 追踪移动;

(3) 设置在检测到进入或者离开一个指定的区域时的邻近提醒。

11.2 使用 TestProvider 构建模拟器

基于位置的服务是与查找当前位置的设备硬件相关的。当使用模拟器进行部署或者测试的时候,硬件会被虚拟化,所以可能一直待在相同的位置。为了弥补它的不足,Android 提供了挂钩,它可以通过模拟位置提供器来测试基于位置的应用程序。在这一部分中，将会学习如何对所支持的 GPS 提供器的位置进行模拟。

11.2.1 更新模拟位置提供器中的位置

使用 Eclipse 的 DDMS 视图的 Location 控件（如图 11-1 所示）可以直接将位置的改变添加到测试 GPS_PROVIDER 中。

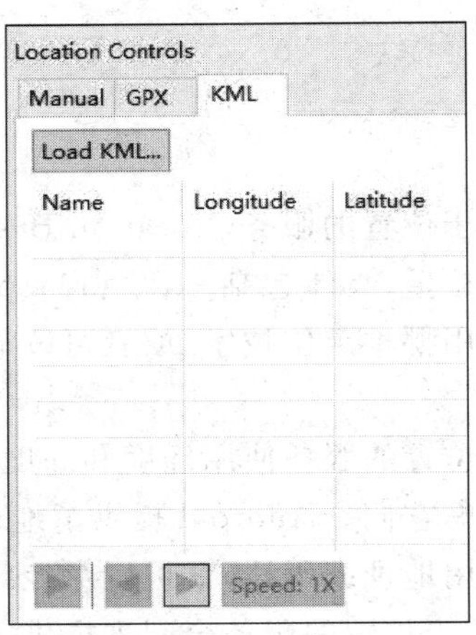

图 11-1 Manual 和 KML 选项卡

图 11-1 显示了 Manual 和 KML 选项卡。使用 Manual 选项卡，可以指定特定的经纬度。可选地，KML 和 GPX 选项卡可以分别载入 KML（Keyhole 标记语言）和 GPX（GPS 交换格式）文件。一旦载入了这些文件之后，就可以跳到指定的路点（位置）或者按顺序回放每一个位置。

使用 DDMS Location 控件生成的所有位置变化都将被应用到 GPS 接收器，所以 GPS 接收器必须已经被启用并且是活动的。注意，getLastKnownLocation 返回的 GPS 值将会保持不变，直到至少有一个应用程序请求了位置更新为止。

11.2.2 创建一个应用程序来管理 TestLocationProvider

在这个例子中，将会创建一个新的项目来建立模拟器，从而简化测试其他基于位置的应用程序的工作。运行这个项目将会保证 GPS 提供器是活动的并且能够定期地更新。

(1) 创建一个新的 Android 项目 TestProviderController，它包含一个 TestProvider Controller 活动，核心代码如下。

```
package com.paad.testprovidercontroller;
import java.util.List;
import android.app.Activity;
import android.content.Context;
import android.location.Criteria;
import android.location.Location;
import android.location.LocationManager;
import android.location.LocationListener;
```

```
import android.location.LocationProvider;
import android.os.Bundle;
import android.widget.TextView;
public class TestProviderController extends Activity {
    @Override
    public void onCreate(Bundle icicle) {
        super.onCreate(icicle);
        setContentView(R.layout.main);
    }
}
```

(2) 添加一个实例变量来存储对 LocationManager 的引用,然后在 onCreate 方法内部获得这个引用。添加一个用于创建新的 TestProvider 的存根,并启动要测试的 GPS Provider,核心代码如下。

```
LocationManager locationManager;
@Override
public void onCreate(Bundle icicle) {
    super.onCreate(icicle);
    setContentView(R.layout.main);
    String location_context=Context.LOCATION_SERVICE;
    locationManager=(LocationManager)getSystemService(location_context);
    testProviders();
}
public void testProviders() {}
```

(3) 添加一个 FINE_LOCATION 权限来测试 provider,核心代码如下。

```
<uses-permission android:name="android.permission.ACCESS_FINE_LOCATION"/>
```

(4) 用更新 testProviders 方法来检查每一个提供器的启动状态,并返回最后一个已知的位置;同时还要请求对每一个提供器定期地更新,从而强制 Android 为其他的应用程序更新位置,核心代码如下。

```
public void testProviders() {
    TextView tv=(TextView)findViewById(R.id.myTextView);
    StringBuilder sb=new StringBuilder("Enabled Providers:");
    List<String>providers=locationManager.getProviders(true);
    for (String provider : providers) {
        locationManager.requestLocationUpdates(provider, 1000, 0,
                            new LocationListener() {
          public void onLocationChanged(Location location) {}
          public void onProviderDisabled(String provider){}
          public void onProviderEnabled(String provider){}
          public void onStatusChanged(String provider, int status,
                                   Bundle extras){}
```

```
            });
            sb.append("\n").append(provider).append(": ");
            Location location=locationManager.getLastKnownLocation(provider);
            if (location!=null) {
                double lat=location.getLatitude();
                double lng=location.getLongitude();
                sb.append(lat).append(", ").append(lng);
            } else {
                sb.append("No Location");
            }
        }
        tv.setText(sb);
    }
```

(5) 运行应用程序之前的最后一步是通过更新 main. xml 布局资源为在第(4)步中更新的文本标签添加一个 ID,核心代码如下。

```
<?xml version="1.0" encoding="utf-8"?>
<LinearLayout
    xmlns:android="http://schemas.android.com/apk/res/android"
    android:orientation="vertical"
    android:layout_width="fill_parent"
    android:layout_height="fill_parent">
    <TextView
        android:id="@+id/myTextView"
        android:layout_width="fill_parent"
        android:layout_height="wrap_content"
        android:text="@string/hello"/>
</LinearLayout>
```

(6) 运行该应用程序,如图 11-2 所示。

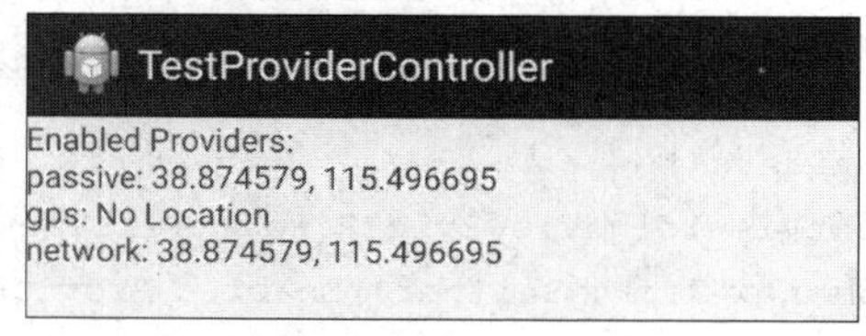

图 11-2 运行程序显示结果

(7) 现在 Android 将会使用基于位置的服务,为所有的应用程序更新上一次已知的位置。可以使用前面部分所描述的技术来更新当前的位置。

上面所编写的这个 TestProvider 控制应用程序需要在重启之后才能反映当前位置的任何改变。在本章下面的部分中,将会学习如何基于时间变化和距离改变来请求更新。

11.3　选择一个 LocationProvider

根据设备的不同，Android 可以使用多种技术来确定当前的位置。每一种技术或者位置提供器在能耗、花费、精确度以及确定海拔、速度和方向信息的能力等方面的性能都可能有所不同。要获得一个指定提供器的实例，可以调用 getProvider，并给它传递名称：

```
String providerName=LocationManager.GPS_PROVIDER;
LocationProvider gpsProvider;
gpsProvider=locationManager.getProvider(providerName);
```

这段代码通常只能用来确定一个特定的提供器的功能。大部分 LocationManager 方法都只要求一个提供器名称就可以执行基于位置的服务。

11.3.1　查找可用的提供器

LocationManager 类包含了一些静态字符串常量，这些常量将返回以下两种最常见的位置提供器的名称：

- LocationManager. GPS_PROVIDER。
- LocationManager. NETWORK_PROVIDER。

要获得所有在设备上可用的提供器的列表，可以调用 getProviders，并使用一个布尔值来说明是希望返回所有的提供器，还是只返回已经启用的。

```
boolean enabledOnly=true;
List<String>providers=locationManager.getProviders(enabledOnly);
```

11.3.2　根据要求标准查找提供器

在大部分情况下，都不太可能去显式地选择要使用的位置提供器。更常见的是，将通过指定一个提供器所必须满足的要求，来让 Android 去确定要使用最优的技术。使用 Criteria 类来说明对提供器的要求，包括精度（高或低）、能耗（低，中，高）、花费以及返回海拔、速度和方向的能力。

下面代码创建的标准，要求低精度，低能耗，不需要海拔、方向或者速度，而且允许提供器有一定的资金花费。

```
Criteria criteria=new Criteria();
criteria.setAccuracy(Criteria.ACCURACY_COARSE);
criteria.setPowerRequirement(Criteria.POWER_LOW);
criteria.setAltitudeRequired(false);
criteria.setBearingRequired(false);
criteria.setSpeedRequired(false);
criteria.setCostAllowed(true);
```

在定义了这些要求的标准之后，可以使用 getBestProvider 来返回最佳匹配的位置提供器，或者使用 getProviders 来返回所有可能的匹配。下面的代码段展示了使用 getBestProvider 来返回符合标准的最佳匹配，其中 Boolean 值可以把结果限制在当前已经启动的提供器的范围内。

```
String bestProvider=locationManager.getBestProvider(criteria, true);
```

如果有多个位置提供器匹配了标准，那么它将会返回精度最高的那一个。如果没有任何一个位置提供器满足要求，那么将会按照能耗、精度、返回方向、速度和海拔的能力的顺序放宽标准，直到找到一个提供器为止。

一个设备所允许的资金花费的标准永远都不会放宽。如果此时仍然没有找到匹配的提供器，那么就会返回 null。

要查看所有符合标准的提供器名称，可以使用 getProviders。它可以接收 Criteria，并返回一个已经经过过滤的字符串列表，该列表记录所有符合标准的可用的位置提供器。与调用 getBestProvider 相同，如果没有找到匹配的提供器，它将会返回 null。

```
List<String>matchingProviders=locationManager.getProviders(criteria,false);
```

11.4 确定自己所在的位置

基于位置的服务的目的就是确定设备的物理位置。对基于位置的服务的访问是通过使用 LocationManager 系统服务来进行处理的。要访问 LocationManager，可以使用 getSystemService 方法来请求一个 LOCATION_SERVICE 实例，如下面的代码段所示。

```
String serviceString=Context.LOCATION_SERVICE;
LocationManager locationManager;
locationManager=(LocationManager)getSystemService(serviceString);
```

在允许使用 LocationManager 之前，需要在清单中添加一个或者多个 uses-permission 标签来支持对 LBS 硬件的访问。

下面的代码段展示了 FINE 和 COARSE 权限。在默认的提供器中，GPS Provider 要求 FINE 权限，而 Network Provider 只要求 COARSE 权限。一个被赋予了 FINE 权限的应用程序，同时也被隐式地赋予了 COARSE 权限。

```
<uses-permission android:name="android.permission.ACCESS_FINE_LOCATION"/>
<uses-permission android:name="android.permission.ACCESS_COARSE_LOCATION"/>
```

可以通过使用 getLastKnownLocation 方法，并给它传递 LocationProvider 的名称，来查找由这个特定的 LocationProvider 所确定的最后一个位置。下面的例子可以确定出由 GPS Provider 所提供的最后一个位置：

```
String provider=LocationManager.GPS_PROVIDER;
Location location=locationManager.getLastKnownLocation(provider);
```

返回的 Location 对象包括了这个 provider 能够提供的所有位置信息。其中可能会包括经度、纬度、方向、海拔和读取位置的时间。对 Location 对象使用 get 方法可以获得所有这些属性。在某些实例中，还会在特殊的 Bundle 中包含一些额外的细节。

11.4.1　追踪移动

大部分对位置敏感的应用程序都需要对用户的移动做出反应。简单地对 LocationManager 进行轮询并不会强制它从 LocationProvider 那里得到新的更新。若使用了 LocationListener，则当前位置无论何时发生变化，均可通过 requestLocationUpdates 方法获得更新。LocationListener 还提供了对 Provider 的状态和可用性改变的挂钩。requestLocationUpdates 通过接收一个指定的 LocationProvider 名称，或者一个标准集来确定要使用的 Provider。

为了优化效率以及减少花费和降低能耗，也可以指定对位置改变进行更新的最短时间片和最小距离。下面的代码段展示了如何在最短时间片和最小距离的基础上，请求定期更新。

```
String provider=LocationManager.GPS_PROVIDER;
int t=5000; //毫秒
int distance=5; //米
LocationListener myLocationListener=new LocationListener() {
    public void onLocationChanged(Location location) {
        //根据新的位置更新应用程序
    }
    public void onProviderDisabled(String provider){
        //如果提供器停用,则更新应用程序
    }
    public void onProviderEnabled(String provider){
        //如果提供器启用,则更新应用程序
    }
    public void onStatusChanged(String provider, int status,  Bundle extras){
        //如果提供器硬件状态发生改变,则更新应用程序
    }
};
locationManager.requestLocationUpdates(provider, t, distance,
                                        myLocationListener);
```

当超过最短时间片和最短距离值的时候，绑定的 LocationListener 就会执行它的 onLocationChanged 事件。

11.4.2　WhereAmI 示例

下面用一个例子来进一步学习基于位置的定位。它能够通过监听位置的改变来跟踪当前的位置。更新被限制为每 2 秒进行一次，而且只有在检测到超过 10 米的移动距离时才会进行更新。这个例子创建一个标准集合，让 Android 来选择可用的最佳位置提供器，而不是显式地选择 GPS Provider。

(1) 首先打开 WhereAmI 项目中的 WhereAmI 活动。通过修改 onCreate 方法来查找能够提供较高的精度和最低的能耗的最佳 LocationProvider，具体代码如下。

```
public void onCreate(Bundle icicle) {
    super.onCreate(icicle);
    setContentView(R.layout.main);
    LocationManager locationManager;
    String context=Context.LOCATION_SERVICE;
    locationManager=(LocationManager)getSystemService(context);
    Criteria criteria=new Criteria();
    criteria.setAccuracy(Criteria.ACCURACY_FINE);
    criteria.setAltitudeRequired(false);
    criteria.setBearingRequired(false);
    criteria.setCostAllowed(true);
    criteria.setPowerRequirement(Criteria.POWER_LOW);
    String provider=locationManager.getBestProvider(criteria, true);
    Location location=locationManager.getLastKnownLocation(provider);
    updateWithNewLocation(location);
}
```

(2) 创建一个新的 LocationListener 实例变量，它会在任何检测到位置发生改变的时候触发已有的 updateWithNewLocation，具体代码如下。

```
private final LocationListener locationListener=new LocationListener(){
    public void onLocationChanged(Location location) {
        updateWithNewLocation(location);
    }
    public void onProviderDisabled(String provider){
        updateWithNewLocation(null);
    }
    public void onProviderEnabled(String provider){ }
    public void onStatusChanged(String provider, int status,
        Bundle extras){ }
};
```

(3) 返回到 onCreate，执行 requestLocationUpdates，并传递给它新的 LocationListener 对象。它每 2 秒就会监听位置的变化，但是只有当它检测到超过 10 米的移动距离时才会触发，具体代码如下。

```
public void onCreate(Bundle icicle) {
    super.onCreate(icicle);
    setContentView(R.layout.main);
    LocationManager locationManager;
    String context=Context.LOCATION_SERVICE;
    locationManager=(LocationManager)getSystemService(context);
    Criteria criteria=new Criteria();
```

```
        criteria.setAccuracy(Criteria.ACCURACY_FINE);
        criteria.setAltitudeRequired(false);
        criteria.setBearingRequired(false);
        criteria.setCostAllowed(true);
        criteria.setPowerRequirement(Criteria.POWER_LOW);
        String provider=locationManager.getBestProvider(criteria, true);
        Location location=locationManager.getLastKnownLocation(provider);
        updateWithNewLocation(location);
        locationManager.requestLocationUpdates(provider, 2000, 10,
                                                locationListener);
    }
```

(4) 用 updateWithNewLocation 方法来获得更新后的位置。定义变量得到当前位置的经度与纬度，在位置发生改变时，TextView 显示出变化的位置，具体代码如下。

```
    private void updateWithNewLocation(Location location) {
        TextView myLocationText=(TextView)findViewById(R.id.myLocationText);
        String latLongString;
        if(location!=null){
            double lat=location.getLatitude();
            double lng=location.getLongitude();
            latLongString="Lat:"+lat+"\nLong"+lng;
        }else{
            latLongString="No Location";
        }
        myLocationText.setText("Your current Position is:\n"+latLongString);
    }
```

(5) 运行该应用程序，如图 11-3 所示。

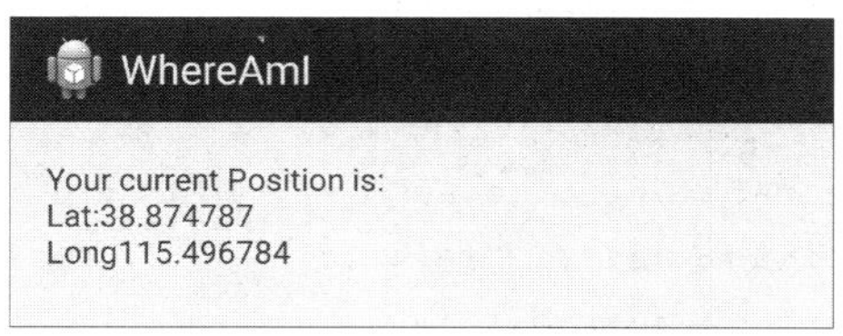

图 11-3　运行程序显示结果

(6) 现在 Android 能够通过监听位置的改变来跟踪当前的位置，如果运行应用程序并开始改变设备的位置，那么就会看到 TextView 相应的更新。

11.5　使用邻近提醒

让应用程序在用户接近或者远离一个特定位置时做出相应的反应，这一点通常很有用。邻近提醒可以让应用程序设置一个触发器，当用户进入或远离一个地理位置所在的某个范围时，就会触发该触发器。要为一个指定的平面区域设置邻近提醒，需要为其选择中心点(使用纬度和经度值)、距离该点的半径以及该提醒的终止时延。如果设备穿过那个边界，则不管是移入该区域，还是移出该区域，都会触发该提醒。

当被触发的时候，邻近提醒将会触发 Intent，大多数情况下是广播 Intent。可以使用 PendingIntent 来指定要触发的 Intent。PendingIntent 是一个可以将 Intent 包装到一种方法指针的类，如下面的框架代码所示。

```
Intent intent=new Intent(MY_ACTIVITY);
PendingIntent pendingIntent=PendingIntent.getBroadcast(this, -1,
                                        intent, 0);
```

要开始监听它们，需要先注册接收器，如下代码所示。

```
IntentFilter filter=new IntentFilter(TREASURE_PROXIMITY_ALERT);
registerReceiver(new ProximityIntentReceiver(), filter);
```

11.5.1 创建一个应用程序使用邻近提醒

下面例子在 WhereAmI 示例的基础上设置了一个邻近提醒，设置指定平面区域的目标位置，当设备移动到距离目标 10 米的范围内之后，将永远不会触发它。

(1) 首先打开 WhereAmI 项目中的 MainActivity 活动。通过修改 onCreate 方法来查找能够提供较高的精度和最低的能耗的最佳 LocationProvider，并调用 setProximityAlert() 方法。

```
protected void onCreate(Bundle savedInstanceState) {
    super.onCreate(savedInstanceState);
    setContentView(R.layout.activity_main);
    LocationManager locationManager;
    String context=Context.LOCATION_SERVICE;
    locationManager=(LocationManager) getSystemService(context);
    Criteria criteria=new Criteria();
    criteria.setAccuracy(Criteria.ACCURACY_FINE);
    criteria.setAltitudeRequired(false);
    criteria.setBearingRequired(false);
    criteria.setCostAllowed(true);
    criteria.setPowerRequirement(Criteria.POWER_LOW);
    String provider=locationManager.getBestProvider(criteria, true);
    Location location=locationManager.getLastKnownLocation(provider);
    updateWithNewLocation(location);
    locationManager.requestLocationUpdates(provider, 2000,
                                    1,locationListener);
    setProximityAlert();
}
```

(2) 用 setProximityAlert() 方法来定义位置的中心，以及活动范围的半径。当

LocationManager 检测到移入或者移出指定的区域时，就会触发打包的 Intent。

```
private static String TREASURE_PROXIMITY_ALERT="com.paad.treasurealert";
private void setProximityAlert() {
    LocationManager  locationManager;
    locationManager=
            (LocationManager) getSystemService(Context.LOCATION_SERVICE;);
    double lat=38.875819;
    double lng=115.499042;
    float radius=100f; //米
    long expiration=-1; //不会终止
    Intent intent=new Intent(TREASURE_PROXIMITY_ALERT);
    PendingIntent proximityIntent=
                    PendingIntent.getBroadcast(this, -1,intent, 0);
    locationManager.addProximityAlert(lat, lng, radius,
                    expiration,proximityIntent);
    IntentFilter filter=new IntentFilter(TREASURE_PROXIMITY_ALERT);
    registerReceiver(new ProximityIntentReceiver(), filter);
}
```

(3) 在触发邻近提醒后，就要处理邻近提醒，这时需要创建一个继承自 BroadcastReceiver 的 ProximityIntentReceiver，设置提醒机制为震动提醒，如下面的代码段所示。

```
public class ProximityIntentReceiver extends BroadcastReceiver {
    private Vibrator vibrator;
    @Override
    public void onReceive (Context context, Intent intent) {
        String key=LocationManager.KEY_PROXIMITY_ENTERING;
        Boolean entering=intent.getBooleanExtra(key, false);
        vibrator=(Vibrator)context.getSystemService
                    (Context.VIBRATOR_SERVICE);
        if(entering){
            System.out.println("entering");
            vibrator.vibrate(100);
            }else{
                System.out.println("exiting");
                vibrator.vibrate(500);
        }
    }
}
```

(4) 现在 Android 能够通过监听位置的改变来跟踪当前的位置，如果运行应用程序并开始改变设备的位置，当设备距离目标 10 米的时候，设备穿过那个边界，不管是移入该区域，还是移出该区域，都会触发该提醒。

11.6 地理编码

地理编码可以在街道地址和经纬度地图坐标之间进行转换。这样,就可以为基于位置的服务,或者基于地图的活动中所使用的位置或坐标提供一个可识别的上下文。Geocoder 类提供了对两种地理编码功能的访问:

(1) 前向地理编码(Forward Geocoding):查找某个地址的经纬度。

(2) 反向地理编码(Reverse Geocoding):查找一个给定的经纬度所对应的街道地址。

这些调用返回的结果将会通过使用一个局域设置来进行情境化(contextualized),其中区域设置用来定义通常的位置和语言。下面的代码段展示了如何在创建 Geocoder 的时候设定区域设置。如果没有指定区域设置,那么它将会被假定为设备默认的区域设置。

```
Geocoder geocoder=new Geocoder(getApplicationContext(),
                    Locale.getDefault());
```

这两种地理编码函数返回的都是 Address 对象列表。每一个列表都可以包含多个可能的结果,它的上限是在调用函数时指定的。每一个 Address 对象都是使用 Geocoder 所能够解析的尽可能多的细节来填充的。它可以包含经度、纬度、电话号码以及其他一些地址细节,从国家到街道和门牌号。

11.6.1 反向地理编码

反向地理编码可以返回物理位置的街道地址,其中物理位置由经纬度值指定。它为由基于位置的服务所返回的位置提供了一个可识别的上下文。要执行反向查找,需要向 Geocoder 的 getFromLocation 方法传入目标经度和纬度。它会返回一个可能匹配的地址的列表。如果对于指定的坐标,Geocoder 不能解析出任何地址,那么它将会返回 null。

下面的例子展示如何对最后知道的位置进行反向地理编码:

```
location=locationManager.getLastKnownLocation
                    (LocationManager.GPS_PROVIDER);
double latitude=location.getLatitude();
double longitude=location.getLongitude();
Geocoder gc=new Geocoder(this, Locale.getDefault());
List<Address>addresses=null;
try {
    addresses=gc.getFromLocation(latitude, longitude, 10);
}
catch (IOException e) {}
```

反向查找的精度和粒度完全是由地理编码数据库中的数据质量决定的。因此,结果的质量在不同的国家和地区之间差别可能会很大。

11.6.2　前向地理编码

前向地理编码(或者可以简单地称它为地理编码)可以确定一个给定位置的地图坐标。

通过在一个 Geocoder 实例上调用 getFromLocationName,就可以执行前向地理编码查找。在这个过程中需要传递给它想要的坐标的位置以及要返回的结果数量的最大值,如下面的代码所示。

```
List<Address>result=geocoder.getFromLocationName
                        (aStreetAddress,maxResults);
```

返回的地址列表中可能包含多个可能的匹配。其中每一个地址结果都将包含经度和纬度以及对那些坐标有用的所有额外的信息。这对于保证所解析的地址的正确性是很有用的,而且还能够在查找界标的时候提供地址的细节。在进行前向查找的过程中,创建 Geocoder 对象时所指定的区域设置尤为重要。区域设置提供了解释搜索请求的地理上下文,因为多个区域可能会存在相同的位置名称。在可能的地方,应该考虑选择一个地区的区域设置以避免地址名称歧义。

同时,应该使用尽可能多的地址细节。例如,下面的代码段说明了一个对 New York 街道地址所进行的前向地理编码:

```
Geocoder fwdGeocoder=new Geocoder(this, Locale.US);
String streetAddress="160 Riverside Drive, New York, New York";
List<Address>locations=null;
try {
    locations=fwdGeocoder.getFromLocationName(streetAddress, 10);
} catch (IOException e) {}
```

为了得到更加详尽的结果,可以使用 getFromLocationName 方法的重载,它会把搜索限制在一个地理边界范围内,如下面的代码所示。

```
List<Address>locations=null;
try {
    locations=fwdGeocoder.getFromLocationName(streetAddress,
                                              10, n, e, s, w);
} catch (IOException e) {}
```

在与 MapView 一起使用的时候,这种重载就特别有用,因为它可以把搜索限制在可视的地图范围内。

11.6.3　创建一个应用程序进行地址编码

下面的例子在 WhereAmI 示例的基础上进行地址编码。该程序主要进行反向地理编码,即给出某个地址的经纬度,来查找这个给定经纬度所对应的街道地址。该程序与 WhereAmI 示例中有 updateWithNewLocation()方法不同,因此,下面只给出 updateWithNewLocation()方法的代码。

在 updateWithNewLocation()方法中设置当前位置为给定的经纬度,向 Geocoder 的

getFromLocation 方法传入目标经度和纬度。它会返回一个可能匹配的地址列表。如果对于指定的坐标，Geocoder 不能解析出任何地址，那么它将会返回 null。

```
protected void updateWithNewLocation(Location location) {
    TextView myLocationText= (TextView) findViewById(R.id.myLocationText);
    String latLongString;
    String addressString="No address found";
    if (location!=null) {
        double lat=location.getLatitude();
        double lng=location.getLongitude();
        latLongString="Lat:"+lat+"\nLong:"+lng;
        Geocoder gc=new Geocoder(this,Locale.getDefault());
        try{
            List<Address>addresses=gc.getFromLocation(lat, lng, 1);
            StringBuilder sb=new StringBuilder();
            if(addresses.size()>0){
                Address address=addresses.get(0);
            for(int i=0;i<address.getMaxAddressLineIndex();i++)
                sb.append(address.getAddressLine(i)).append("\n");
                sb.append(address.getLocality()).append("\n");
                sb.append(address.getCountryName());}
              addressString=sb.toString();
          }catch(IOException e){}
        } else {
          latLongString="No Location";}
    myLocationText.setText("Your current Position is:\n"
            +latLongString+"\n"+addressString);
}
```

运行该应用程序，如图 11-4 所示。

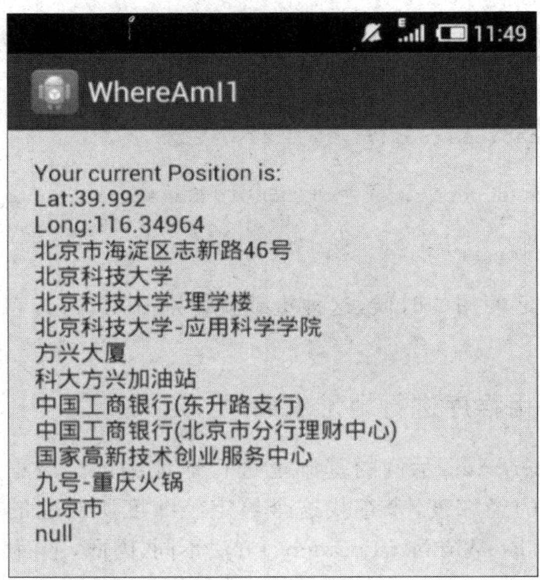

图 11-4 运行程序显示结果

11.7　创建基于地图的活动

MapView 为显示地理数据提供了一个实用的用户界面选项。提供物理位置或者地址的上下文的最直观方式之一就是在地图上显示它。使用 MapView，就可以创建出提供交互式地图的活动。MapView 支持两种注释方法，覆盖和把 Views 绑定在地图的地理位置上。

MapView 为地图显示提供了完全可编程的控件，可以控制缩放、位置和显示模式，包括显示卫星、街道和交通的选项。在下面的部分中，将会看到如何使用覆盖和 MapController 来创建动态的基于地图的活动。与在线混搭不同，地图活动将以本地方式运行在设备上，从而允许利用它的硬件和移动性来提供一个更加定制化和个性化的用户体验。

11.7.1　MapView 和 MapActivity 简介

这一部分内容介绍了支持 Android 地图的几个类：

(1) MapView 就是实际使用的 MapView(控件)。

(2) MapActivity 是用来创建新活动的可以扩展的基类，它可以包含一个 MapView。MapActivity 可以处理应用程序的生命周期以及显示地图所要求的后台服务管理。所以，只能在 MapActivity 派生的活动中使用 MapView。

(3) Overlay 是用来对地图做注释的类。使用覆盖之后，就可以使用一个 Canvas，它可以有任意多的层，而且这些层都可以在 MapView 的上面显示。

(4) MapController 用来控制地图，允许设置中心位置和缩放级别。

(5) MyLocationOverlay 是一个特殊的覆盖，它可以用来显示当前的位置和设备的方向。

(6) ItemizedOverlays 和 OverlayItems 结合在一起使用可以创建一个地图标记层，并使用带文本的图片对其进行显示。

11.7.2　创建一个基于地图的活动

要想在应用程序中使用地图，需要创建一个继承自 MapActivity 的新活动。在这个活动之内，向布局中添加一个 MapView 来显示百度地图界面元素。Android 地图库不是一个标准的包，作为一个可选的 API，在使用它之前必须显式地在应用程序的清单中包含它。因此，通过在清单的 application 节点中添加 uses-library 标签来包含所需要的库，如下面的 XML 代码段所示。

```
<uses-library android:name="com.google.android.maps"/>
```

百度地图会按照需求下载地图块，所以，它隐式地对使用 Internet 的权限做出了要求。要在 MapView 中查看地图块，需要在应用程序清单中的 uses-permission 标签中添加一个 android. permission. INTERNET 的权限，如下代码所示。

```
<uses-permission android:name="android.permission.INTERNET"/>
```

一旦添加了库并配置了权限,那么就可以创建基于地图的新活动了。

MapView 控件只能在 MapActivity 的扩展活动中使用。重写 onCreate 方法来布局包含了 MapView 的屏幕,并重写 isRouteDisplayed,让它在屏幕上显示路径信息(如路线的方向)的时候返回 true。

下面的代码显示了创建一个新的基于地图的活动的框架,具体代码如下:

```
import com.baidu.mapapi.BMapManager;
import com.baidu.mapapi.MKGeneralListener;
import com.baidu.mapapi.map.MKEvent;;
import android.os.Bundle;
public class MyMapActivity extends MapActivity {
    private MapView mapView;
    private MapController mapController;
    @Override
    public void onCreate(Bundle icicle) {
        super.onCreate(icicle);
        setContentView(R.layout.map_layout);
        mapView= (MapView)findViewById(R.id.map_view);
    }
    @Override
    protected boolean isRouteDisplayed() {
        //重要:如果活动显示驾驶方向,这个方法必须返回 true,否则,返回 false
        return false;
    }
}
```

相应的用来保护 MapView 的布局文件如下所示。注意,需要包含地图 apikey,从而在应用程序中使用 MapView。

```
<?xml version="1.0" encoding="utf-8"?>
<LinearLayout
    xmlns:android="http://schemas.android.com/apk/res/android"
    android:orientation="vertical"
    android:layout_width="fill_parent"
    android:layout_height="fill_parent">
    <com.google.android.maps.MapView
        android:id="@+id/map_view"
        android:layout_width="fill_parent"
        android:layout_height="fill_parent"
        android:enabled="true"
        android:clickable="true"
        android:apiKey="mymapapikey"
    />
```

```
</LinearLayout>
```

11.7.3　配置和使用 MapView

MapView 类是一个用来显示实际地图的 View；它包含了多个选项来决定显示地图的方式。

默认情况下，MapView 将会显示标准的街道地图。另外，还可以选择显示卫星视图、StreetView 和预期的交通状况，如下面的代码段所示。

```
mapView.setSatellite(true);
mapView.setStreetView(true);
mapView.setTraffic(true);
```

也可以通过查询 MapView 来查找当前的和最大的可用缩放等级以及中心点和当前可视的纬度和经度范围(用十进制度数表示)。后者(如下所示)对于执行在地理上受限的 Geocoder 查找非常有用：

```
GeoPoint center=mapView.getMapCenter();
int latSpan=mapView.getLatitudeSpan();
int longSpan=mapView.getLongitudeSpan();
```

也可以显示标准的地图缩放控件。下面的代码段显示了如何获得一个对 Zoom Control View 的引用，并把它固定在屏幕的某个位置。Boolean 参数可以在添加控件的时候，为它们分配焦点。

```
int y=10;
int x=10;
MapView.LayoutParams lp;
lp=new MapView.LayoutParams(MapView.LayoutParams.WRAP_CONTENT,
                            MapView.LayoutParams.WRAP_CONTENT,
                            x, y,
                            MapView.LayoutParams.TOP_LEFT);
View zoomControls=mapView.getZoomControls();
mapView.addView(zoomControls, lp);
mapView.displayZoomControls(true);
```

11.7.4　使用 MapController

可以使用 MapController 来移动和缩放 MapView。可以使用 getController 来获得对 MapView 的控制器的引用，如下面的代码所示。

```
MapController mapController=myMapView.getController();
```

在 Android 地图类中，地图的位置表示为 GeoPoint 对象，它们包含了以微度(microdegree)为单位的经度和纬度值(例如，通过乘以 1 000 000 将其转换为度)。

在使用基于位置的服务使用的，存储在 Location 对象中的值之前，需要把它们转换为微度并把它们存储为 GeoPoint，如下面的代码所示。

```
Double lat=37.422006 * 1E6;
Double lng=-122.084095 * 1E6;
GeoPoint point=new GeoPoint(lat.intValue(), lng.intValue());
```

使用 setCenter 和 setZoom 方法可以对 MapView 的中心进行重定位和缩放，以上两个方法在 MapView 的 MapController 中可用，如下面的代码所示。

```
mapController.setCenter(point);
mapController.setZoom(1);
```

当使用 setZoom 的时候，1 表示最宽的(或者最远的)放大，21 表示最小的(或者最近的)视角。

特定位置的实际可用的缩放级别由百度地图的分辨率和那个区域的图片所决定。也可以使用 zoomIn 和 zoomOut 来逐步地改变缩放级别。

setCenter 方法将会“跳”到一个新的位置，为了平滑的过渡，可以使用下面的 animateTo 方法：

```
mapController.animateTo(point);
```

11.8 MyLocationOverlay 简介

MyLocationOverlay 是一个专门设计的类，用来在一个 MapView 中显示当前位置和方向。要使用 MyLocaitonOverlay，需要创建一个新的实例，并给它传入应用程序的上下文和目标 MapView，然后把它添加到 MapView 的覆盖列表，如下所示。

```
List<Overlay> overlays=mapView.getOverlays();
MyLocationOverlay myLocationOverlay=new MyLocationOverlay(this, mapView);
overlays.add(myLocationOverlay);
```

可以使用 MyLocationOverlay 来显示当前位置(表示为闪烁的蓝色标记)和方向(在地图上显示为指南针)。

下面的代码段展示了如何开启指南针和标记。在这个例子中还传入了 MapView 的 MapController，因此，如果标记不在屏幕的范围内，那么它允许覆盖自动地滚动屏幕。

```
myLocationOverlay.enableCompass();
myLocationOverlay.enableMyLocation(mapView.getMapController());
```

11.8.1 ItemizedOverlay 和 OverlayItem 简介

OverlayItem 使用 ItemizedOverlay 类来向 MapView 提供简单的标记功能。可以通过创建自己的覆盖来向地图上绘制标记，但是 ItemizedOverlay 提供了一种快捷的方法，可以把标记图片和相关的文本分配给特定的地理位置。ItemizedOverlay 实例可以处理

每一个 OverlayItem 标记的绘制、放置、单击处理、焦点控制和布局优化。

要向地图中添加一个 ItemizedOverlay 标记层，首先要创建一个扩展了 ItemizedOverlay <OverlayItem>的新类，如下面的框架代码所示。

```
import android.graphics.drawable.Drawable;
import com.baidu.mapapi.BMapManager;
import com.baidu.mapapi.MKGeneralListener;
impor com.baidu.mapapi.map.MKEvent;
public class MyItemizedOverlay extends ItemizedOverlay<OverlayItem>{
    public MyItemizedOverlay(Drawable defaultMarker) {
        super(defaultMarker);
        //创建这一层中包含的每一个 overlay item
        populate();
    }
    @Override
    protected OverlayItem createItem(int index) {
        switch (index) {
          case 1:
                Double lat=37.422006 * 1E6;
                Double lng=-122.084095 * 1E6;
                GeoPoint point=new GeoPoint(lat.intValue(), lng.intValue());
                OverlayItem oi;
                oi=new OverlayItem(point, "Marker", "Marker Text");
          return oi;
        }
        return null;
    }
    @Override
    public int size() {
        //返回集合中的标记的数目
        return 1;
    }
}
```

在实现中，重写 size 来返回要显示的标记的数目，并且重写 createItem 从而在每一个标记索引的基础上创建新的项目。还需要调用类的构造函数中的 populate。这个调用是必需的，它用来触发每一个 OverlayItem 的创建；因此，一旦拥有了要求创建所有项目的数据，那么就必须调用它。

要在地图中添加一个 ItemizedOverlay 实现，需要创建一个新的实例(并传递给它要使用的默认的图片标记)，并把它添加到地图的 Overlay 列表中，如下面的代码所示。

```
List<Overlay>overlays=mapView.getOverlays();
MyItemizedOverlay markrs=new MyItemizedOverlay
            (r.getDrawable(R.drawable.marker));
```

```
overlays.add(markrs);
```

11.8.2 地图上固定 View

可以把任何由 View 派生的对象固定到一个 MapView（包括布局和其他的 ViewGroup）上，既可以把它附加到一个屏幕位置，也可以把它附加到一个地理地图位置。

在第二种（地图位置）情况中，View 将会通过移动来跟随它在地图上被固定的位置，从而可以有效地当作一个交互的地图标记而使用。作为一个对资源更加敏感的方法，它通常被保留为可以提供细节的“气球”，当在混合地图中单击一个标记的时候，经常会通过显示它来提供更多的详细信息。

这两种固定机制都是通过对 MapView 调用 addView 而实现的，addView 通常出现在 MapActivity 的 onCreate 或者 onRestore 方法中。需要给它传递希望固定的 View 以及要使用的布局参数。

传递给 addView 的 MapView. LayoutParams 参数确定了如何将 View 添加到地图上以及将其添加到地图的哪个位置。

要根据屏幕位置添加一个新的 View，需要指定一个新的 MapView. LayoutParams，它包含了用来设置 View 的高度和宽度的参数、x/y 屏幕坐标以及用来确定位置的对齐方式，如下所示。

```
int y=10;
int x=10;
MapView.LayoutParams screenLP;
screenLP=new MapView.LayoutParams(MapView.LayoutParams.WRAP_CONTENT,
        MapView.LayoutParams.WRAP_CONTENT,
        x, y, MapView.LayoutParams.TOP_LEFT);
EditText editText1=new EditText(getApplicationContext());
editText1.setText("Screen Pinned");
mapView.addView(editText1, screenLP);
```

要根据一个物理地图位置来固定一个 View，需要在构建新的 MapView. LayoutParams 的时候传递 4 个参数，分别用来表示高度、宽度、要固定的 GeoPoint 和布局对齐方式。

```
Double lat=37.422134*1E6;
Double lng=-122.084069*1E6;
GeoPoint geoPoint=new GeoPoint(lat.intValue(), lng.intValue());
MapView.LayoutParams geoLP;
geoLP=new MapView.LayoutParams(MapView.LayoutParams.WRAP_CONTENT,
                                MapView.LayoutParams.WRAP_CONTENT,
                                geoPoint,
                                MapView.LayoutParams.TOP_LEFT);
EditText editText2=new EditText(getApplicationContext());
editText2.setText("Location Pinned");
```

```
mapView.addView(editText2, geoLP);
```

移动地图的时候第一个 TextView 将留在左上角不动，而第二个 TextView 将会通过移动，从而保持在地图上特定的位置不变。

要从一个 MapView 中移除一个 View，可以调用 RemoveView，并给它传递希望移除的 View 实例，如下所示。

```
mapView.removeView(editText2);
```

11.8.3　创建一个基于地图的程序并显示当前位置

下面用一个例子来显示出百度地图，并且给地图添加一个图层（ItemizedOverlay），该图层上有五个标记项（OverlayItem），每个标记项上都标注有相应的图标、文本信息，并且能够响应单击事件（onTap）。

（1）首先打开 test4 项目中的 OverlayDemo 活动，在下面的代码中演示覆盖物的用法，其中 MapView 是地图主控件，用 MapController 完成地图控制，核心代码如下：

```
public class OverlayDemo extends Activity {
  public void onCreate(Bundle savedInstanceState) {
      super.onCreate(savedInstanceState);
        DemoApplication app= (DemoApplication)this.getApplication();
        if (app.mBMapManager==null) {
            app.mBMapManager=new BMapManager(this);
            app.mBMapManager.init(DemoApplication.strKey,
                    new DemoApplication.MyGeneralListener());}
        setContentView(R.layout.activity_overlay);
        mMapView= (MapView)findViewById(R.id.bmapView);
        mMapController=mMapView.getController();
        mMapController.enableClick(true);
        mMapController.setZoom(14);
        mMapView.setBuiltInZoomControls(true);
        initOverlay();
        GeoPoint p=new GeoPoint((int)(mLat5 * 1E6), (int)(mLon5* 1E6));
        mMapController.setCenter(p); }
```

（2）设置覆盖图标，如不设置，则使用创建 ItemizedOverlay 时的默认图标，核心代码如下：

```
public void initOverlay(){
    mOverlay=new MyOverlay(getResources().getDrawable(R.drawable.icon_
            marka),mMapView);
    GeoPoint p1=new GeoPoint ((int)(mLat1*1E6),(int)(mLon1*1E6));
    OverlayItem item1=new OverlayItem(p1,"覆盖物 1","");
    item1.setMarker(getResources().getDrawable(R.drawable.icon_marka));
```

```
        GeoPoint p2=new GeoPoint ((int)(mLat2 * 1E6),(int)(mLon2 * 1E6));
        OverlayItem item2=new OverlayItem(p2,"覆盖物 2","");
        item2.setMarker(getResources().getDrawable(R.drawable.icon_markb));
        mOverlay.addItem(item1);
        mOverlay.addItem(item2);
        mItems=new ArrayList<OverlayItem>();
        mItems.addAll(mOverlay.getAllItem());
        mMapView.getOverlays().add(mOverlay);
        mMapView.refresh();
        viewCache=getLayoutInflater().inflate(R.layout.custom_text_view,null);
        popupInfo=(View) viewCache.findViewById(R.id.popinfo);
        popupLeft=(View) viewCache.findViewById(R.id.popleft);
        popupRight=(View) viewCache.findViewById(R.id.popright);
        popupText=(TextView) viewCache.findViewById(R.id.textcache);
        button=new Button(this);
        button.setBackgroundResource(R.drawable.popup);
    }
```

(3) 设置地图是否响应单击事件,设置地图缩放级别以及显示内置缩放控件。核心代码如下:

```
public class MyOverlay extends ItemizedOverlay{
    public MyOverlay(Drawable defaultMarker, MapView mapView) {
        super(defaultMarker, mapView); }
    @Override
    public boolean onTap(int index){
        OverlayItem item=getItem(index);
        mCurItem=item;
        if (index==4){
            button.setText("这是一个系统控件");
            GeoPoint pt=new GeoPoint ((int)(mLat5 * 1E6),(int)(mLon5 * 1E6));
            layoutParam=new MapView.LayoutParams(
                        MapView.LayoutParams.WRAP_CONTENT,
                        MapView.LayoutParams.WRAP_CONTENT,pt,0,-32,
                        MapView.LayoutParams.BOTTOM_CENTER);
            mMapView.addView(button,layoutParam); }
            else{
                popupText.setText(getItem(index).getTitle());
                Bitmap[] bitMaps={
                    BMapUtil.getBitmapFromView(popupLeft),
                    BMapUtil.getBitmapFromView(popupInfo),
                    BMapUtil.getBitmapFromView(popupRight),};
                pop.showPopup(bitMaps,item.getPoint(),32);
```

```
            }
        return true;
}
```

(4) 为了给用户提供更安全的服务，Android SDK 自 2.1.3 版本开始采用了全新的 Key 验证体系。需要到新的 Key 申请页面进行全新 Key 的申请。具体代码如下：

```
public class DemoApplication extends Application {
    private static DemoApplication mInstance=null;
    public boolean m_bKeyRight=true;
    BMapManager mBMapManager=null;
    public static final String strKey="请输入 Key";
    @Override
    public void onCreate() {
            super.onCreate();
            mInstance=this;
            initEngineManager(this); }
    public void initEngineManager(Context context) {
        if (mBMapManager==null) {
              mBMapManager=new BMapManager(context); }
                if (!mBMapManager.init(strKey,new MyGeneralListener())) {
                  Toast.makeText(DemoApplication.getInstance()
                                .getApplicationContext(),
                              "BMapManager  初始化错误!",
                                Toast.LENGTH_LONG).show();}
    }
}
```

(5) 从视图处得到图片进行加载，具体代码如下。

```
public static Bitmap getBitmapFromView(View view) {
    view.destroyDrawingCache();
    view.measure(View.MeasureSpec.makeMeasureSpec(0,
                    View.MeasureSpec.UNSPECIFIED),
                    View.MeasureSpec.makeMeasureSpec(0,
                    View.MeasureSpec.UNSPECIFIED));
    view.layout(0, 0, view.getMeasuredWidth(), view.getMeasuredHeight());
    view.setDrawingCacheEnabled(true);
    Bitmap bitmap=view.getDrawingCache(true);
    return bitmap;
}
```

(6) 运行结果如图 11-5 所示。

基于位置的服务、Geocoder 和 MapView 都可以用来创建直观的、能够对位置进行感知的程序从而来向用户提供地理信息。

图 11-5 运行程序显示结果

本章介绍了基于位置的服务、Geocoder 和 MapView，可以用来创建直观的、能够对位置进行感知的程序，从而向用户提供地理信息，并展示了如何执行前向和反向地理编码，于是使用户可以在地图坐标和街道地址之间进行转换。然后还介绍了基于位置的服务，它可以用来确定设备当前的地理位置，同时还可以用它们追踪运动和创建邻近提醒。

本章小结

通过本章学习，应清楚地理解 Android 地图和基于位置服务的编程技术，学会使用 TestProvider 构建模拟器，学会选择一个 LocationProvider，熟悉使用地理编码技术，灵活掌握创建基于地图的活动等。

习　　题

1. 简述提供位置服务的方法。
2. 查询资料简述申请地图密钥的步骤。
3. 查询资料简述 google. android. maps 的包中包含了哪些用于在 GoogleMap 上显示、控制层叠的功能类以及每个类的功能。

第 12 章 Android 手机基本功能编程

12.1 发送短信和接收短信

在 Android 开发中经常要用到短信的发送和短信的接收,调用 Android 提供的 API 实现起来很简单。

(1) 创建一个 Android 项目。

(2) 设计一个主 Activity 作为发短信的操作界面,界面布局的文件内容的核心代码如下:

```
<?xml version="1.0" encoding="utf-8"?>
<LinearLayout xmlns:android="http://schemas.android.com/apk/res/android"
    android:orientation="vertical"
    android:layout_width="fill_parent"
    android:layout_height="fill_parent"
    android:padding="10sp" >
<TextView
    android:layout_width="fill_parent"
    android:layout_height="wrap_content"
    android:text="@string/mobile_label"/>
<EditText
    android:layout_width="fill_parent"
    android:layout_height="wrap_content"
    android:id="@+id/txt_from"
    android:hint="请输入电话号码"/>
<TextView
    android:layout_width="fill_parent"
    android:layout_height="wrap_content"
        android:text="@string/content_label"/>
<EditText
    android:layout_width="fill_parent"
    android:layout_height="wrap_content"
    android:id="@+id/txt_content"
    android:hint="请输入短信内容"
    android:lines="3"/>
<TextView android:layout_width="fill_parent"
```

```
    android:layout_height="wrap_content"></TextView>
<Button
    android:text="发送短信"
    android:layout_width="fill_parent"
    android:layout_height="wrap_content"
    android:gravity="center"
    android:id="@+id/btnSend"
    android:paddingTop="20sp"/>
</LinearLayout>
```

(3) 创建一个 Java 类文件，导入以下包：

```
import java.util.regex.Matcher;
import java.util.regex.Pattern;
import android.app.Activity;
import android.os.Bundle;
import android.telephony.gsm.SmsManager;
import android.view.Menu;
import android.view.View;
import android.view.View.OnClickListener;
import android.widget.Button;
import android.widget.EditText;
import android.widget.Toast;
```

(4) 重写 onCreate 方法的核心代码如下：

```
protected void onCreate(Bundle savedInstanceState) {
    super.onCreate(savedInstanceState);
    setContentView(R.layout.activity_main);
    txtFrom=(EditText)this.findViewById(R.id.txt_from);
    txtContent=(EditText)this.findViewById(R.id.txt_content);
    btnSend=(Button)this.findViewById(R.id.btnSend);
    btnSend.setOnClickListener(new OnClickListener() {
    public void onClick(View v) {
        if(!validate())
            return;
        SmsManager.getDefault().sendTextMessage(txtFrom.getText()
                .toString().trim(),null,txtContent.getText()
                .toString(),null,null);
        txtFrom.setText("");
        txtContent.setText("");
        Toast toast=Toast.makeText(MainActivity.this,
                    "短信发送成功!",Toast.LENGTH_LONG);
        toast.show();}
    });
}
```

相关的辅助方法有手机的合法性验证以及短信内容不可为空，核心代码如下：

```
private boolean validate(){
    String mobile=txtFrom.getText().toString().trim();
    String content=txtContent.getText().toString();
    if(mobile.equals("")){
        Toast toast=Toast.makeText(this, "手机号码不能为空!",
                        Toast.LENGTH_LONG);
        toast.show();
        return false;}
        else if(!checkMobile(mobile)){
            Toast toast=Toast.makeText(this, "您输入的电话号码不正确! ",
                                Toast.LENGTH_LONG);
            toast.show();
            return false; }
        else if(content.equals("")){
            Toast toast=Toast.makeText(this, "短信内容不能为空请重新输入!",
                            Toast.LENGTH_LONG);
            toast.show();
            return false; }
        else{ return true; }}
    public boolean checkMobile(String mobile){
        String regex="^1(3[0-9]|5[012356789]|8[0789])\\d{8}$ ";
        Pattern p=  Pattern.compile(regex);
        Matcher m=  p.matcher(mobile);
        return m.find(); }
        @Override
        public boolean onCreateOptionsMenu(Menu menu) {
        getMenuInflater().inflate(R.menu.main, menu);
        return true;
}
```

经过上面的几个步骤，发短信的功能基本就完成了，但是现在运行程序是无法工作的，主要是配置文件 AndroidManifest. xml 中的权限没有配置，要发送短信就要配置发送短信的权限，这样 Android 才会发送信息，否则发不出去信息。同样，接收信息也需要有相应的接收短信的权限，在后面还要做接收短信的内容，所以在这里顺便将接收和发送短信的权限都配置好，配置代码如下：

```
<uses-permission android:name="android.permission.SEND_SMS"/>
<uses-permission android:name="android.permission.RECEIVE_SMS"/>
```

可以看出来第一行是发送短信的权限，第二行是接收短信的权限运行程序，填写正确的手机号和短信内容单击发送就可以将短信内容发送到相应的手机号上。

(5) 接收短信，接收短信稍有点复杂，首先创建一个接收短信的 Java 类文件 ReceiverDemo. java 并继承 BroadcastReceiver。

(6) 重写下面的方法：

```
public void onReceive(Context context, Intent intent)
```

重写内容的核心代码如下：

```
public class ReceiverDemo extends BroadcastReceiver {
    private static final String strRes=
                        "android.provider.Telephony.SMS_RECEIVED";
    @Override
    public void onReceive(Context context, Intent intent) {
        if (intent.getAction().equals(strRes)) {
            StringBuilder sb=new StringBuilder();
            Bundle bundle=intent.getExtras();
            if (bundle!=null) {
              Object[] pdus=(Object[]) bundle.get("pdus");
              SmsMessage[] msg=new SmsMessage[pdus.length];
              for (int i=0; i<pdus.length; i++) {
                      msg[i]=SmsMessage.createFromPdu((byte[]) pdus[i]); }
                for (SmsMessage currMsg : msg) {
                    sb.append("您收到了来自:【");
                    sb.append(currMsg.getDisplayOriginatingAddress());
                      sb.append("】\n 的信息,内容:");
                    sb.append(currMsg.getDisplayMessageBody());}
            Toast toast=Toast.makeText(context, "收到了短消息: "
                            +sb.toString(),Toast.LENGTH_LONG);
    toast.show(); }} }
}
```

注意：第 7 行代码用于判断当前监听的是否是接收短信这个事件，如果是则进行下面的处理，否则不做处理。第 12～22 行解析出发信人的号码和短信内容并组成一个可读的字符串。第 22 和 23 行将上面组成的字符串显示给用户。

(7) 在 AndroidManifest.xml 中配置一个 Receiver，核心代码如下：

```
<receiver android:name=".ReceiverDemo" android:enabled="true">
    <intent-filter>
        <action android:name="android.provider.Telephony.SMS_RECEIVED" />
    </intent-filter>
</receiver>
```

(8) 程序运行结果，如图 12-1 所示。

经过以上几个步骤就可以实现短信的发送和接收了，现在生成并安装到手机上就可以发送短信了。当手机有短信接收的时候会自动弹出来一个提示的字符串给用户。当然也可以修改上面收短信的代码，在 onReceiver 里实现一些很有意思的功能，比方说收到短信的时候播放一首自己喜欢的歌，或者在这里实现当收到短信后马上转发给一个指定的号码。

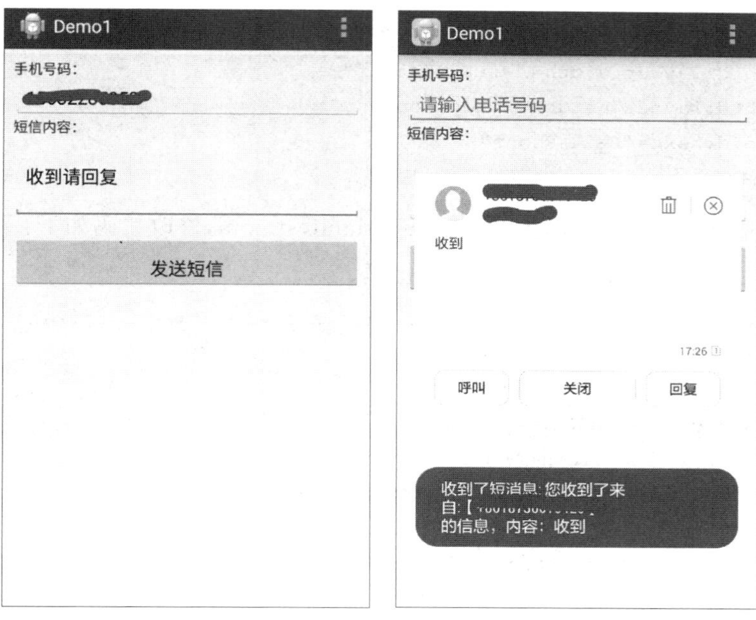

图 12-1　收发短信的操作界面

12.2　电 话 控 制

12.2.1　拨打电话

手机能拨打电话是其最重要也是最常用的一个功能。而在 Android 里是怎么样实现拨打电话的程序呢？这里给出简单的拨打电话的演示程序，一共可分为 5 个步骤。

(1) 新建一个 Android 工程，命名为 phoneCallDemo。

(2) 设计程序的界面，打开 main.xml，核心代码如下：

```
<?xml version="1.0" encoding="utf-8"?>
<LinearLayout xmlns:android="http://schemas.android.com/apk/res/android"
android:orientation="vertical"
    android:layout_width="fill_parent"
    android:layout_height="fill_parent" >
<TextView
    android:layout_width="fill_parent"
    android:layout_height="wrap_content"
    android:text="Please input the phoneNumer:" />
<EditText
android:id="@+id/et1"
    android:layout_width="fill_parent"
    android:layout_height="wrap_content"
```

```
    android:phoneNumber="true"/>
<Button
    android:id="@+id/bt1"
    android:layout_width="wrap_content"
    android:layout_height="wrap_content"
    android:text="Call Phone"/>
</LinearLayout>
```

(3) 增加拨打电话的权限，打开 AndroidManifest. xml，修改代码如下：

```
<?xml version="1.0" encoding="utf-8"?>
<manifest xmlns:android="http://schemas.android.com/apk/res/android"
      package="com.android.test"
      android:versionCode="1"
      android:versionName="1.0">
<application android:icon="@drawable/icon" android:label="@string/app_name">
        <activity android:name=".PhoneCallDemo"
                android:label="@string/app_name">
            <intent-filter>
                <action android:name="android.intent.action.MAIN" />
                <category android:name="android.intent.category.LAUNCHER" />
            </intent-filter>
        </activity>
    </application>
    <uses-sdk android:minSdkVersion="3" />
<uses-permission android:name="android.permission.CALL_PHONE">
</uses-permission>
</manifest>
```

(4) 主程序 phoneCallDemo. java 代码如下：

```
import android.app.Activity;
import android.content.Intent;
import android.net.Uri;
import android.os.Bundle;
import android.view.View;
import android.widget.Button;
import android.widget.EditText;
import android.widget.Toast;
public class PhoneCallDemo extends Activity {
private Button bt;
private EditText et;
    public void onCreate(Bundle savedInstanceState) {
        super.onCreate(savedInstanceState);
        setContentView(R.layout.main);
        bt=(Button)findViewById(R.id.bt1);
```

```
        et=(EditText)findViewById(R.id.et1);
        bt.setOnClickListener(new Button.OnClickListener(){
    @Override
    public void onClick(View v) {
    String inputStr=et.getText().toString();
        if(inputStr.trim().length()!=0) {
    Intent phoneIntent=new Intent("android.intent.action.CALL",
        Uri.parse("tel:"+inputStr));
        startActivity(phoneIntent); }
    else{
    Toast.makeText(PhoneCallDemo.this, "不能输入为空",
        Toast.LENGTH_LONG).show();}}});}}
```

(5) 运行结果如图 12-2 所示。

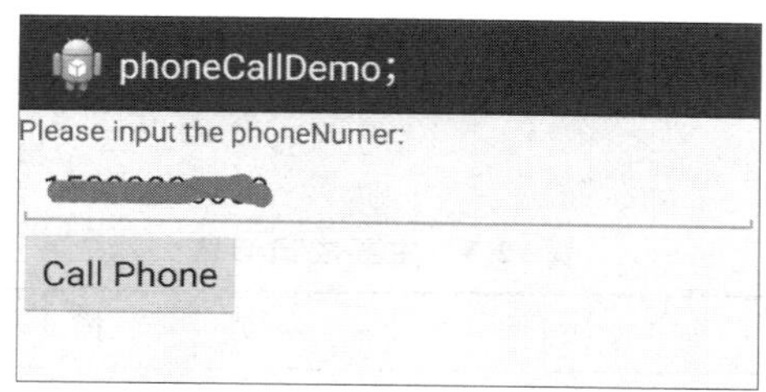

图 12-2　拨打电话的操作界面

12.2.2　监听电话的状态

实现手机电话状态的监听，主要依靠两个类 TelephoneManger 和 PhoneStateListener。TelephonseManger 提供了取得手机基本服务的信息的一种方式。因此应用程序可以使用 TelephonyManager 来探测手机基本服务的情况。应用程序可以注册 listener 来监听电话状态的改变。不能对 TelephonyManager 进行实例化，只能通过获取服务的形式：Context. getSystemService(Context. T ELEPHONY_SERVICE)；

注意：对手机的某些信息进行读取是需要一定许可(permission)的。

主要静态成员常量如表 12-1 所示。

表 12-1　主要静态成员常量

静态成员常量	描　　述
int CALL_STATE_IDLE	空闲状态，没有任何活动
int CALL_STATE_OFFHOOK	摘机状态，至少有个电话活动。该活动或是拨打(dialing)或是通话，或是 on hold。并且没有电话是 ringing or waiting
int CALL_STATE_RINGING	来电状态，电话铃声响起的那段时间或正在通话又来新电，新来电话不得不等待的那段时间

手机通话状态在广播中的对应值，如表 12-2 所示。

表 12-2　手机通话状态在广播中的对应值

对　应　值	描　　述
EXTRA_STATE_IDLE	它在手机通话状态改变的广播中，用于表示 CALL_STATE_IDLE 状态
EXTRA_STATE_OFFHOOK	它在手机通话状态改变的广播中，用于表示 CALL_STATE_OFFHOOK 状态
EXTRA_STATE_RINGING	它在手机通话状态改变的广播中，用于表示 CALL_STATE_RINGING 状态
ACTION_PHONE_STATE_CHANGED	在广播中用 ACTION_PHONE_STATE_CHANGED 这个 Action 来标示通话状态改变的广播(intent)

注意：需要许可 READ_PHONE_STATE 。String EXTRA_INCOMING_NUMBER 在手机通话状态改变的广播，用于从 extra 获取来电号码。String EXTRA_STATE 在通话状态改变的广播，用于从 extra 获取通话状态。

主要成员函数如表 12-3 所示。

表 12-3　主要成员函数

成 员 函 数	描　　述
public int getCallState()	取得手机的通话状态
public CellLocation getCellLocation ()	返回手机当前所处的位置。如果当前定位服务不可用，则返回 null
public int getDataActivity ()	返回当前数据连接活动状态的情况
public int getDataState ()	返回当前数据连接状态的情况
public String getDeviceId ()	返回手机的设备 ID。比如对于 GSM 的手机来说是 IMEI 码，对于 CDMA 的手机来说 MEID 码或 ESN 码。如果读取失败，则返回 null

Android 在电话状态改变是会发送 action 为 android. intent. action. PH ONE_STATE 的广播，而拨打电话时会发送 action 为 android. intent. action. NE W_OUTGOING_CALL 的广播，但是看了下开发文档，暂时没发现有来电时的广播。通过自定义广播接收器，接收上述两个广播便可。核心代码如下：

```
import android.app.Service;
import android.content.BroadcastReceiver;
import android.content.Context;
import android.content.Intent;
import android.telephony.PhoneStateListener;
import android.telephony.TelephonyManager;
import android.util.Log;
public class PhoneReceiver extends BroadcastReceiver {
```

```
private static final String TAG="Calculator";
@Override
  public void onReceive(Context context, Intent intent) {
  System.out.println("action"+intent.getAction());
  if(intent.getAction().equals(Intent.ACTION_NEW_OUTGOING_CALL)){
    String phoneNumber=intent.getStringExtra(Intent.EXTRA_PHONE_NUMBER);
    Log.d(TAG, "call OUT:"+phoneNumber);
  }else{
        TelephonyManagertm=(TelephonyManager)context.getSystemService
                                (Service.TELEPHONY_SERVICE);
        tm.listen(listener, PhoneStateListener.LISTEN_CALL_STATE);} }
PhoneStateListener listener=new PhoneStateListener(){
  @Override
  public void onCallStateChanged(int state, String incomingNumber) {
  super.onCallStateChanged(state, incomingNumber);
  switch(state){
  case TelephonyManager.CALL_STATE_IDLE:
       System.out.println("挂断");
  break;
  case TelephonyManager.CALL_STATE_OFFHOOK:
    System.out.println("接听");
  break;
  case TelephonyManager.CALL_STATE_RINGING:
  System.out.println("响铃:来电号码"+incomingNumber);
  break;} } };}
```

要在 AndroidManifest. xml 注册广播接收器，代码如下：

```
<receiver android:name=".PhoneReceiver">
   <intent-filter>
        <action android:name="android.intent.action.PHONE_STATE"/>
        <action android:name="android.intent.action.NEW_OUTGOING_CALL" />
</intent-filter></receiver>
<receiver android:name=".PhoneReceiver"><intent-filter><action android:
name="android.intent.action.PHONE_STATE"/><action android:name="android.
intent.action.NEW_OUTGOING_CALL" /></intent-filter></receiver>
```

还要添加权限，代码如下：

```
<uses-permission android:name="android.permission.READ_PHONE_STATE"></uses
-permission>
<uses-permission android:name="android.permission.PROCESS_OUTGOING_CALLS">
</uses-permission>
```

运行结果如图 12-3 所示。

```
actionandroid.intent.action.PHONE_STATE
响铃:来电号码1
actionandroid.intent.action.PHONE_STATE
响铃:来电号码1
挂断
挂断
actionandroid.intent.action.PHONE_STATE
挂断
actionandroid.intent.action.PHONE_STATE
挂断
```

图 12-3 监听电话状态

12.3 E-mail 功能的开发

通过自定义 Intent,使用 Android. content. Intent. ACTION_SEND 的参数来实现通过手机发送 E-mail 的服务。实际上,收发 E-mail 的过程是通过 Android 内置的 Gmail 程序,而非使用 SMTP 协议主要过程是通过创建一个自定义的 Intent(Android. content. Intent. ACTION_SEND)作为传送 E-mail 的 Activity。代码如下:

```
Intent mEmailIntent=new Intent(android.content.Intent.ACTION_SEND);
mEmailIntent.setType("plain/text");
mEmailIntent.putExtra(android.content.Intent.EXTRA_EMAIL, strEmailReciver);
mEmailIntent.putExtra(android.content.Intent.EXTRA_CC, strEmailCc);
mEmailIntent.putExtra(android.content.Intent.EXTRA_SUBJECT, strEmailSubject);
mEmailIntent.putExtra(android.content.Intent.EXTRA_TEXT, strEmailBody);
startActivity(Intent.createChooser(mEmailIntent, getResources().getString
        (R.string.str_message)));
```

Android 中发送 E-mail 有很多种写法。

方法一:

```
Uri uri=Uri.parse("mailto : xxx@gmail.com");
Intent intent=new Intent(Intent.ACTION_SENDTO,uri);
```

方法二:

```
Intent intent=new Intent(Intent.ACTION_SEND);
String[] tos={"me@abc.com"};
String[] ccs={"you@abc.com"};
intent.putExtra(Intent.EXTRA_EMAIL,tos);
intent.putExtra(Intent.EXTRA_CC,ccs);
intent.putExtra(Intent.EXTRA_TEXT,"The email body text");
intent.putExtra(Intent.EXTRA_SUBJECT,"The email subject text");
intent.setType("message/rfc822");
startActivity(Intent.createChooser(intent,"Your Client"));
```

12.4 手机特有功能开发

12.4.1 系统设置更改特性

在 Android 系统中，有一些设置的变化会影响到应用程序的执行，如屏幕的朝向或导航方式发生变化等。这些系统设置信息都封装到了 Configuration 类中，因此在开发应用程序时，可通过回调方法来响应系统设置更改的事件。

1. Configuration 类简介

Configuration 类位于 android. content. res 包中，其中包含的系统设置主要有如下几个方面。

(1) orientation：手机屏幕的朝向，可取的值有 ORIENTATION_LANDSCAPE 、ORIENTATION_PORTRAIT 和 ORIENTATION_SQUARE。

(2) keyboard：设备使用的键盘，可取的值有 KEYBOARD_NOKEYS 、KEYBOARD_QWERTY 和 KEYBOARD_12KEY。

(3) navigation：设备使用的导航方式，可取的值有 NAVIGATION_NONAV 、NAVIGATION_DPAD、NAVIGATION_TRACKBALL 和 NAVIGATION_WHEEL。

(4) touchscreen：设备使用的触屏模式，可取的值有 TOUCHSCREEN_NOTOUCH、TOUCHSCREEN_STYLUS 和 TOUCHSCREEN_FINGER。

如果期望在代码中响应系统设置的变化，可以通过重写 Activity 类的 onConfigurationChanged 方法来实现。当 Activity 正在运行时，如果系统设置发生了变化，会调用该方法。

需要注意的是，如果想在系统设置发生变化时调用 onConfigurationChanged 方法，必须在 AndroidManifest. xml 文件中声明 Activity 希望处理的设置类型，如 orientation、keyboard 等。否则某个 Activity 未声明的系统设置发生变化时，Android 会自动重启该 Activity。

2. 响应 Configuration 的变化

前面章节对 Configuration 类进行了简单的介绍，本节将会通过一个案例来说明如何响应系统设置的变化。该案例处理系统屏幕朝向的改变，开发步骤如下。

(1) 在 Eclipse 中新建一个项目 Sample_12_1，首先打开 res/values 目录下的 strings. xml，在< resources>和</ resources>标记之间插入如下代码。

```
<string name="btn">单击更改屏幕朝向</string><!--声明名为 btn 的字符串-->
<string name="et">显示当前屏幕朝向</string><!--声明名为 et 的字符串-->
```

说明：上述代码声明的字符串资源将分别作为 Button 和 EditText 控件显示的内容。

(2) 打开项目 res/layout 目录下的 main. xml 文件，将其中已有代码替换为如下代码：

```
<?xml version="1.0" encoding="utf-8"?>
<LinearLayout xmlns:android="http://schemas.android.com/apk/res/android"
```

```
    android:orientation="vertical"
    android:layout_width="fill_parent"
    android:layout_height="fill_parent">
<Button
    android:id="@+id/btn"
    android:layout_width="fill_parent"
    android:layout_height="wrap_content"
    android:text="@string/btn"/>
<EditText
    android:id="@+id/et"
    android:layout_width="fill_parent" android:layout_height="wrap_content"
    android:cursorVisible="false" android:hint="@string/et"/>
</LinearLayout>
```

第 2～5 行声明了一个垂直分布的线性布局，该布局中包括一个 Button 和一个 EditText 控件。

第 6～10 行声明了一个 Button 控件，程序运行时单击该按钮将会改变手机屏幕的朝向。

第 11～15 行声明了一个 EditText 控件，程序运行时该控件负责显示系统当前的屏幕朝向。

(3) 打开项目 src/com.exam.Sample_12_1 目录下 Sample_12_1.java，在其中输入如下代码：

```
import android.app.Activity;
import android.content.pm.ActivityInfo;
import android.content.res.Configuration;
import android.os.Bundle;
import android.view.View;
import android.widget.Button;
import android.widget.EditText;
import android.widget.Toast;
public class Sample_12_1 extends Activity {
  EditText et;
  @Override
  public void onCreate(Bundle savedInstanceState) {
      super.onCreate(savedInstanceState);
      setContentView(R.layout.activity_main);
      Button btn=(Button)findViewById(R.id.btn);
      et=(EditText)findViewById(R.id.et);
      btn.setOnClickListener(new View.OnClickListener() {
          @Override
          public void onClick(View v) {
              if(Sample_12_1.this.getRequestedOrientation()==-1){
                 Toast.makeText(Sample_12_1.this, "系统的屏幕方无法获取!!",
```

```
                    Toast.LENGTH_LONG).show();}
            else{
              if(Sample_12_1.this.getRequestedOrientation()==ActivityInfo.
                    SCREEN_ORIENTATION_LANDSCAPE){
                    Sample_12_1.this.setRequestedOrientation(ActivityInfo.
                    SCREEN_ORIENTATION_PORTRAIT);                    }
              else if(Sample_12_1.this.getRequestedOrientation()==
              ActivityInfo.SCREEN_ORIENTATION_PORTRAIT){
                    Sample_12_1.this.setRequestedOrientation(ActivityInfo.
                    SCREEN_ORIENTATION_LANDSCAPE);}}} });}
    @Override
    public void onConfigurationChanged(Configuration newConfig) {
        Toast.makeText(this, "系统的屏幕方向发生改变", Toast.LENGTH_LONG).
             show();
        updateEditText();
        super.onConfigurationChanged(newConfig);}
    public void updateEditText(){
        int o=getRequestedOrientation();
        switch(o){
        case ActivityInfo.SCREEN_ORIENTATION_PORTRAIT:
            et.setText("当前屏幕朝向为:PORTRAIT");
            break;
        case ActivityInfo.SCREEN_ORIENTATION_LANDSCAPE:
            et.setText("当前屏幕朝向为:LANDSCAPE");
            break;
        }}}
```

第13～31行为按钮添加了OnClickListener监听器，第15～30行为onClick方法的代码，该方法中首先获取屏幕当前的朝向，如果是PORTRAIT（竖屏），则改为LANDSCAPE（横屏）。

第34～38行为重写的onConfigurationChanged方法，该方法并没有进行复杂的操作，而只是向用户提示屏幕朝向发生了变化，未来可以在该方法中开发具体的业务代码。

第39～49行为updateEditText方法，该方法的主要功能是获取屏幕的朝向并输出到EditText控件中。

(4) 完成了Activity部分的开发之后，还需要在AndroidManifest.xml文件中声明程序可以处理的系统设置的改变。打开项目的AndroidManifest.xml，将对Activity的声明代码替换为如下代码：

```
<activity android:name=".Sample_12_1"
    android:label="@string/app_name"
    android:screenOrientation="portrait"
    android:configChanges="orientation">
    <intent-filter>
```

```
        <action android:name="android.intent.action.MAIN" />
        <category android:name="android.intent.category.LAUNCHER" />
    </intent-filter>
</activity>
```

第 3 行设置了 Activity 的初始屏幕朝向为竖屏，第 4 行声明了 Activity 可以处理的系统设置变化为 orientation，如果需要声明多个系统设置，需用“|”隔开。

(5) 除了声明 Activity 可以处理的系统设置变化，还需要声明应用程序更改系统设置的权限，在 AndroidManifest.xml 中的</manifest>标记之前加入如下代码：

```
<uses-permission android:name="android.permission.CHANGE_CONFIGURATION" />
```

(6) 完成了上述步骤的开发之后，可以运行本案例，看看程序运行效果。运行结果如图 12-4 所示。

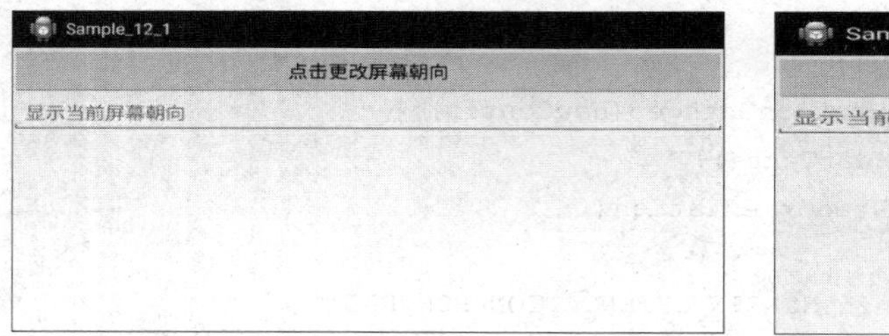

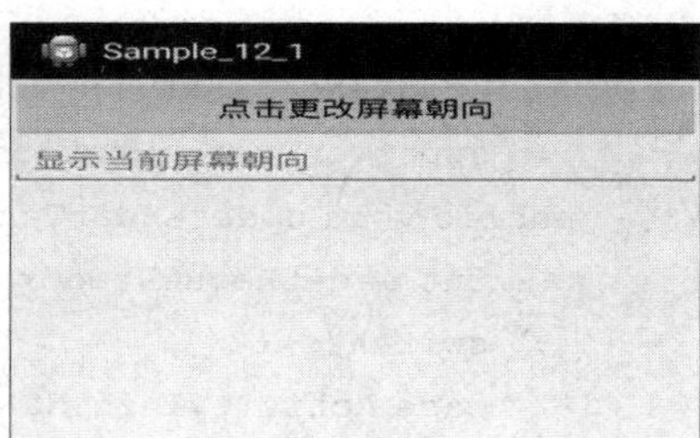

图 12-4 更改屏幕朝向的操作界面

12.4.2 振动设置

手机振动不仅可以作为来电的提醒，在应用程序中恰当地使用振动还可以收到更好的效果，如在游戏中玩家失败一次，就振动一次。在 Android 平台下不仅可以启动手机振动，还可以设置振动的周期、持续时间等详细参数。要想让手机启动振动，需要创建 Vibrator 对象。Vibrator 对象中常用的方法如表 12-4 所示。

表 12-4 Vibrator 对象中常用的方法

方法名称	参数说明	方法说明
vibrate(long[] pattern, int repeat)	pattern：该数组中第一个元素是等待多长的时间才启动振动，之后将会是开启和关闭振动的持续时间，单位为毫秒。repeat：重复振动时在 pattern 中的索引，如果设置为－1 则表示不重复振动	根据指定的模式进行振动
vibrate(long milliseconds)	milliseconds：振动持续的时间	启动振动，并持续指定的时间
cancel()	—	关闭振动

下面通过一个案例来说明如何在代码中获得 Vibrator 对象并调用指定的方法开启振动，开发步骤如下：

(1) 在 Eclipse 中新建一个项目 Sample_12_3，首先打开项目 res/values 目录下的 strings.xml，在<resources>和</resources>标记之间插入如下代码：

```
<string name="vibrateOn">振动已启动</string>
<string name="vibrateOff">振动已关闭</string>
<string name="vibrate">启动振动</string>
<string name="cancel">关闭振动</string>
```

说明：上述代码声明的字符串资源分别作为 TextView 控件和 ToggleButton 控件显示的内容。

(2) 打开项目 res/layout 目录下的 main.xml，将其中已有的代码替换为如下代码：

```
<?xml version="1.0" encoding="utf-8"?>
<LinearLayout xmlns:android="http://schemas.android.com/apk/res/android"
    android:orientation="vertical"
    android:layout_width="fill_parent"
    android:layout_height="fill_parent">
    <LinearLayout
        android:orientation="horizontal"
        android:layout_width="fill_parent"
        android:layout_height="wrap_content">
    <ToggleButton
        android:id="@+id/tb1"
        android:textOn="@string/cancel" android:textOff="@string/vibrate"
        android:checked="false"
        android:layout_width="wrap_content"
        android:layout_height="wrap_content"/>
    <TextView
        android:id="@+id/tv1"
        android:text="@string/vibrateOff"
        android:layout_width="wrap_content"
        android:layout_height="wrap_ content" />
    </LinearLayout>
    <LinearLayout
        android:orientation="horizontal"
        android:layout_width="fill_parent"
        android:layout_height="wrap_content">
        <ToggleButton
            android:id="@+id/tb2"
            android:textOn="@string/cancel"
        android:textOff="@string/vibrate"
            android:checked="false"
            android:layout_width="wrap_content"
        android:layout_height="wrap_content" />
        <TextView
```

```
        android:id="@+id/tv2" android:text="@string/vibrateOff"
        android:layout_width="wrap_content"
        android:layout_height="wrap_content" />
    </LinearLayout></LinearLayout>
```

第 2～5 行声明了一个垂直分布的线性布局，该线性布局中包含另外两个线性布局。第 6～20 行声明了一个水平分布的线性布局，该布局中包含一个 ToggleButton 控件和一个 TextView 控件。程序运行时单击 ToggleButton 可以启动和关闭振动，TextView 控件则负责显示当前振动是否关闭。第 21～35 行声明了一个水平分布的线性布局，该布局与代码第 6～20 行比较类似，同样是声明了用于启动和关闭振动的 ToggleButton 和显示状态的 TextView。

(3) 打开项目文件，在其中输入如下代码：

```
import android.app.Activity;
import android.app.Service;
import android.os.Bundle;
import android.os.Vibrator;
import android.widget.CompoundButton;
import android.widget.CompoundButton.OnCheckedChangeListener;
import android.widget.TextView;
import android.widget.ToggleButton;
public class Sample_12_3 extends Activity {
  Vibrator vibrator;
  @Override
    public void onCreate(Bundle savedInstanceState) {
      super.onCreate(savedInstanceState);
      setContentView(R.layout.main);
      vibrator=(Vibrator)getSystemService(Service.VIBRATOR_SERVICE);
      ToggleButton tb1=(ToggleButton)findViewById(R.id.tb1);
      tb1.setOnCheckedChangeListener(new OnCheckedChangeListener() {
@Override
      public void onCheckedChanged(CompoundButton buttonView, boolean
          isChecked) {
          if(isChecked){
              vibrator.vibrate(new long[]{1000,50,50,100,50}, -1);
              TextView tv1=(TextView)findViewById(R.id.tv1);
tv1.setText(R.string.vibrateOn); }
          else{
              vibrator.cancel();
              extView tv1=(TextView)findViewById(R.id.tv1);
              tv1.setText(R.string.vibrateOff);  }}});
      ToggleButton tb2=(ToggleButton)findViewById(R.id.tb2);
      tb2.setOnCheckedChangeListener(new OnCheckedChangeListener() {
      @Override
```

```
public void onCheckedChanged(CompoundButton buttonView, boolean
    isChecked) {
        if(isChecked){
          vibrator.vibrate(2500);
          TextView tv2=(TextView)findViewById(R.id.tv2);
          tv2.setText(R.string.vibrateOn);}
        else{
          vibrator.cancel();
          TextView tv2=(TextView)findViewById(R.id.tv2);
          tv2.setText(R.string.vibrateOff);}}});}}
```

第7行声明了一个 Vibrator 对象的引用,该引用将会在 onCreate 方法中被赋值。

第8~44行为重写的 onCreate 方法,该方法主要的功能是为 ToggleButton 控件添加 OnCheckedChangeListener 监听器。

第15~26行为实现 OnCheckedChangeListener 接口所需要重写的 onCheckedChanged 方法的代码,该方法中首先对 ToggleButton 的选中状态进行判断,如果状态为开,则调用 Vibrator 对象的 vibrate(long[],int)方法使手机按照指定的模式重复进行振动。如果状态为关,则调用 Vibrator 对象的 cancel 方法关闭振动,同时设置 TextView 显示不同内容。

第28~43行为程序中另一个 ToggleButton 添加了 OnCheckedChangeListener 接口的实现,其重写的 onCheckedChanged 与上一个 ToggleButton 比较类似,不同之处在于当该 ToggleButton 被选中时调用了 Vibrator 对象的 vibrate(long)方法来启动振动。

(4) 最后还需要在应用程序的 AndroidManifest.xml 文件中声明振动的权限。打开项目 AndroidManifest.xml,在</manifest>标记之前插入如下代码:

```
<uses-permission android:name="android.permission.VIBRATE" />
```

(5) 完成了上述步骤的开发之后,就完成了本案例。运行结果如图12-5所示。

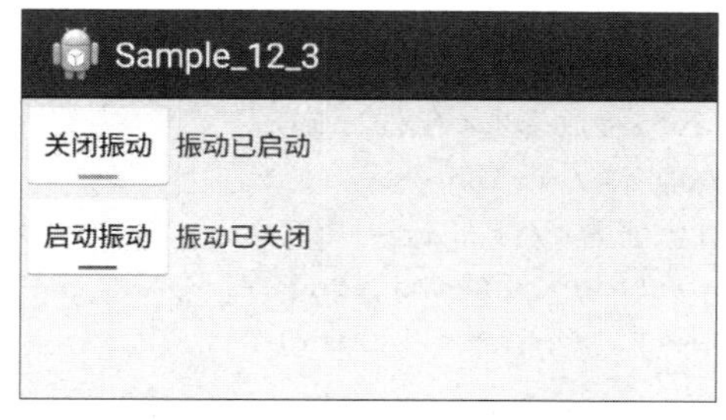

图12-5　振动设置的操作界面

12.4.3　音量设置

本节将介绍如何在程序中调整音量,包括对手机声音模式的设置和音量的调节。Android 对声音进行设置是通过 AudioManager 类来实现的,该类中包含了很多对声音模式和音量进行控制的方法。AudioManager 类的对象通过 Context 对象的

getSystemService(Context. AUDIO_SERVICE)来获得。常用的对音量进行控制的方法如表 12-5 所示。

表 12-5 常用的对音量进行控制的方法

方法名称	参数说明	方法说明
adjustStreamVolume (int stream Type, int direction, int flags)	streamType：声音类型，可取的为 STREAM_ALARM、STREAM _ DTMF、STREAM _ MUSIC、STREAM _ NOTIFICATION 、STREAM _ RING 、STREAM _ SYSTEM 和 STREAM_ VOICE_CALL； direction：调整音量的方向，可取的为 ADJUST _ LOWER、ADJUST_RAISE 和 ADJUST_SAME； flags：可选的标志位，可取的为 FLAG _ ALLOW _ RINGER_ MODES、FLAG_ PLAY _ SOUND、FLAG _ REMOVE_SOUND_AND_VIBRATE、FLAG_SHOW_ UI 和 FLAG_VIBRATE	调整指定声音类型的音量
setMode(int mode)	mode：声音模式，可取的值为 NORMAL、RINGTONE 和 IN_CALL	设置声音模式
setRingerMode(int ringerMode)	ringerMode：铃声模式，可取的值为 RINGER_MODE_ NORMAL 、RINGER_ MODE_ SILENT 和 RINGER_ MODE_VIBRATE	设置铃声模式
setStreamMute (int streamType, boolean state)	streamType：声音类型； state：是否使该类型声音静音的标志位	设置指定类型的声音是否需要静音

下面通过一个案例来说明如何在代码中调节声音，在本案例中将会播放一段来自存储卡的音乐，用户可以在程序中使其静音或调整其音量大小，开发步骤如下。

(1) 在 Eclipse 中新建一个项目，在 res 目录下新建一个文件夹 raw，将程序中需要播放的声音文件 music. mp3 复制到该文件夹。

(2) 打开 res/values 目录下的 strings. xml，在<resources>和</resources>标记之间插入如下代码：

```
<string name="btnPlay">播放音乐</string>
<string name="mute">静音</string>
<string name="normal">正常</string>
<string name="btnUpper">增大音量</string>
<string name="btnLower">减小音量</string>
```

上述代码声明的字符串资源将主要用做 Button 及 ToggleButton 控件的显示内容。

(3) 打开 res/layout 目录下 activity_main. xml，将其中已有的代码替换为如下代码：

```
<?xml version="1.0" encoding="utf-8"?>
<LinearLayout xmlns:android="http://schemas.android.com/apk/res/android"
    android:orientation="vertical"
    android:layout_width="fill_parent"
    android:layout_height="fill_parent">
```

```
<Button
  android:id="@+id/btnPlay"
  android:layout_width="fill_parent"
  android:layout_height="wrap_content"
  android:text="@string/btnPlay"/>
<LinearLayout
  android:orientation="horizontal"
  android:layout_width="wrap_content"
  android:layout_height="wrap_content"
  android:layout_gravity="center_horizontal">
  <ToggleButton
      android:id="@+id/tbMute"
      android:layout_width="wrap_content"
      android:layout_height="wrap_content"
      android:textOn="@string/mute" android:textOff="@string/normal" />
  <Button
      android:id="@+id/btnUpper" android:text="@string/btnUpper"
      android:layout_width="wrap_content"
      android:layout_height="wrap_content" />
<Button
      android:id="@+id/btnLower" android:text="@string/btnLower"
      android:layout_width="wrap_content"
      android:layout_height="wrap_content"/>    </LinearLayout>
</LinearLayout>
```

第 2～5 行声明了一个垂直分布的线性布局，该布局中包括一个 Button 和另外一个线性布局。第 6～10 行声明了一个 Button 控件，在程序中按下该按钮将会播放存储卡中的音乐文件。第 11～15 行声明了一个水平分布的线性布局，该布局中包含一个 ToggleButton 及两个 Button。第 16～20 行声明了一个 ToggleButton 控件，在程序中按下该按钮将会使正在播放的声音静音或取消静音。第 21～27 行声明了两个 Button 控件，分别用于将声音调高和调低。

(4) 打开项目文件，在其中输入如下代码：

```
import android.app.Activity;
import android.app.Service;
import android.media.AudioManager;
import android.media.MediaPlayer;
import android.os.Bundle;
import android.view.View;
import android.widget.Button;
import android.widget.CompoundButton;
import android.widget.CompoundButton.OnCheckedChangeListener;
import android.widget.ToggleButton;
public class Sample_12_4 extends Activity {
```

```
    MediaPlayer mp;
    AudioManager am;
    @Override
    public void onCreate(Bundle savedInstanceState) {
    super.onCreate(savedInstanceState);
      setContentView(R.layout.activity_main);
      am=(AudioManager)getSystemService(Service.AUDIO_SERVICE);
      Button btnPlay=(Button)findViewById(R.id.btnPlay);
      btnPlay.setOnClickListener(new View.OnClickListener() {
        @Override
        public void onClick(View v) {
          try {
              mp=MediaPlayer.create(Sample_12_4.this, R.raw.music);
              mp.setLooping(true);
              mp.start(); }
          catch (Exception e) {
              e.printStackTrace();}}});
      ToggleButton tbMute=(ToggleButton)findViewById(R.id.tbMute);
      tbMute.setOnCheckedChangeListener(new OnCheckedChangeListener() {
          @Override
            public void onCheckedChanged (CompoundButton buttonView, boolean
                         isChecked) {
              am.setStreamMute(AudioManager.STREAM_MUSIC,!isChecked); }});
      Button btnUpper=(Button)findViewById(R.id.btnUpper);
      btnUpper.setOnClickListener(new View.OnClickListener() {
      @Override
      public void onClick(View v) {
            am.adjustStreamVolume(AudioManager.STREAM_MUSIC, AudioManager.
            ADJUST_RAISE,
          AudioManager.FLAG_SHOW_UI); }});
      Button btnLower=(Button)findViewById(R.id.btnLower);
      btnLower.setOnClickListener(new View.OnClickListener() {
      @Override
      public void onClick(View v) {
          am.adjustStreamVolume(AudioManager.STREAM_MUSIC,
AudioManager.ADJUST_LOWER,
          AudioManager.FLAG_SHOW_UI); }});}}
```

第 7 行创建了一个 MediaPlayer 对象，第 8 行声明了 AudioManager 对象的引用，在 onCreate 方法中将会创建 AudioManager 对象。

第 10～54 行为重写的 onCreate 方法，该方法的主要功能是初始化成员变量并为布局文件中的 Button 及 ToggleButton 设置监听器。

第 15～27 行为资源 id 为 btnPlay 的按钮添加了 OnClickListener 接口的实现，在重写的 onClick 方法中主要进行的工作是加载存储卡中的音乐文件并调用 MediaPlayer 的相关方法播放文件。

第29～34行为资源id为tbMute的ToggleButton添加setOnCheckedChangeListener接口的实现，在重写的onCheckedChanged方法中根据ToggleButton的选中状态设置STREAM_MUSIC类型的声音为静音或取消静音。

第35～52行分别为资源id为btnUpper和btnLower的Button添加OnClickListener接口的实现，在该方法中主要进行的工作是将STREAM_MUSIC类型的声音音量降低或增大，设置了FLAG_SHOW_UI标志位后将会在每次调节声音时显示当前的音量。

(5) 完成上述步骤的开发之后，运行本案例。运行结果如图12-6所示。

12.4.4　TelephonyManager的使用

本节将要介绍的是TelePhonyManager的使用，首先将会对TelephonyManager类进行简单的介绍，然后将通过一个案例来说明如何从TelephonyManager对象中获取手机卡及电信网络等信息。

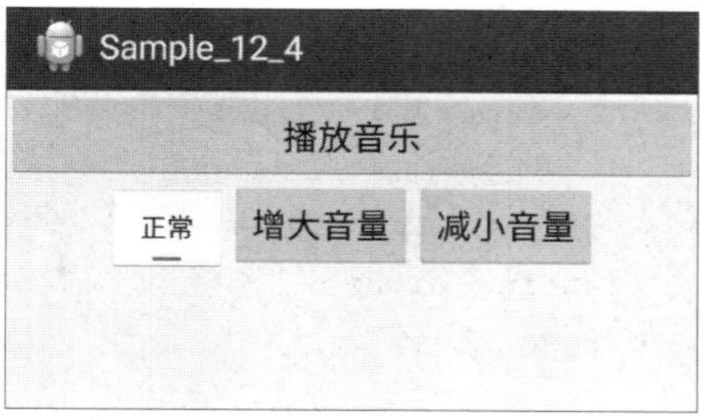

图12-6　音量设置的操作界面

1. TelephonyManager类简介

TelephonyManager类位于android. telephony包中，主要提供了一系列用于访问与手机通信相关的状态和信息的get方法，其中包括手机SIM的状态和信息、电信网络的状态及手机用户的信息。在应用程序中可以使用这些get方法获得相关数据。TelephonyManager类的对象可以通过Context. getSystemSe rvice(Context. TELEPHONY_SERVICE)方法来获得，需要注意的是，有些通信信息的获取对应用程序的权限有一定的限制，在开发的时候需要为其添加相应的权限。

2. TelephonyManager的使用案例

前面的章节对TelephonyManager类进行了简单的介绍，本节将通过一个案例来说明如何获取SIM卡和电信网络的相关信息，开发步骤如下。

(1) 在Eclipse中新建一个项目，本程序中使用到了多个字符串数组，而且这些数组在程序的运行过程中不会发生改变。为了管理方便，将这些数组集中声明在XML文件中。在res/values目录下新建一个文件array. xml，在其中输入如下代码：

```
<?xml version="1.0" encoding="UTF-8"?>
<resources>
<string-array name="listItem">
    <item>设备编号</item>
    <item>SIM卡国别</item>
    <item>SIM卡序列号</item>
    <item>SIM卡状态</item>
    <item>软件版本</item>
    <item>网络运营商代号</item>
    <item>网络运营商名称</item>
```

```
        <item>手机制式</item>
        <item>设备当前位置</item>
    </string-array>
    <string-array name="simState">
        <item>状态未知</item>
        <item>无 SIM 卡</item>
        <item>被 PIN 加锁</item>
        <item>被 PUK 加锁</item>
        <item>被 NetWork PIN 加锁</item>
        <item>已准备好</item>
    </string-array>
    <string-array name="phoneType">
        <item>未知</item>
        <item>GSM</item>
        <item>CDMA</item>
    </string-array>
    </resources>
```

第3～13行声明了名为listItem的字符串数组，该数组中主要存放了TelephonyManager类中提供的相关的信息项。第14～21行声明了名为simState的字符串数组，由于使用TelephonyManager类查询SIM卡的状态信息时返回的是0～5代表状态的整型数据，故在程序中把获取的信息状态值作为simState数组的下标。第22～26行声明了名为phonyType字符串数组，同样是因为使用TelephonyManager类查询的手机制式信息时返回的是0～2的整型数据，因此将获取的信息作为phonyType数组的下标值显示到屏幕中。

(2) 打开项目res/layout目录下的activity_main.xml，将其中已有的代码替换为如下代码：

```
<?xml version="1.0" encoding="utf-8"?>
<LinearLayout xmlns:android="http://schemas.android.com/apk/res/android"
    android:orientation="vertical"
    android:layout_width="fill_parent"
    android:layout_height="fill_parent">
    <ScrollView
      android:fillViewport="true"
      android:layout_width="fill_parent"
      android:layout_height="fill_parent">
      <ListView
        android:id="@+id/lv"
        android:layout_width="fill_parent"
        android:layout_height="fill_parent"/>
    </ScrollView>
</LinearLayout>
```

第 2～5 行声明了一个垂直分布的线性布局，该布局中包含一个 ScrollView 控件。

第 6～14 行声明了一个 ScrollView 控件，该控件中包含一个 ListView 控件。

第 10～13 行声明了一个 ListView 控件，该控件负责显示从 TelephonyManager 获取的信息。

(3) 打开项目文件，在其中输入如下代码：

```
import java.util.ArrayList;
import android.app.Activity;
import android.os.Bundle;
import android.telephony.TelephonyManager;
import android.view.Gravity;
import android.view.View;
import android.view.ViewGroup;
import android.widget.BaseAdapter;
import android.widget.LinearLayout;
import android.widget.ListView;
import android.widget.TextView;
public class Sample_12_5 extends Activity {
    TelephonyManager tm;
    String [] phoneType=null;
    String [] simState=null;
    String [] listItems=null;
    ArrayList<String>listValues=new ArrayList<String> ();
    BaseAdapter ba=new BaseAdapter () {
    public View getView(int position, View convertView, ViewGroup parent) {
        LinearLayout ll=new LinearLayout(Sample_12_5.this);
        ll.setOrientation(LinearLayout.VERTICAL);
        TextView tvItem=new TextView(Sample_12_5.this);
        TextView tvValue=new TextView(Sample_12_5.this);
        tvItem.setTextSize(24);
        tvItem.setText(listItems[position]);
        tvItem.setGravity(Gravity.LEFT);
        ll.addView(tvItem);
        tvValue.setTextSize(18);
        tvValue.setText(listValues.get(position));
        tvValue.setPadding(0, 0, 10, 10);
        tvValue.setGravity(Gravity.RIGHT);
        ll.addView(tvValue);
        return ll;}
    public long getItemId(int position) {
        return 0;}
    public Object getItem(int position) {
        return null;}
    public int getCount() {
```

```
        return listItems.length;}};
    public void onCreate(Bundle savedInstanceState) {}
    public void initListValues(){}}
```

第9～11行声明了三个字符串数组，这三个字符串数组将通过array.xml文件进行赋值。

第12行声明了用于存放各个数据项的值的ArrayList，该ArrayList将在initListValues方法中被赋值。

第13～39行自定义了BaseAdapter对象，该对象将作为LsitView的Adapter。

第14～29行为重写BaseAdapter对象的getView方法，该方法中首先创建一个线性布局LinearLayout，该线性布局中主要包括两个TextView，分别用于显示数据项的名称和数据项的值，如“网络运营商名称”为数据项的名称，“Android”为数据项的值。

(4) 代码第40行为程序的onCreate方法，其代码如下：

```
public void onCreate(Bundle savedInstanceState) {
    super.onCreate(savedInstanceState);
    setContentView(R.layout.activity_main);
    tm=(TelephonyManager)getSystemService(Context.TELEPHONY_SERVICE);
    listItems=getResources().getStringArray(R.array.listItem);
    simState=getResources().getStringArray(R.array.simState);
    phoneType=getResources().getStringArray(R.array.phoneType);
    initListValues();
    ListView lv=(ListView)findViewById(R.id.lv);
    lv.setAdapter(ba);}
```

第4行通过getSystemService方法创建了TelephonyManager对象。

第5～7行通过XML文件获取对应的字符串数组。

第8行调用了initListValues方法初始化列表中各个项的值。

第10行将自定义的BaseAdapter对象设置为ListView的Adapter。

(5) 代码第8行调用了initListValues方法，其代码如下所示。

```
public void initListValues(){
    listValues.add(tm.getDeviceId());
    listValues.add(tm.getSimCountryIso());
    listValues.add(tm.getSimSerialNumber());
    listValues.add(simState[tm.getSimState()]);
    listValues .add((tm.getDeviceSoftwareVersion()==null?tm.getDeviceSoftware
            Version():"未知"));
    listValues.add(tm.getNetworkOperator());
    listValues.add(tm.getNetworkOperatorName());
    listValues.add(phoneType[tm.getPhoneType()]);
    listValues.add(tm.getCellLocation().toString()); }
```

上述代码的主要功能是通过调用TelephonyManager的不同get方法获取手机SIM

卡及电信网络的相关状态和信息。将这些数据值存放到 Array List 中以便于 ListView 显示。

(6) 由于访问 TelephonyManager 中的位置及手机状态信息需要相应的权限，所以还需要在应用程序的 AndroidManifest.xml 文件中声明权限。打开项目的 AndroidManifest.xml，在</manifest>标记之前插入如下代码。

```
<uses-permission android:name="android.permission.ACCESS_COARSE_LOCATION"/>
<uses-permission android:name="android.permission.READ_PHONE_STATE"/>
```

(7) 完成上述步骤的开发之后，就完成了本案例。运行结果如图 12-7 所示。

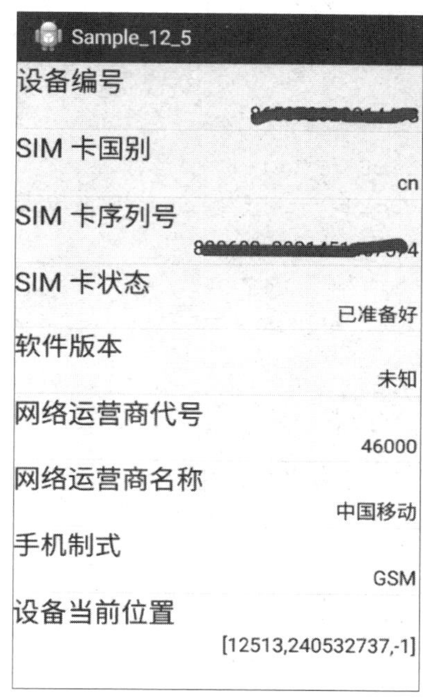

图 12-7　手机信息的操作界面

12.5　获取手机电池电量

12.5.1　原理概述

手机电池电量的获取在应用程序的开发中也很常用，Android 系统中手机电池电量发生变化的消息是通过 Intent 广播来实现的，常用的 Intent 的 Action 有 ACTION_BATTERY_CHANGED、ACTION_BATTERY_LOW 和 ACTION_BATTERY_OKAY。

当要在程序中获取电池电量的信息时，需要为应用程序注册 BroadcastReceiver 组件，当特定的 Action 事件发生时，系统将会发出相应的广播，应用程序就可以通过 BroadcastReceiver 来接收广播，并进行相应的处理。

12.5.2 电量提示实例

本节通过实例来说明如何在代码中获取手机电池的电量。本实例中的 BroadcastReceiver 组件用于捕获 ACTION_BATTERY_CHANGED 动作，开发步骤如下。

(1) 在 Eclipse 中新建一个项目。打开项目 res/values 目录下的 strings. xml，在其中的<resources>和</resources>标记之间插入如下代码。

```
<string name="on">停止获取电量信息</string>
<string name="off">获取电量信息</string>
```

上述代码声明的字符串资源将作为程序中的 ToggleButton 控件显示的内容。

(2) 打开项目 res/layout 目录下的 activity_main. xml，将其中已有的代码替换为如下代码。

```
<?xml version="1.0" encoding="utf-8"?>
<LinearLayout xmlns:android="http://schemas.android.com/apk/res/android"
    android:orientation="vertical"
    android:layout_width="fill_parent"
    android:layout_height="fill_parent">
    <ToggleButton
      android:id="@+id/tb"
      android:layout_width="fill_parent"
      android:layout_height="wrap_content"
      android:textOn="@string/on" android:textOff="@string/off"/>
      <TextView
          android:id="@+id/tv"
          android:layout_width="fill_parent"
          android:layout_height="wrap_content"/>
</LinearLayout>
```

第 2～5 行声明了一个垂直分布的线性布局，该布局中包括一个 ToggleButton 控件和一个 TextView 控件。

第 6～10 行声明了一个 ToggleButton 控件，程序中按下该按钮将会注册和取消注册响应手机电池变化的 IntentFilter。

第 11～14 行声明了一个 TextView 控件，该控件的主要功能是显示当前程序的状态。

(3) 打开项目文件，在其中输入如下代码：

```
import android.app.Activity;
import android.content.BroadcastReceiver;
import android.content.Context;
import android.content.Intent;
import android.content.IntentFilter;
import android.os.Bundle;
```

```
import android.widget.CompoundButton;
import android.widget.CompoundButton.OnCheckedChangeListener;
import android.widget.TextView;
import android.widget.ToggleButton;
public class Sample_12_6 extends Activity {
    MyBatteryReceiver mbr=null;
    @Override
    public void onCreate(Bundle savedInstanceState) {
        super.onCreate(savedInstanceState);
        setContentView(R.layout.activity_main);
        mbr=new MyBatteryReceiver();
        ToggleButton tb=(ToggleButton)findViewById(R.id.tb);
        tb.setOnCheckedChangeListener(new OnCheckedChangeListener() {
        @Override
        public void onCheckedChanged(CompoundButton buttonView, boolean isChecked) {
            if(isChecked){
              IntentFilter filter=new IntentFilter(Intent.ACTION_BATTERY_
                      CHANGED);
              registerReceiver(mbr, filter);}
            else{
              unregisterReceiver(mbr);
              TextView tv=(TextView)findViewById(R.id.tv);
              tv.setText(null);}}});}
        private class MyBatteryReceiver extends BroadcastReceiver{
          @Override
          public void onReceive(Context context, Intent intent) {
              int current=intent.getExtras().getInt("level");
              int total=intent.getExtras().getInt("scale");
              int percent=current * 100/total;
              TextView tv=(TextView)findViewById(R.id.tv);
              tv.setText("现在的电量是:"+percent+"%。");}} }
```

第 8 行声明了 MyBatteryReceiver 对象的引用，MyBatteryReceiver 类继承自 BroadcastReceiver 类，该类的主要功能是接收系统发出的电池电量改变的广播。

第 10～29 行为 onCreate 方法的代码，该方法的主要功能是为 ToggleButton 控件添加 OnCheckedChangeListener 监听器。

第 17～27 行为 OnCheckedChangeListener 监听器中 onCheckedChanged 方法的代码，该方法所进行的主要工作是判断当前 ToggleButton 的状态，并以此执行不同的操作。

(4) 完成了上述步骤的开发，就完成了本案例。运行结果如图 12-8 所示。

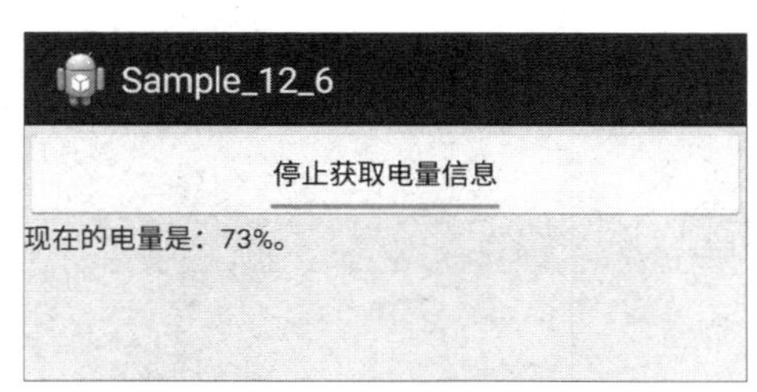

图 12-8　手机电池电量操作界面

本章小结

通过本章学习，应清楚地理解 Android 手机基本功能编程实现技术，学会使用发送短信和接收短信，学会电话控制，熟悉手机特有功能开发，灵活掌握获取手机电池电量技术等。

习　题

1. 简述横竖屏切换时 Activity 的生命周期。
2. 模拟实现如手机壁纸的随意切换。

第 13 章 Android 多媒体应用编程

2D 图形的接口实际上是 Android 图形系统的基础，GUI 上的各种可见元素也是基于 2D 图形接口构建的。因此，Android GUI 方面的内容分为两层，下层是图形的 API，上层是各种控件，各种控件实际上是基于图形 API 绘制出来的。

13.1 2D、3D 图形

13.1.1 2D 图形相关类

在 Android 图形系统中，使用 2D 图形接口的结构如图 13-1 所示。

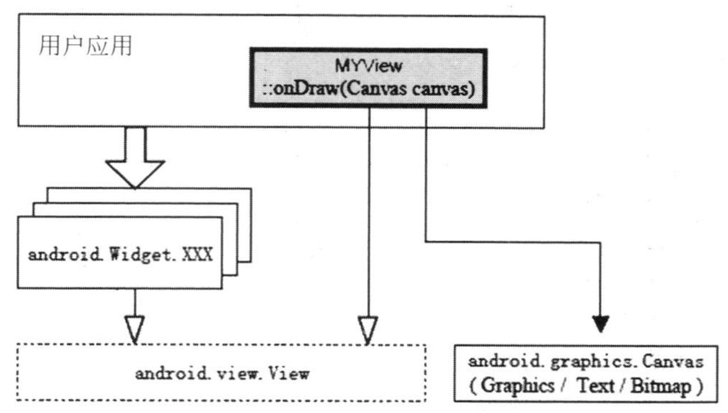

图 13-1 Android 2D 绘图接口结构

通过继承 android. view. View 类，并实现其中的 onDraw()函数来实现绘制的工作，绘制工作主要由 android. graphics 包来实现。android. graphics 包中的内容是 Android 系统的 2D 图形 API，其中主要类的内容包含以下一些内容。

(1) Point、Rect 和 Color 等：一些基础类，分别定义顶点、矩阵、颜色的基础信息元素。

(2) Bitmap：表示内存中的位图，可以从图像文件中建立，可以指定依靠颜色来建立，也可以控制其中的每一个像素。

(3) Paint：画笔，用于控制绘制的样式(style)和颜色(color)等信息。

(4) Canvas：画布，2D 图形系统最核心的一个类，处理 onDraw()调用主要绘制的设置和操作在 Paint(画笔)和 Canvas(画布)2 个类当中，使用这两个类就可以完成所有的绘制。Canvas 类包含了一系列用于绘制的方法,方法分为 3 种类型:几何图形、文本、位图。Canvas 类的几何图形(Geometry)方面的方法用于绘制点、绘制线、绘制矩形、绘制圆弧等。其中一些主要的方法如下所示。

```
void drawARGB(int a, int r, int g, int b)                    //将整体填充为某种颜色
void drawPoints(float[] pts, Paint paint)                            //绘制一个点
void drawLines(float[] pts, Paint paint)                             //绘制一条线
void drawRect(RectF rect, Paint paint)                               //绘制矩形
void drawCircle(float cx, float cy, float radius, Paint paint)     //绘制圆形
void drawArc(RectF oval, float startAngle, float sweepAngle,       //绘制圆弧
boolean useCenter, Paint paint)
```

Canvas 类的文本(Text)方面的方法用于直接绘制文本内容,文本通常用一个字符串来表示。其中一些主要的方法如下所示。

```
void drawText(String text, int start, int end, float x, float y, Paint paint)
void drawText(char[] text, int index, int count, float x, float y, Paint paint)
void drawText(String text, float x, float y, Paint paint)
void drawText (CharSequence text, int start, int end, float x, float y, Paint
paint)
```

Canvas 类的位图(Bitmap)方面的方法用于直接绘制位图,位图通常用一个 Bitmap 类来表示。其中一些主要的方法如下所示。

```
//指定 Matrix 绘制位图
void drawBitmap(Bitmap bitmap, Matrix matrix, Paint paint)
//指定数组作为 Bitmap 绘制
void drawBitmap(int[] colors, int offset, int stride,
                float x, float y, int width, int height,
                boolean hasAlpha, Paint paint)
//自动缩放到目标矩形的绘制
void drawBitmap(Bitmap bitmap, Rect src, RectF dst, Paint paint)
```

Canvas 是 Android 的 2D 图形绘制的中枢,绘制方法的参数中通常包含一个 Paint 类型,它作为附加绘制的信息来使用。

在使用 2D 的图形 API 方面,步骤通常如下所示。

(1) 扩展实现 android. view. View 类。

(2) 实现 View 的 OnDraw()函数,在其中使用 Canvas 的方法进行绘制。

使用 2D 的图形 API 的场合,自定义实现的 View 类型作为下层的绘制和上层的 GUI 系统中间层。android. graphics. drawable 包是 Android 中一个绘制相关的包,表示一些可以被绘制的东西。在 Android 中 Drawable 的含义可以仅仅是为了显示来使用的,与 View 的主要区别就在于 Drawable 不能从用户处获得事件的反馈。

事实上,使用 Android 的 2D API 的程序结构与实现一个自定义控件类似,但是它们的目的略有不同:使用 2D API 主要是为了实现自由的绘制;自定义控件的目的是在应用

程序中使用这些控件,包括可以在布局文件中使用甚至使用其属性。

13.1.2 绘制 2D 图形案例

Android 中基本的绘制包括了图像、图形和文本的绘制。AlphaBitmap 程序在界面上自上而下一共绘制了 3 个内容,第一个是一个原始位图,第二个是经过变化的位图,第三个是几何图形。

(1) 在这个示例程序中,主要通过将一个自定义的 SampleView 设置成活动的 View 作为其中的 ContentView。onCreate()函数如下所示。

```
public class AlphaBitmap extends GraphicsActivity {
//GraphicsActivity 相当于 Activity
      @Override
      protected void onCreate(Bundle savedInstanceState) {
          super.onCreate(savedInstanceState);
          setContentView(new SampleView(this)); }//设置实现中的 SampleView
}
```

(2) SampleView 是其中扩展了 View 的实现,主要的内容在类的构造函数和 OnDraw()函数中,如下所示。

```
private static class SampleView extends View {
    private Bitmap mBitmap;
    private Bitmap mBitmap2;
    private Bitmap mBitmap3;
    private Shader mShader;
    public SampleView(Context context) {
        super(context);
        setFocusable(true);
        InputStream is=context.getResources().
        openRawResource(R.drawable.app_sample_code);
        mBitmap=BitmapFactory.decodeStream(is);   //解码位图文件到 Bitmap
        mBitmap2=mBitmap.extractAlpha();          //提取位图的透明通道
        //创建一个位图
        mBitmap3=Bitmap.createBitmap(200, 200, Bitmap.Config.ALPHA_8);
        drawIntoBitmap(mBitmap3);             //调用自己实现的 drawIntoBitmap()
        mShader=new LinearGradient(0, 0, 100, 70, new int[] {
                        Color.RED, Color.GREEN, Color.BLUE },
                        null, Shader.TileMode.MIRROR); }
    private static void drawIntoBitmap(Bitmap bm) {
        float x=bm.getWidth();
        float y=bm.getHeight();
        Canvas c=new Canvas(bm);
        Paint p=new Paint();
        p.setAntiAlias(true);
```

```
        p.setAlpha(0x80);
        c.drawCircle(x/2, y/2, x/2, p);
        p.setAlpha(0x30);
        p.setXfermode(new PorterDuffXfermode(PorterDuff.Mode.SRC));
        p.setTextSize(60);
        p.setTextAlign(Paint.Align.CENTER);
        Paint.FontMetrics fm=p.getFontMetrics();
        c.drawText("Alpha", x/2, (y-fm.ascent)/2, p); }
    @Override
    protected void onDraw(Canvas canvas) {
        canvas.drawColor(Color.WHITE);
        Paint p=new Paint();
        float y=10;                                     //设置纵坐标
        p.setColor(Color.RED);                          //设置画笔为红色
        canvas.drawBitmap(mBitmap, 10, y, p);           //绘制第 1 个位图(原始图像)
        y+=mBitmap.getHeight()+10;                      //纵坐标增加
        canvas.drawBitmap(mBitmap2, 10, y, p);          //绘制第 2 个位图(根据红色画笔)
        y+=mBitmap2.getHeight()+10;                     //纵坐标增加
        p.setShader(mShader);                           //设置阴影
        canvas.drawBitmap(mBitmap3, 10, y, p); }
}
```

第 1 个图是直接对原始的图像进行了绘制；第 2 个图是在原始图像的基础上抽取了透明通道，所以绘制时画笔(Paint)的颜色起到了作用；第 3 个图是调用 drawIntoBitmap()绘制了一个具有渐变颜色的圆，并附加了文字。

(3) AlphaBitmap 程序的运行结果如图 13-2 所示。

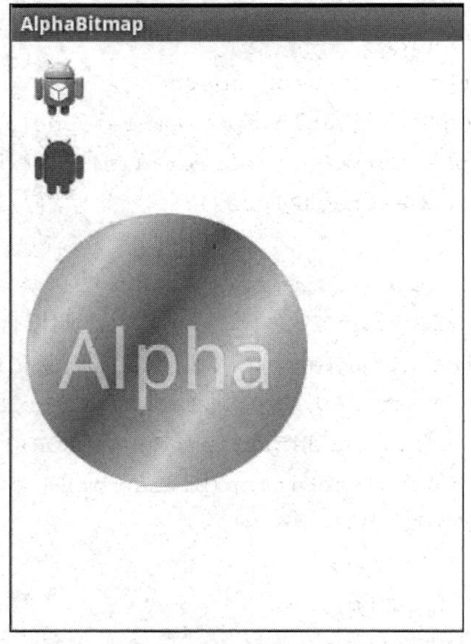

图 13-2　AlphaBitmap 程序的运行结果

13.1.3 3D 图形

在 Android 中，可以直接支持 3D 图形的绘制，主要使用 OpenGL 标准的类 javax. microedition. khronos. egl，但是需要结合 Android GUI 系统使用。Android 中 OpenGL 接口使用的结构如图 13-3 所示。

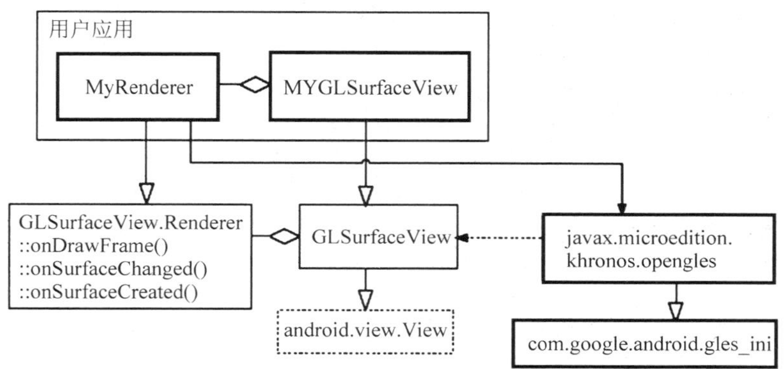

图 13-3 Android OpenGL 绘图接口结构

在使用 3D 的图形 API 方面，主要的步骤通常如下所示。

(1) 扩展实现 android. view. GLSurfaceView 类。

(2) 扩展实现 android. opengl. GLSurfaceView 中的 Renderer(渲染器)。

(3) 实现 GLSurfaceView::Renderer 中的 onDrawFrame()等函数。

android. opengl. GLSurfaceView 扩展了 android. view. SurfaceView，android. view. SurfaceView 扩展了 android. view. View，因此 GLSurfaceView 本身可以作为 android. view. View 来使用。GLSurfaceView::Renderer 是一个接口，其中主要定义了以下几个方法：

```
abstract void onDrawFrame(GL10 gl)                    //绘制当前帧
abstract void onSurfaceChanged(GL10 gl, int width, int height)
//Surface 变化时调用
abstract void onSurfaceCreated(GL10 gl, EGLConfig config)
//Surface 创建时调用
```

各个方法的参数 GL10 是 javax. microedition. khronos. egl 包中的通用函数。GLSurface View::Renderer 中的 onSurfaceChanged()和 onSurfaceCreated()方法实际上是与 SurfaceView 中的两个方法对应的。实现的 GLSurfaceView::Renderer，通过 GLSurfaceView 的 setRenderer()方法将其设置到 GLSurfaceView 中。

在 ApiDemo 示例程序中，android/apis/graphics/中的 GLSurfaceViewActivity、Touch RotateActivity、TriangleActivity 等程序与 spritetext/及/Kube/目录中的程序是 OpenGL 的示例程序。

13.1.4 3D 图形基本绘制

(1) TouchRotate 程序显示了一个可以旋转的立方体，GLJNIActivity 类的结构如下所示。

```
public class TouchRotateActivity extends Activity {
    private GLSurfaceView mGLSurfaceView;
    @Override
    protected void onCreate(Bundle savedInstanceState) {
        super.onCreate(savedInstanceState);
        mGLSurfaceView=new TouchSurfaceView(this);    //建立 GLSurfaceView
        setContentView(mGLSurfaceView);               //设置 View 到活动中
        mGLSurfaceView.requestFocus();                //配置 GLSurfaceView
        mGLSurfaceView.setFocusableInTouchMode(true);
    }
}
```

(2) TouchSurfaceView 是一个扩展 GLSurfaceView 类的实现，其中的 CubeRenderer 是扩展了 GLSurfaceView：：Renderer 接口的实现，其主要内容如下所示。

```
public class TouchSurfaceView extends GLSurfaceView {
    private Context context;
    private CubeRenderer mRenderer;
    private float mPreviousX, mPreviousY;
    private final float TOUCH_SCALE_FACTOR=180.0f / 320;
    private final float TRACKBALL_SCALE_FACTOR=36.0f;
    public TouchSurfaceView(Context context) {
        super(context);
        this.context=context;
        mRenderer=new CubeRenderer();                 //建立渲染器
        setRenderer(mRenderer);                       //设置渲染器
        setRenderMode(GLSurfaceView.RENDERMODE_WHEN_DIRTY);}
    //实现渲染器接口
    private class CubeRenderer implements GLSurfaceView.Renderer {
        private int mAngleX, mAngleY;
        private Cube mCube;
        private float ratio;
        public void onDrawFrame(GL10 gl) {
            //调用 OpenGL 的标准接口进行操作
            gl.glClear(GL10.GL_COLOR_BUFFER_BIT
                    | GL10.GL_DEPTH_BUFFER_BIT);
            gl.glMatrixMode(GL10.GL_MODELVIEW);
            gl.glLoadIdentity();
            gl.glTranslatef(0, 0, -3.0f);
            gl.glRotatef(mAngleX, 0, 1, 0);           //对绘制的图形进行旋转
```

```
            gl.glRotatef(mAngleY, 1, 0, 0);
            gl.glEnableClientState(GL10.GL_VERTEX_ARRAY);
            gl.glEnableClientState(GL10.GL_COLOR_ARRAY);
            mCube.draw(gl);}                              //调用 draw()进行绘制
        }
    }
```

(3) CubeRenderer渲染器中的onSurfaceChanged()和onSurfaceCreated()两个函数进行了Surface变化及创建时的操作。核心代码如下所示。

```
    @Override
    public void onSurfaceCreated(GL10 gl, EGLConfig config) {
            gl.glDisable(GL10.GL_DITHER);
            gl.glHint(GL10.GL_PERSPECTIVE_CORRECTION_HINT, GL10.GL_FASTEST);
            gl.glClearColor(1, 1, 1, 1);
            gl.glShadeModel(GL10.GL_SMOOTH);
            gl.glEnable(GL10.GL_DEPTH_TEST);
        }
        @Override
        public void onSurfaceChanged(GL10 gl, int width, int height) {
            gl.glViewport(0, 0, width, height);
            gl.glMatrixMode(GL10.GL_PROJECTION);
            gl.glLoadIdentity();
            ratio=(float)width/height;
            gl.glFrustumf(-ratio, ratio, -1, 1, 1, 10);
            mCube=new Cube(0,0,0,2,ratio);}
        }
```

(4) 移动的效果核心代码如下:

```
    @Override
    public boolean onTrackballEvent(MotionEvent e) {
        mRenderer.mAngleX+=e.getX() * TRACKBALL_SCALE_FACTOR;
        mRenderer.mAngleY+=e.getY() * TRACKBALL_SCALE_FACTOR;
        requestRender();
        return true;
    }
    @Override
    public boolean onTouchEvent(MotionEvent e) {
        float x=e.getX();
        f loat y=e.getY();
        switch (e.getAction()) {
        case MotionEvent.ACTION_MOVE:
          float dx=x -mPreviousX;
          float dy=y -mPreviousY;
          mRenderer.mAngleX+=dx * TOUCH_SCALE_FACTOR;
```

```
        mRenderer.mAngleY+=dy * TOUCH_SCALE_FACTOR;
        requestRender();
      }
      mPreviousX=x;
      mPreviousY=y;
      return true;
    }
```

(5) 运行结果如图 13-4 所示。

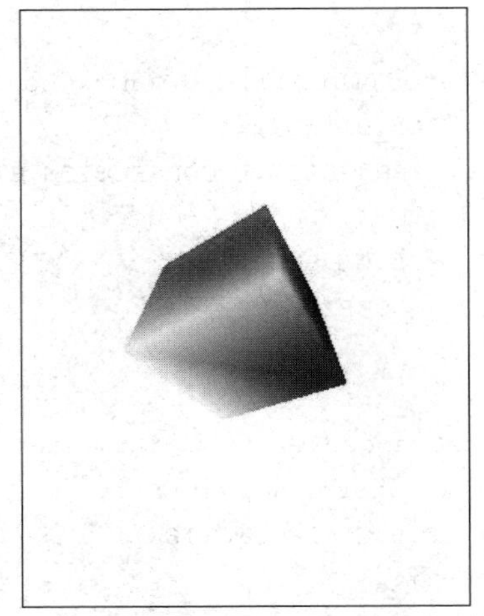

图 13-4 TouchRotate 程序的运行结果

13.2 动画播放

13.2.1 帧动画

逐帧动画是一种常见的动画形式(Frame By Frame),其原理是在“连续的关键帧”中分解动画动作,也就是在时间轴的每帧上逐帧绘制不同的内容,使其连续播放而成动画。因为逐帧动画的帧序列内容不一样,不但给制作增加了负担,而且最终输出的文件容量也很大,但它的优势也很明显:逐帧动画具有非常大的灵活性,几乎可以表现任何想表现的内容,而它类似与电影的播放模式,适合于表演细腻的动画。

在 Android 中逐帧动画需要得到 AnimationDrawable 类的支持,它位于 android.graphics.drawable.AnimationDrawable 包中,是 Drawable 的间接子类。它主要用来创建一个逐帧动画,并且可以对帧进行拉伸,把它设置为 View 的背景即可使用 AnimationDrawable.start()方法播放。既然逐帧动画是需要播放一帧一帧的图像,所以需要为其添加帧。在 Android 中提供了两种方式为 AnimationDrawable 添加帧:XML 定义的资源文件和 Java 代码创建,后面将详细讲讲这两种添加帧的方式。

为 AnimationDrawable 设置帧还不能完成播放动画的功能,还需要 AnimationDrawable

的其他一些方法来操作逐帧动画。下面简单介绍一下 AnimationDrawable 的常用方法：

- void start()：开始播放逐帧动画。
- void stop()：停止播放逐帧动画。
- void addFrame(Drawable frame,int duration)：为 AnimationDrawable 添加一帧，并设置持续时间。
- int getDuration(int i)：得到指定 index 的帧的持续时间。
- Drawable getFrame(int index)：得到指定 index 的帧 Drawable。
- int getNumberOfFrames()：得到当前 AnimationDrawable 的所有帧数量。
- boolean isOneShot()：当前 AnimationDrawable 是否执行一次，返回 true 执行一次，false 循环播放。
- boolean isRunning()：当前 AnimationDrawable 是否正在播放。
- void setOneShot(boolean oneShot)：设置 AnimationDrawable 是否执行一次，返回 true 执行一次，false 循环播放。

1. 使用 XML 定义的资源文件设置动画帧

Android 下所有的资源文件均要放在/res 目录下，对于动画帧的资源需要当成一个 Drawable，所以需要把它放在/res/Drawable 目录下。而定义逐帧动画非常简单，只要在<animation-list.../>元素中使用<item.../>子元素定义动画的全部帧，并制定各帧的持续时间即可。还可以在<animation-list.../>元素中添加属性，来设定逐帧动画的属性。实例代码如下：

```
<?xml version="1.0" encoding="utf-8"?>
<animation-listxmlns:android="http://schemas.android.com
            /apk/res/android" android:oneshot="false" >
   <!--定义一个动画帧,Drawable 为 img0,持续时间 50 毫秒-->
   <itemandroid:drawable="@drawable/img0" android:duration="50" />
</animation-list>
```

定义好逐帧动画的资源文件之后，只需要使用 getResources(). getDrawable (int)方法获取 AnimationDrawable 示例，然后把它设置为某个 View 的背景即可。

下面通过一个简单的演示程序，来演示如何播放一个 XML 定义的逐帧动画，布局很简单，用一个 ImageView 来承载逐帧动画，两个 Button 控制播放与停止，以及一些 XML 帧动画的资源文件。

实现代码如下：

```
public class ToXMLActivity extends Activity {
   private Button btn_start, btn_stop;
   private ImageView iv_frame;
   private AnimationDrawable frameAnim;
   @Override
   protected void onCreate(Bundle savedInstanceState) {
      super.onCreate(savedInstanceState);
```

```
setContentView(R.layout.activity_main);
btn_start=(Button) findViewById(R.id.btn_start);
btn_stop=(Button) findViewById(R.id.btn_stop);
btn_start.setOnClickListener(click);
btn_stop.setOnClickListener(click);
iv_frame=(ImageView) findViewById(R.id.iv_frame);
frameAnim=(AnimationDrawable)
getResources().getDrawable(R.drawable.bullet_anim);
iv_frame.setBackgroundDrawable(frameAnim);}
private View.OnClickListener click=new OnClickListener() {
@Override
public void onClick(View v) {
    switch (v.getId()) {
    case R.id.btn_start:
    start();
    break;
    case R.id.btn_stop:
    stop();
    break;
default:
break;}}};
protected void start() {
      if (frameAnim!=null &&!frameAnim.isRunning()) {
        frameAnim.start();
    Toast.makeText(ToXMLActivity.this, "开始播放", 0).show();
        Log.i("main", "index 为 5 的帧持续时间为:"
                +frameAnim.getDuration(5)+"毫秒");
        Log.i("main", "当前 AnimationDrawable 一共有"
        +frameAnim.getNumberOfFrames()+"帧");
}}
  protected void stop() {
      if (frameAnim!=null && frameAnim.isRunning()) {
        frameAnim.stop();
        Toast.makeText(ToXMLActivity.this, "停止播放", 0).show();}}
  }
```

2. 使用 Java 代码创建逐帧动画

在 Android 中，除通过 XML 文件定义一个逐帧动画之外，还可以通过 AnimationDrawable. addFrame()方法为 AnimationDrawable 添加动画帧，上面已经提供了 addFrame()的方法签名，它可以设置添加动画帧的 Drawable 和持续时间。下面通过一个简单的示例来演示一下。

实现代码如下：

```
public class ToCodeActivity extends Activity {
```

```
    private Button btn_start, btn_stop;
    private ImageView iv_frame;
    private AnimationDrawable frameAnim;
    @Override
    protected void onCreate(Bundle savedInstanceState) {
        super.onCreate(savedInstanceState);
        setContentView(R.layout.activity_main);
        btn_start=(Button) findViewById(R.id.btn_start);
        btn_stop=(Button) findViewById(R.id.btn_stop);
        btn_start.setOnClickListener(click);
        btn_stop.setOnClickListener(click);
        iv_frame=(ImageView) findViewById(R.id.iv_frame);
        frameAnim=new AnimationDrawable();
        //为 AnimationDrawable 添加动画帧
        frameAnim.addFrame(getResources().getDrawable(R.drawable.img0),50);
        frameAnim.addFrame(getResources().getDrawable(R.drawable.img1),50);
        frameAnim.addFrame(getResources().getDrawable(R.drawable.img2),50);
        frameAnim.addFrame(getResources().getDrawable(R.drawable.img3),50);
        frameAnim.addFrame(getResources().getDrawable(R.drawable.img4),50);
        frameAnim.addFrame(getResources().getDrawable(R.drawable.img5),50);
        frameAnim.addFrame(getResources().getDrawable(R.drawable.img6),50);
        frameAnim.addFrame(getResources().getDrawable(R.drawable.img7),50);
        frameAnim.addFrame(getResources().getDrawable(R.drawable.img8),50);
        frameAnim.addFrame(getResources().getDrawable(R.drawable.img9),50);
        frameAnim.addFrame(getResources().getDrawable(R.drawable.img10),50);
        frameAnim.addFrame(getResources().getDrawable(R.drawable.img11),50);
        frameAnim.addFrame(getResources().getDrawable(R.drawable.img12),50);
        frameAnim.addFrame(getResources().getDrawable(R.drawable.img13),50);
        frameAnim.addFrame(getResources().getDrawable(R.drawable.img14),50);
        frameAnim.addFrame(getResources().getDrawable(R.drawable.img15),50);
        frameAnim.addFrame(getResources().getDrawable(R.drawable.img16),50);
        frameAnim.addFrame(getResources().getDrawable(R.drawable.img17),50);
        frameAnim.addFrame(getResources().getDrawable(R.drawable.img18),50);
        frameAnim.addFrame(getResources().getDrawable(R.drawable.img19),50);
        frameAnim.addFrame(getResources().getDrawable(R.drawable.img20),50);
        frameAnim.addFrame(getResources().getDrawable(R.drawable.img21),50);
        frameAnim.addFrame(getResources().getDrawable(R.drawable.img22),50);
        frameAnim.addFrame(getResources().getDrawable(R.drawable.img23),50);
        frameAnim.addFrame(getResources().getDrawable(R.drawable.img24),50);
        frameAnim.setOneShot(false);

        //设置 ImageView 的背景为 AnimationDrawable
        iv_frame.setBackgroundDrawable(frameAnim);
}
```

```
        private View.OnClickListener click=new OnClickListener() {
            @Override
            public void onClick(View v) {
                switch (v.getId()) {
                case R.id.btn_start:
                    start();
                    break;
                case R.id.btn_stop:
                    stop();
                    break;
                default:
                    break; }  }  };
        protected void start() {
            if (frameAnim!=null &&!frameAnim.isRunning()) {
                frameAnim.start();
                Toast.makeText(ToCodeActivity.this, "开始播放", 0).show();}}
          protected void stop() {
            if (frameAnim!=null && frameAnim.isRunning()) {
                frameAnim.stop();
                Toast.makeText(ToCodeActivity.this, "停止播放", 0).show();}}
    }
```

其实上面两个示例实现的都是一种效果，都是一个子弹击中墙体的逐帧动画效果，运行效果如图 13-5 所示。

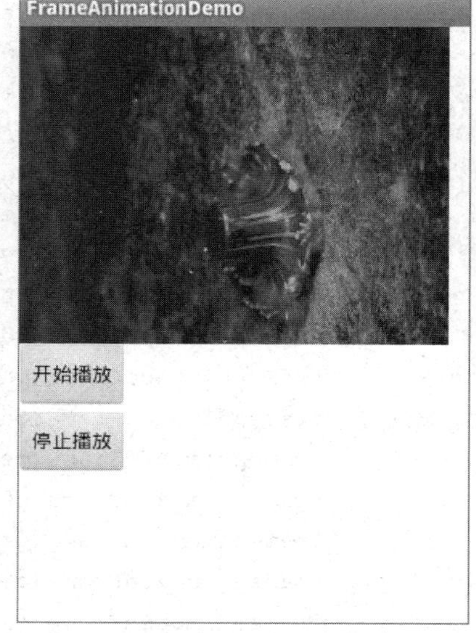

图 13-5　子弹击中墙体的逐帧动画

13.2.2　补间动画

Android 除了支持逐帧动画之外，也提供了对补间动画的支持，补间动画就是指开发人员只需要指定动画的开始、动画结束的关键帧，而动画变化的中间帧由系统计算并补齐。

1. Animation

在 Android 中使用 Tween 补间动画需要得到 Animation 的支持，它位于 android. view. animation. Animation 包中，是一个抽象类，其中抽象了一些动画必需的方法，其子类均有对其进行实现。在 Android 中要完成补间动画，也就是操作 Animation 的几个子类。

补间动画和逐帧动画一样，可以使用 XML 资源文件定义，也可以使用 Java 代码定义。下面提供一些常用 Animation 中定义的属性，同样都提供了 XML 属性以及对应的方法，它们主要用来设定补间动画的一些效果：

- android：duration/setDuration(long)：动画单次播放时间。
- android：fillAfter/setFillAfter(boolean)：动画是否保持播放结束位置。
- android：fillBefore/setFillBefore(boolean)：动画是否保持播放开始位置。
- android：interpolator/setInterpolator(Interpolator)：指定动画播放的速度曲线，不设定默认为匀速。
- android：repeatCount/setRepeatCount(int)：动画持续次数，如 2，会播放 3 次。
- android：repeatMode/setRepeatMode(int)：动画播放模式。
- android：startOffset/setStartOffset(long)：动画延迟播放的时长，单位是毫秒。

Animation 中内置的方法并不只有这些，还有一些其他的控制细节的方法，如需要可以查询官方文档，这里不再详细讲解。上面提到，Android 下对于补间动画的支持，主要是使用 Animation 的几个子类来实现，下面分别介绍 Animation 的几个子类：

- AlphaAnimation：控制动画透明度的变化。
- RotateAnimation：控制动画旋转的变化。
- ScaleAnimation：控制动画成比例缩放的变化。
- TranslateAnimation：控制动画移动的变化。
- AnimationSet：以上几种变化的组合。

上面几个 Animation 也包含了补间动画的几种变化，如果需要使用 XML 资源文件定义补间动画，需要把 XML 资源文件定义在/res/anim/目录下，在需要使用的地方通过 AnimationUtils. loadAnimation (int) 方法指定 XML 动画 ID 来加载一段动画。AnimationUtils 是动画工具类，其中实现了一些静态的辅助动画操作的方法。例如代码：

```
/**
 * 透明度变化
 * /
protected void toAlpha() {
    Animation anim=AnimationUtils.loadAnimation(ToXMLActivity.this,
                        R.anim.anim_alpha);
    iv_anim.startAnimation(anim);
}
```

2. AlphaAnimation

AlphaAnimation 是 Animation 的子类，它用来控制透明度改变的动画。创建该动画的时候要指定动画开始的透明度、结束时候的透明度和动画的持续时间。其中透明度可以使用 0～1 之间的 Long 类型的数字指定，0 为透明，1 为不透明。

AlphaAnimation 有两个构造函数，这里介绍一个最常用最直观的，下面是它的完整签名：

```
AlphaAniamtion(float fromAlpha,float toAlpha)
```

上面方法指定以两个 float 类型的参数设定了动画开始（fromAlpha）和结束（toAlpha）的透明度。使用 Java 代码定义 AlphaAnimation 动画如下：

```
/**
* 透明度变化
* /
protected void toAlpha() {
    //动画从透明变为不透明
    AlphaAnimation anim=new AlphaAnimation(1.0f, 0.5f);
    //动画单次播放时长为 2 秒
    anim.setDuration(2000);
    //动画播放次数
    anim.setRepeatCount(2);
    //动画播放模式为 REVERSE
    anim.setRepeatMode(Animation.REVERSE);
    //设定动画播放结束后保持播放之后的效果
    anim.setFillAfter(true);
    //开始播放,iv_anim 是一个 ImageView 控件
    iv_anim.startAnimation(anim);
}
```

同样可以使用 XML 资源文件设定 AlphaAnimation，它需要使用<alpha.../>标签，为其添加各项属性：

```
<?xml version="1.0" encoding="utf-8"?>
<alphaxmlns:android="http://schemas.android.com/apk/res/android"
    android:duration="2000"
    android:fillAfter="true"
    android:fromAlpha="1.0"
    android:repeatCount="2"
    android:repeatMode="reverse"
    android:toAlpha="0.5" >
</alpha>
```

用 XML 资源文件时，使用 AnimationUtils. loadAnimation()方法加载它即可，效果如图 13-6 所示。

3. RotateAnimation

RotateAnimation 是 Animation 的子类，它用来控制动画的旋转，创建该动画时只要指定动画旋转的“轴心坐标”、开始时的旋转角度、结束时的旋转角度，并指定动画持续时间即可。

RotateAnimation 有多个构造函数，这里介绍一个参数最多的，下面是它的完整签名：

```
RotateAnimation(float fromDegrees,float toDegrees,int pivotXType,
                float pivotXVlaue,int pivotYType,float pivotYValue)
```

在 RotateAnimation 中，fromDegrees 和 toDegrees 分别指定动画开始和结束的旋转角度，pivotXType 和 pivotYType 指定旋转中心的参照类型，它们以静态常量的形式定义

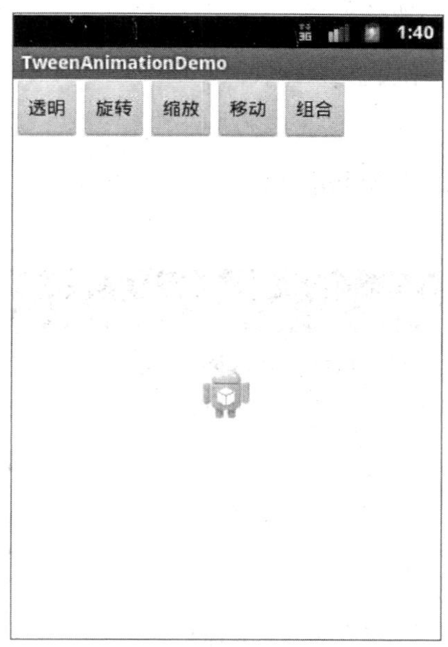

图 13-6　使用 AnimationUtils. loadAnimation()方法加载效果图

在 Animation 中，pivotXVlaue 和 pivotYValue 指定旋转中心的位置。

使用 Java 代码定义 RotateAnimation 如下：

```
/**
 * 旋转变化
 */
protected void toRotate() {
    //依照图片的中心,从 0°旋转到 360°
    RotateAnimation anim=new RotateAnimation(0, 360,
            Animation.RELATIVE_TO_SELF, 0.5f,
                  Animation.RELATIVE_TO_SELF,
            0.5f);
    anim.setDuration(2000);
    anim.setRepeatCount(2);
    anim.setRepeatMode(Animation.REVERSE);
    iv_anim.startAnimation(anim);
}
```

同样可以使用 XML 资源文件定义 RotateAnimation，它需要使用<rotate.../>标签，为其添加各项属性：

```
<?xml version="1.0" encoding="utf-8"?>
<rotatexmlns:android="http://schemas.android.com/apk/res/android"
    android:duration="2000"
    android:fromDegrees="0"
    android:pivotX="50%"
```

```
    android:pivotY="50%"
    android:repeatCount="2"
    android:toDegrees="360" >
</rotate>
```

用 XML 资源文件时，使用 AnimationUtils. loadAnimation()方法加载它即可，效果如图 13-7 所示。

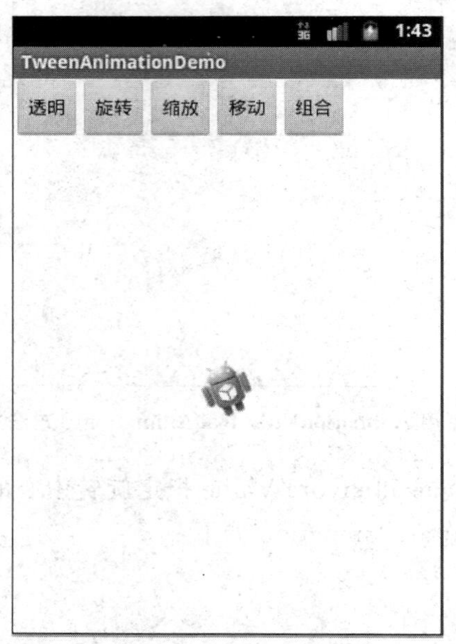

图 13-7　使用 AnimationUtils. loadAnimation()方法加载效果图

4. ScaleAnimation

ScaleAnimation 是 Animation 的子类，它用来控制动画的缩放。创建该动画时要指定开始缩放的中心坐标、动画开始时的缩放比、结束时的动画缩放比，并指定动画的持续时间即可。ScaleAnimation 有多个构造函数，这里介绍一个参数最多的，下面是它的完整签名：

```
ScaleAnimation(float fromX, float toX, float fromY, float toY, int pivotXType,
            float pivotXValue, int pivotYType, float pivotYValue)
```

在 ScaleAnimation 构造函数中，fromX、toX、fromY、toY 分别指定了缩放开始和结束的坐标，pivotXType 和 pivotYType 设定了缩放的中心类型，pivotXValue 和 pivotYValue 设定了缩放中心的坐标。

使用 Java 代码定义 ScaleAnimation 如下：

```
/**
 * 比例缩放变化
 */
protected void toScale() {
```

```
    //以图片的中心位置,从原图的 20%开始放大到原图的 2 倍
    ScaleAnimation anim=new ScaleAnimation(0.2f, 2.0f, 0.2f, 2.0f,
            Animation.RELATIVE_TO_SELF, 0.5f,
                    Animation.RELATIVE_TO_SELF, 0.5f);
    anim.setDuration(2000);
    anim.setRepeatCount(2);
    anim.setRepeatMode(Animation.REVERSE);
    iv_anim.startAnimation(anim);
}
```

同样可以使用 XML 资源文件定义 ScaleAnimation，它需要使用<scale.../>标签，为其添加各项属性：

```
<?xml version="1.0" encoding="utf-8"?>
<scalexmlns:android="http://schemas.android.com/apk/res/android"
    android:duration="2000"
    android:pivotX="50%"
    android:pivotY="50%"
    android:fromXScale="0.2"
    android:fromYScale="0.2"
    android:toXScale="2.0"
    android:toYScale="2.0" >
</scale>
```

用 XML 资源文件时，使用 AnimationUtils.loadAnimation()方法加载它即可，效果如图 13-8 所示。

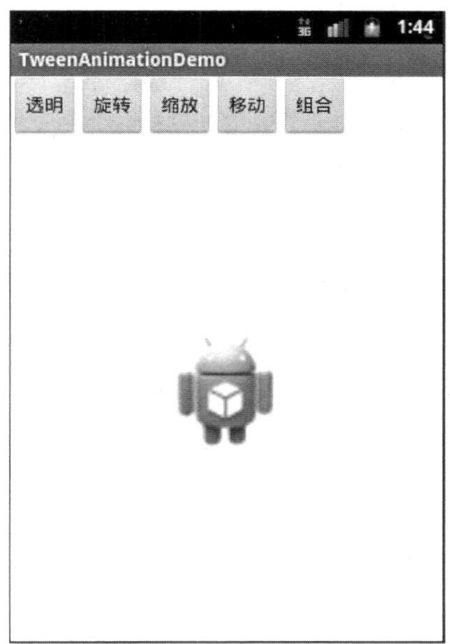

图 13-8　使用 AnimationUtils.loadAnimation()方法加载效果图

5. TranslateAnimation

TranslateAnimation 是 Animation 的子类，它用来控制动画的移动。创建该动画只要指定动画开始时的位置、结束时的位置，并指定动画持续的时间即可。

TranslateAnimation 有多个构造函数，这里介绍一个参数最多的，下面是它的完整签名：

```
TranslateAnimation(int fromXType, float fromXValue, int toXType,
                   float toXValue, int fromYType, float fromYValue,
                   int toYType, float toYValue)
```

在 TranslateAnimation 构造函数中，它们指定了动画开始的点类型以及点位置和动画移动的 X、Y 点的类型以及值。

使用 Java 代码定义 TranslateAnimation 如下：

```
/**
 * 移动变化
 */
protected void toTranslate() {
    //从父窗口的(0.1,0.1)的位置移动父窗口 X 轴 20%Y 轴 20%的距离
    TranslateAnimation anim=new TranslateAnimation(
            Animation.RELATIVE_TO_PARENT, 0.1f,
            Animation.RELATIVE_TO_PARENT, 0.2f,
            Animation.RELATIVE_TO_PARENT, 0.1f,
    Animation.RELATIVE_TO_PARENT, 0.2f);
    anim.setDuration(2000);
    anim.setRepeatCount(2);
    anim.setRepeatMode(Animation.REVERSE);
    iv_anim.startAnimation(anim);
}
```

同样可以使用 XML 资源文件定义 TranslateAnimation，它需要使用<translate.../>标签，为其添加各项属性：

```
<?xml version="1.0" encoding="utf-8"?>
<translatexmlns:android="http://schemas.android.com/apk/res/android"
    android:fromXDelta="10%p"
    android:toXDelta="20%p"
    android:fromYDelta="10%p"
    android:toYDelta="20%p"
    android:duration="2000"
    android:repeatCount="2"
    android:repeatMode="reverse">
</translate>
```

用 XML 资源文件时，使用 AnimationUtils. loadAnimation()方法加载它即可，效果

如图 13-9 所示。

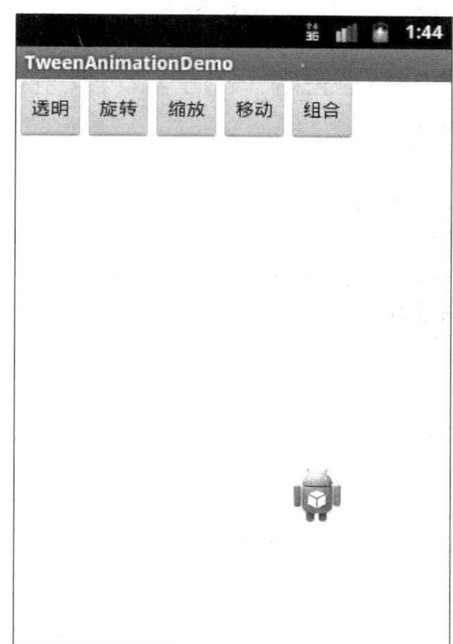

图 13-9　使用 AnimationUtils. loadAnimation()方法加载效果图

6. AnimationSet

AnimationSet 为组合动画，是 Animation 的子类。有些场景需要完成透明度变化、旋转、缩放、移动等多种变化，那么就可以使用 AnimationSet 来完成，它可以使用 addAnimation(Animation)添加多个动画进行组合播放。

AnimationSet 有多个构造函数，这里介绍一个最常用的，下面是它的完整签名：

```
AnimationSet(boolean shareInterpolator)
```

它只有一个 boolean 的参数，指定是否每个动画分享自己的 Interpolator，关于 Interpolator 的内容后面讨论，如果为 false，则每个 AnimationSet 中的每个动画，使用自己的 Interpolator。使用 Java 代码定义 AnimationSet 如下：

```
/**
 * 组合动画
 */
protected void toSetAnim() {
    AnimationSet animSet=new AnimationSet(false);
    //依照图片的中心，从 0°旋转到 360°
    RotateAnimation ra=new RotateAnimation(0, 360,
            Animation.RELATIVE_TO_SELF, 0.5f,
                    Animation.RELATIVE_TO_SELF,0.5f);
    ra.setDuration(2000);
    ra.setRepeatCount(2);
    ra.setRepeatMode(Animation.REVERSE);
```

```
    //以图片的中心位置,从原图的 20%开始放大到原图的 2 倍
    ScaleAnimation sa=new ScaleAnimation(0.2f, 2.0f, 0.2f, 2.0f,
            Animation.RELATIVE_TO_SELF, 0.5f,
                    Animation.RELATIVE_TO_SELF, 0.5f);
    sa.setDuration(2000);
    sa.setRepeatCount(2);
    sa.setRepeatMode(Animation.REVERSE);
    //动画从透明变为不透明
    AlphaAnimation aa=new AlphaAnimation(1.0f, 0.5f);
    //动画单次播放时长为 2 秒
    aa.setDuration(2000);
    //动画播放次数
    aa.setRepeatCount(2);
    //动画播放模式为 REVERSE
    aa.setRepeatMode(Animation.REVERSE);
    //设定动画播放结束后保持播放之后的效果
    aa.setFillAfter(true);
    animSet.addAnimation(sa);
    animSet.addAnimation(aa);
    animSet.addAnimation(ra);
    iv_anim.startAnimation(animSet);
}
```

同样可以使用 XML 资源文件定义 AnimationSet,它需要使用<set.../>标签,为其添加各项属性:

```
<?xml version="1.0" encoding="utf-8"?>
<setxmlns:android="http://schemas.android.com/apk/res/android" >
    <rotate
        android:duration="2000"
        android:fromDegrees="0"
        android:pivotX="50%"
        android:pivotY="50%"
        android:repeatCount="2"
        android:toDegrees="360" >
    </rotate>
    <scale
        android:duration="2000"
        android:fromXScale="0.2"
        android:fromYScale="0.2"
        android:pivotX="50%"
        android:pivotY="50%"
        android:toXScale="2.0"
        android:toYScale="2.0" >
    </scale>
```

```
    <alpha
        android:duration="2000"
        android:fillAfter="true"
        android:fromAlpha="1.0"
        android:repeatCount="2"
        android:repeatMode="reverse"
        android:toAlpha="0.5" >
    </alpha>
</set>
```

用 XML 资源文件时，使用 AnimationUtils. loadAnimation()方法加载它即可，效果如图 13-10 所示。

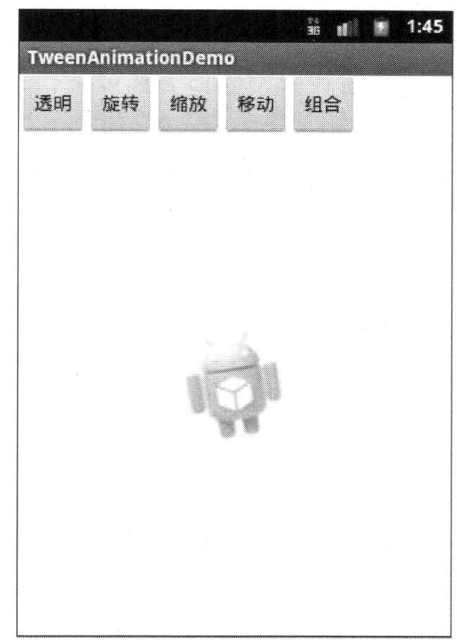

图 13-10　使用 AnimationUtils. loadAnimation()方法加载效果图

7. Animation 变化坐标点的参照类型

从上面可以看到，RotateAnimation、ScaleAnimation、TranslateAnimation 都存在一对 pivotXType，pivotYType 参数，它们是用来指定点的参照类型，使用 int 类型以静态常量的形式定义在 Animation 中，它有如下个值：

- ABSOLUTE：以绝对坐标为参照。
- RELATIVE_TO_PARENT：以父容器为参照。
- RELATIVE_TO_SELF：以当前容器为参照。

细心的读者会发现，在使用 XML 定义动画资源的时候，没有关于 pivotXType、pivotYType 两个属性，其实它们结合到了设定点的坐标中，以 pivotXValue、pivotYValue 两个属性替代，其中如果需要设定为父容器为参照，需要在属性值后面加 p 即可。

补间动画定义的是动画开始、结束的关键帧，Android 需要在开始帧、结束帧之间动态计算，插入大量帧，而 Interpolator 用于控制插入帧的行为。

Interpolator 根据特定算法计算出整个动画所需要动态插入帧的密度和位置，简单地说，Interpolator 负责控制动画的变化速率，用来设定与基本动画（Alpha、Scale、Rotate、Translate）的动画播放速率。

Interpolator 是一个接口，它定义了的所有 Interpolator 都需要实现方法，即 float getInterpolation(float)方法，如果需要自定义动画的变化速率，只需要重写这个接口即可，Android 已经为开发人员提供了一些 Interpolator 的实现类，这里介绍几个常用的：

- LineraInterpolator：动画以匀速的速度变化，默认值。
- AccelerateInterpolator：在动画开始的时候变化速度较慢，之后开始加速。
- AccelerateDecelerateInterpolator：在动画开始、结束的地方改变速度较慢，中间的时候加速。
- CycleInterpolator：动画循环播放特定的次数，变化速度按照正弦曲线变化。
- DecelerateInterpolator：在动画开始的地方速度较快，然后开始减速。

13.3 音频与视频播放

13.3.1 音频

Android 播放音频的类包含在 android. media 包中。Android 播放音频的方式如下：

(1) 使用 SoundPool 类：播放短促、反应速度快的声音，常用于游戏中的音效配音，可同时播放多外声音。

(2) 使用 MediaPlayer 类：播放较长的、对反应时间要求不高的声音，常用于播放后台音乐、歌曲等。

Android 的音频文件存放在项目的 res/raw 文件夹下。Android 支持的音频格式有 OGG、MP3、MID、WAV、AMR 等。音频格式采样率为 11kHz、22kHz、44. 1kHz，16 位立体声。

使用 SoundPool 类播放音频的步骤：

(1) 创建一个 SoundPool 对象。创建 SoundPool 对象的方法为：

SoundPool(int maxStream, int streamType, int srcQuality)

(2) 加载音频资源。SoundPool 可以通过 load()方法来加载一个音频资源。load()方法有 4 种加载方式，它们分别是：

- 通过一个 AssetFileDescriptor 对象加载音频。
- 通过一个资源 ID 加载音频。
- 通过指定的路径加载音频。
- 通过 FileDescriptor 加载音频。

(3) 播放控制。play()方法传递的是一个 load()返回的 soundID，它指向一个被记载的音频资源。pause()、resume()和 stop()方法是针对播放流操作的。

1. 使用 MediaPlayer 类播放音频

(1) MediaPlayer 的状态。使用 MediaPlayer 来播放音频/视频文件或流的控制，是通过一个状态机来管理实现的。

(2) 创建 MediaPlayer 对象可以使用两种方式：

一种方式是使用 new MediaPlayer()：

```
/* 获得 MeidaPlayer 对象 */
MediaPlayer mediaPlayer=new MediaPlayer();
/* 得到文件路径 *//* 注:文件存放在 SD 卡的根目录,一定要进行 prepare()方法,
使硬件进行准备 */
File file=new File(Environment.getExternalStorageDirectory(),"aa.mp3");
  try{
    /* 为 MediaPlayer 设置数据源 */
    mediaPlayer.setDataSource(file.getAbsolutePath());
    /* 准备 */
    mediaPlayer.prepare();
}catch(Exception ex){
    ex.printStackTrace();
}
```

另一种方式是使用 MediaPlayer. create(...)：

```
/* 从 res/raw 资源中获取文件 */
mediaPlayer=MediaPlayer.create(this,R.raw.sky);
/* 根据 URI:创建 */
//mediaPlayer=MediaPlayer.create(this, Uri.parse("/mnt/sdcard/aa.mp3"));
/* 网络 URI 流 */
//mediaPlayer=MediaPlayer.create(this,
                Uri.parse("http://www.sunzone.com/aa.mp3"));
```

注意：使用 create()方法创建的 MediaPlayer 对象后，MediaPlayer 对象随即处于 prepared 状态，无须调用 prepare()方法。

2. MediaPlayer 监听器

对 MediaPlayer 对象可以定义如下监听器：OnCompletionListener、OnPrepareListener、OnErrorListener、OnBufferingUpdateListener、OnInfoListener，OnVideoSizeChangedListener 和 OnSeekCompleteListener 等。

13.3.2 播放视频

使用 VideoView 播放视频简单、方便，也可以利用 MediaPlayer 用来播放视频。但 MediaPlayer 主要用于播放音频，它没有提供输出图像的输出界面，需要用到 SurfaceView 控件，将它与 MediaPlayer 结合起来，就能完成视频的输出了。

【示例】 使用 MediaPlayer 与 SurfaceView 播放视频。

实现步骤：

(1) 创建 MediaPlayer 对象，并设置加载的视频文件(setDataSource())。

(2) 在界面布局文件中定义 SurfaceView 控件。

(3) 通过 MediaPlayer. setDisplay(SurfaceHolder sh)来指定视频画面输出到 SurfaceView 之上。

(4) 通过 MediaPlayer 的其他一些方法用于播放视频。

代码实现如下。

布局文件 activity_main. xml 如下：

```
<?xml version="1.0" encoding="utf-8"?>
<LinearLayout xmlns:android="http://schemas.android.com/apk/res/android"
    android:layout_width="fill_parent"
    android:layout_height="fill_parent"
    android:orientation="vertical" >
      <SurfaceView
        android:id="@+id/surfaceView"
        android:layout_width="fill_parent"
        android:layout_height="360px" />
      <LinearLayout
        android:layout_width="fill_parent"
        android:layout_height="wrap_content"
        android:gravity="center_horizontal"
        android:orientation="horizontal" >
          <Button
            android:id="@+id/btnplay"
            android:layout_width="wrap_content"
            android:layout_height="wrap_content"
            android:text="@string/start" />
          <Button
            android:id="@+id/btnpause"
            android:layout_width="wrap_content"
            android:layout_height="wrap_content"
            android:text="@string/pause" />
          <Button
            android:id="@+id/btnstop"
            android:layout_width="wrap_content"
            android:layout_height="wrap_content"
            android:text="@string/stop" />
    </LinearLayout>
</LinearLayout>
```

Activity 代码如下：

```
Package surfaceview;
import android.app.Activity;
import android.media.AudioManager;
import android.media.MediaPlayer;
import android.os.Bundle;
import android.view.SurfaceHolder;
import android.view.SurfaceHolder.Callback;
import android.view.SurfaceView;
import android.view.View;
```

```
import android.view.View.OnClickListener;
import android.widget.Button;
import android.widget.ImageButton;
public class SurfaceViewVideoDemoActivity extends Activity
            implements OnClickListener{
    ImageButton btnplay, btnstop, btnpause;
    SurfaceView surfaceView;
    MediaPlayer mediaPlayer;
    int position;
    public void onCreate(Bundle savedInstanceState) {
        super.onCreate(savedInstanceState);
        setContentView(R.layout.main);
        btnplay=(ImageButton)this.findViewById(R.id.btnplay);
        btnstop=(ImageButton)this.findViewById(R.id.btnplay);
        btnpause=(ImageButton)this.findViewById(R.id.btnplay);
        btnstop.setOnClickListener(this);
        btnplay.setOnClickListener(this);
        btnpause.setOnClickListener(this);
        mediaPlayer=new MediaPlayer();
        surfaceView=(SurfaceView) this.findViewById(R.id.surfaceView);
        //设置 SurfaceView 自己不管理的缓冲区
          surfaceView.getHolder().setType
                (SurfaceHolder.SURFACE_TYPE_PUSH_BUFFERS);
        surfaceView.getHolder().addCallback(new Callback() {
            @Override
            public void surfaceDestroyed(SurfaceHolder holder) {
            }
            @Override
            public void surfaceCreated(SurfaceHolder holder) {
                if (position>0) {
                    try {
                        play();
                        mediaPlayer.seekTo(position);
                        position=0;
                    } catch (Exception e) {
                        }  }  }
            @Override
            public void surfaceChanged(SurfaceHolder holder,
                    int format, int width,int height) {}  }); }
    @Override
    public void onClick(View v) {
        switch (v.getId()) {
        case R.id.btnplay:
            play();
            break;
        case R.id.btnpause:
            if (mediaPlayer.isPlaying()) {
                mediaPlayer.pause();
            }else{
```

```
                mediaPlayer.start();  }
            break;
        case R.id.btnstop:
            if (mediaPlayer.isPlaying()) {
                mediaPlayer.stop();}
            break;
        default:
            break;  } }
    @Override
    protected void onPause() {
            if (mediaPlayer.isPlaying()) {
                position=mediaPlayer.getCurrentPosition();
                mediaPlayer.stop();  }
            super.onPause();  }
    private void play() {
        try {
            mediaPlayer.reset();
            mediaPlayer.setAudioStreamType(AudioManager.STREAM_MUSIC);
            //设置需要播放的视频
            mediaPlayer.setDataSource("/mnt/sdcard/movie.3gp");
            //把视频画面输出到 SurfaceView
            mediaPlayer.setDisplay(surfaceView.getHolder());
            mediaPlayer.prepare();
            //播放
            mediaPlayer.start();
        } catch (Exception e) {
        }
    }
}
```

运行结果如图 13-11 所示。

图 13-11　视频播放界面

本章小结

通过本章学习，应清楚地理解 Android 多媒体应用编程技术，学会使用 2D、3D 图形，熟悉动画播放技术细节，灵活掌握音频与视频播放技术等。

习　　题

1. 怎样使用自定义 View 绘图？
2. 怎样使用 Bitmap 绘图？
3. 结合本章实例中音乐播放器的内容，实现网络播放器的功能。

第 14 章 BabySleep 媒体分享系统设计与实现

本章主要介绍基于 Android 的 BabySleep 媒体分享系统设计的总体思路，以及其主界面功能的实现过程，其中包括系统的总体设计、系统的功能结构图、系统业务流程图、主界面 UI 设计等。

14.1 BabySleep 的需求

14.1.1 用户需求

用户需求需要进行调查，研究软件用户有助于对该项目进行软件需求分析。对于软件系统来说，应该探索的问题包括用户的使用目标是什么、用户是如何使用软件完成业务需求(需求事务)。这些问题都已经在调查执行过程中得以明确。

随着 4G 时代的到来，手机应用越来越普遍，加之智能手机持有量更是爆长。孩子使用智能设备已经是一种趋势。美国甚至将 Pad 大规模应用为教学工具。国内移动互联网在儿童用户这一块还是不多。数据显示，目前中国婴幼儿数量已达 1.08 亿。按照主流研究机构预测，随着 80 后父母数码电子产品消费率的提升，再加上儿童越发喜爱智能设备的趋势，仅婴幼儿教育 App 市场需求，便有极其庞大的市场规模。

14.1.2 功能需求

根据该项目的设计目标，对产品进行场景化推导出项目系统的基本需求，从不同角度来描述系统的需求，同时使用用例图来描述软件的功能需求。本章从 BabySleep 的框架设计、登录实现、本地文件上传、音频的基本播放、系统设置、账号管理等几个部分来概括。在该部分的分析描述中，结合 UML 统一建模语言进行必要的图形化分析。

14.1.3 界面需求

软件的界面是人与移动设备之间进行交互的媒介，好的界面能够为用户提供良好的操作体验，因此，通常用户对软件界面的要求也非常高。界面的需求通常都是建立在用户对软件功能需求的基础之上的。因此，对用户特征的分析、了解用户的实际需求，是软件界面开发的重中之重。本章设计的播放器界面要求布局合理、颜色舒适、控制按钮友好、图片素材简易大方，具体界面如图 14-1 所示。

图 14-1 BabySleep 主界面

具体界面需求分析过程如下。

1. 用户角色

软件设计过程中，对界面的需求分析不同于对功能需求的客观分析，它必须要以用户为中心，主观性较强。界面设计人员可以根据同行原则对界面进行设计，但是由于用户不同个体之间的文化、知识及个人喜好等发面的差异，对软件界面的需求也会存在较大的差异。这一原因也导致用户的界面需求不想业务功能需求那样容易明确。

BabySleep 是一款为 3～6 岁儿童及其家长设计的软件，要考虑到幼儿对界面风格的要求，使用暖色调、柔和一类的颜色就会比较适合。对于家长来说，操作应比较简单。

2. 界面元素

软件界面的元素一般包括界面的主颜色、字体、UI 布局、界面交互方式、功能分布等。其中交互方式、功能分布等元素会对用户的工作效率产生明显的影响，在使用命令进行交互的方式中，命令名称、参数也属于界面元素中的内容。围绕界面元素进行界面设计的最终目的，是让用户能够在使用软件的使用过程中得到更好的感官体验，提高工作效率。

3. 界面原型

通常在软件设计的过程中，其功能需求是被直接定义的，而对软件界面的需求只是一个相对模糊的内容，因此界面设计工作在软件设计的初期很难被量化。通过利用界面原型能够在缩短界面需求的调查周期的同时，尽可能满足用户的需求。快速原型法是迅速地根据软件系统的需求，产生出一个软件系统原型的过程，它能够在最快情况下获得更完整、更正确的软件需求和设计。

14.2 BabySleep 的系统设计

BabySleep 的功能结构具体如图 14-2 所示，其功能设计需要符合前文中提出的功能需求分析。功能模块上分为登录界面、主界面功能模块以及其子菜单模块。

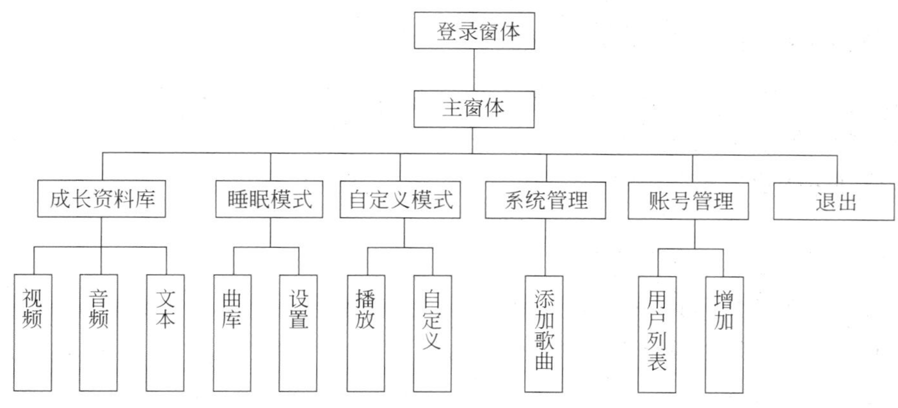

图 14-2 BabySleep 的功能结构图

14.2.1 BabySleep 的程序结构

在基于 Android 平台的应用程序开发过程中，每个开发中的应用程序都具有一个十分严密的工程结构。这种严密的工程结构能够更好把握程序中各个组件的管理，BabySleep 程序是在 Eclipse 集成开发环境下的工程结构，具体程序结构框架，如图 14-3 所示。

图 14-3 BabySleep 的程序结构图

14.2.2 BabySleep 系统业务流程图

根据前文中对 BabySleep 功能结构的分析以及对主界面功能的简单分析，在对功能模块进行设计的基础上，使用 DroidDraw 工具编写出 XML 文件并导入 Android ADT 中，能够得到系统业务流程图，如图 14-4 所示。

14.2.3 UI 设计

BabySleep 的主要色调采用浅色、暖色卡通图案做背景底色，各个按钮使用明显的按钮标识，方便幼儿使用。整体风格显得更加舒适并附有温馨的感觉，如图 14-5 所示。

程序主界面功能列表主要包括基本控制功能按钮（播放、返回、保存等），如图 14-6 所示。

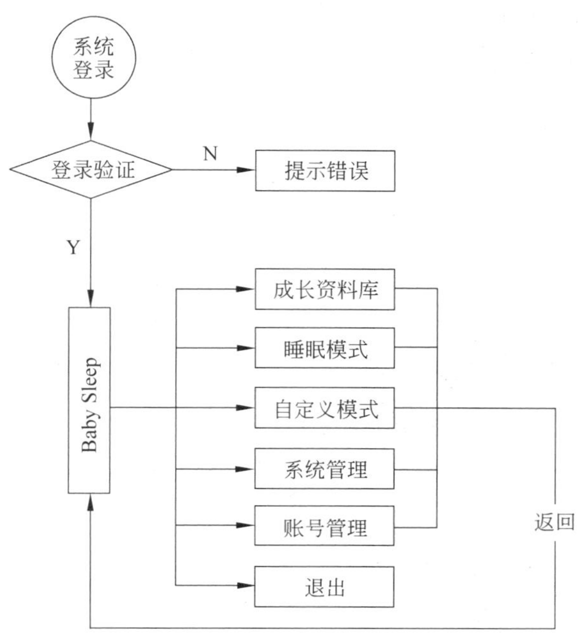

图 14-4　系统业务流程图

图 14-5　BabySleep 的设计风格示例

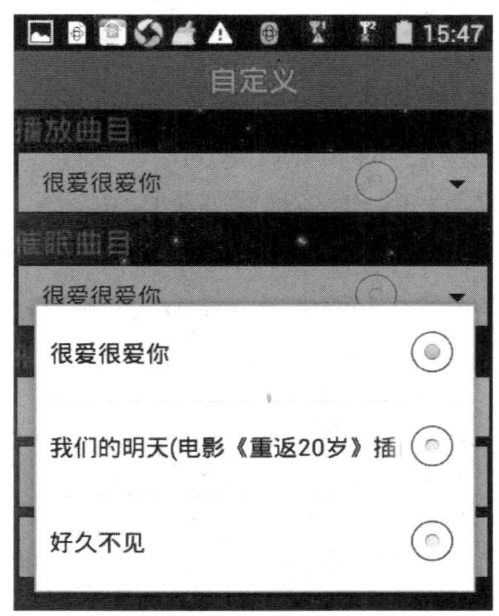

图 14-6　功能按钮示例

14.2.4　样式和主题资源

在 Android 中，提供了用于对 Android 应用进行美化的样式和主题资源，使用这些资源可以开发出各种风格的 Android 应用。下面是 styles. xml 文件的代码，展示了 BabySleep 的样式和主题。

```
<resources>
    <!--
        Base application theme, dependent on API level. This theme is replaced
        by AppBaseTheme from res/values-vXX/styles.xml on newer devices.
    -->
    <style name="AppBaseTheme" parent="android:Theme.Light">
        <!--
            Theme customizations available in newer API levels can go in
            res/values-vXX/styles.xml, while customizations related to
            backward-compatibility can go here.
        -->
    </style>
    <!--Application theme. -->
    <style name="AppTheme" parent="AppBaseTheme">
        <!--All customizations that are NOT specific to a particular API-level
              can go here. -->
    </style>
</resources>
```

14.2.5 界面布局

在 Android 中，提供了线性布局管理器(LinearLayout)、表格布局管理器(TableLayout)、帧布局管理器(FrameLayout)、相对布局管理器(RelativeLayout)和绝对布局管理器(AbsoluteLayout)五种。BabySleep 的主界面采用的线性布局管理器(LinearLayout)，具体代码如下所示。

```
<LinearLayout xmlns:android="http://schemas.android.com/apk/res/android"
    xmlns:tools="http://schemas.android.com/tools"
    android:layout_width="match_parent"
    android:layout_height="match_parent"
    android:orientation="vertical"
    android:background="@drawable/bj" >
    <LinearLayout
        android:layout_width="match_parent"
        android:layout_height="40sp"
        android:background="#EED2EE"
        android:orientation="vertical" >
        <TextView
            android:id="@+id/textView1"
            android:layout_width="wrap_content"
            android:layout_height="match_parent"
```

```
                android:layout_gravity="center_horizontal|center_vertical"
                android:gravity="center_horizontal|center_vertical"
                android:text="BabySleep"
                android:textSize="@dimen/textSize" />
        </LinearLayout>
        <GridView
            android:id="@+id/gridView1"
            android:layout_width="wrap_content"
            android:layout_height="wrap_content"
            android:layout_gravity="center"
            android:gravity="center"
            android:numColumns="2"
            android:layout_margin="8dp"
            android:verticalSpacing="8dp"
            android:horizontalSpacing="8dp"
            android:stretchMode="columnWidth"
            tools:listitem="@layout/main_item" >
        </GridView>
    </LinearLayout>
```

在线性布局管理器中，常用的属性包括 android：orientation，用于设置布局管理器内组件的排列方式，其可选值为 horizontal 和 vertical，默认值为 vertical。其中，horizontal 表示水平排列，vertical 表示垂直排列。BabySleep 选用的是垂直排列方式。视图采取网格视图(GridView)。GridView 网格视图是按照行、列分布的方式来显示多个组件，通常用于显示图片或者图标等。主界面的设计风格选用了网格视图，将几大功能模块按照网格视图方式排列，在 XML 布局文件中添加网格视图的基本语法如下：

```
<GridView
        属性列表
>
</GridView>
```

GridView 组件支持的 XML 属性如表 14-1 所示。

表 14-1　GridView 支持的 XML 属性

XML 属性	描　　述
android：columnWidth	用于设置列宽度
Android：gravity	用于设置对齐方式
android：horizontalSpacing	用于设置各元素之间的水平间距
android：numColumns	用于设置列数，其属性值通常为大于的值
android：stretchMode	用于设置拉伸方式
android：verticalSpacing	用于设置各元素之间的垂直间距

在 BabySleep 的主界面中使用了 GridView 网格视图组件，具体实现代码如下所示。

```
<GridView
        android:id="@+id/gridView1"
        android:layout_width="wrap_content"
        android:layout_height="wrap_content"
        android:layout_gravity="center"
        android:gravity="center"
        android:numColumns="2"
        android:layout_margin="8dp"
        android:verticalSpacing="8dp"
        android:horizontalSpacing="8dp"
        android:stretchMode="columnWidth"
        tools:listitem="@layout/main_item" >
    </GridView>
```

其中，组件的基本宽度设置为该组件的宽度恰好能包裹它的内容，高度同样。对齐方式为居中，列数为 2 列，各元素之间垂直间距为 8dp，水平间距为 8dp。图 14-7 为主界面的布局界面。

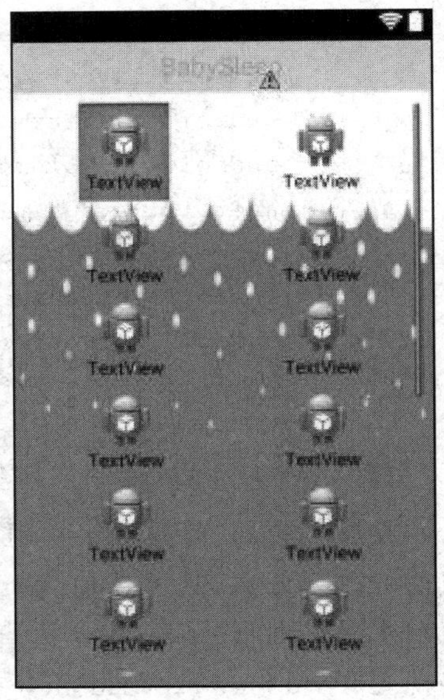

图 14-7　主界面布局

接着编写用于布局网格内容的 XML 布局文件 main_item. xml。在该文件中，采用线性布局，并在该布局管理器中添加一个 ImageView 组件和一个 TextView 组件，分别用于显示网格视图中的图片和说明文字，代码如下所示。

```
<?xml version="1.0" encoding="utf-8"?>
<LinearLayout xmlns:android="http://schemas.android.com/apk/res/android"
    android:layout_width="wrap_content"
    android:layout_height="wrap_content"
    android:layout_gravity="center"
    android:gravity="center"
    android:orientation="vertical" >
    <ImageView
        android:id="@+id/imageView1"
        android:layout_width="wrap_content"
        android:layout_height="wrap_content"
        android:src="@drawable/ic_launcher" />
    <TextView
        android:id="@+id/textView1"
        android:layout_width="wrap_content"
        android:layout_height="wrap_content"
        android:text="TextView"
        android:textColor="#0000FF" />
```

```
</LinearLayout>
```

布局界面如图 14-8 所示。

之后在 MainActivity.java 文件的 onCreate()方法中,创建用于保存图片 ID 和说明文字的数组,最后与 GridView 相关联,代码如下所示。

图 14-8　main_item.xml 布局界面

```
package com.babysleep;
import java.util.ArrayList;
import java.util.HashMap;
import java.util.Map;
import com.babysleep.application.Application;
import com.babysleep.service.SongService;
import android.app.AlertDialog;
import android.app.AlertDialog.Builder;
import android.content.DialogInterface;
import android.content.Intent;
import android.os.Bundle;
import android.view.KeyEvent;
import android.view.View;
import android.view.View.OnClickListener;
import android.widget.AdapterView;
import android.widget.AdapterView.OnItemClickListener;
import android.widget.GridView;

public class MainActivity extends MyActivity {
    private GridView gridView;
    private ArrayList<Map<String, Object>>arrayList;
    private SongService songService;
    private Intent intent;
    private int mark;

    @Override
    protected void onCreate(Bundle savedInstanceState) {
        super.onCreate(savedInstanceState);
        setContentView(R.layout.activity_main);
        //  Application.getInstance().addActivity(this);
        intent=getIntent();
        mark=intent.getIntExtra("mark", 0);

        initUI();
        initData();
        init();
    }

    private void init() {
        //TODO Auto-generated method stub
```

```
MainItemAdapter mainItemAdapter=
        new MainItemAdapter(MainActivity.this, arrayList);
gridView.setAdapter(mainItemAdapter);
gridView.setOnItemClickListener(new OnItemClickListener() {

    @Override
    public void onItemClick(AdapterView<?>parent, View view,
            int position, long id) {
        //TODO Auto-generated method stub
        switch (position) {
        case 0:
            Intent intent0=new Intent();
            intent0.setClass(MainActivity.this, Grow.class);
            intent0.putExtra("target", position);
            startActivity(intent0);

            break;
        case 1:
            Intent intent1=new Intent();
            intent1.setClass(MainActivity.this,
                            BofangActivity.class);
            intent1.putExtra("target", position);
            startActivity(intent1);

            break;
        case 2:
            Intent intent2=new Intent();
            intent2.setClass(MainActivity.this,
                            ZidingyiActivity.class);
            intent2.putExtra("target", position);
            startActivity(intent2);

            break;
        case 3:
            Intent intent3=new Intent();
            intent3.setClass(MainActivity.this,
                            SongListActivity.class);
            startActivity(intent3);
            break;
        case 4:
            Intent intent4=new Intent();
            intent4.setClass(MainActivity.this,
                            UserActivity.class);
            startActivity(intent4);
            break;
        default:
            break;
```

```
                }
            }
        });
    }

    private void initData() {
        //TODO Auto-generated method stub
        arrayList=new ArrayList<Map<String, Object>>();

        Map<String, Object>map1=new HashMap<String, Object>();
        map1.put("moshi", "成长资料库");
        map1.put("tupian", R.drawable.one);
        arrayList.add(map1);
        Map<String, Object>map2=new HashMap<String, Object>();
        map2.put("moshi", "睡眠模式");
        map2.put("tupian", R.drawable.two);
        arrayList.add(map2);
        Map<String, Object>map3=new HashMap<String, Object>();
        map3.put("moshi", "自定义模式");
        map3.put("tupian", R.drawable.three);
        arrayList.add(map3);
        Map<String, Object>map4=new HashMap<String, Object>();
        map4.put("moshi", "系统管理");
        map4.put("tupian", R.drawable.four);
        arrayList.add(map4);
        if(mark==0){
            Map<String, Object>map5=new HashMap<String, Object>();
            map5.put("moshi", "账号管理");
            map5.put("tupian", R.drawable.five);
            arrayList.add(map5);
        }
    }

    private void initUI() {
        //TODO Auto-generated method stub
        gridView=(GridView) findViewById(R.id.gridView1);
    }

    @Override
    public boolean onKeyDown(int keyCode, KeyEvent event) {
        //TODO Auto-generated method stub
        if(keyCode==KeyEvent.KEYCODE_BACK){
            AlertDialog.Builder builer=
                    new AlertDialog.Builder(MainActivity.this);
            builer.setTitle("操作");
            builer.setMessage("确定要退出吗？");
            builer.setPositiveButton("确定",
```

```
                    new DialogInterface.OnClickListener() {

                @Override
                public void onClick(DialogInterface dialog, int which) {
                    finish();
                }
            });
            builer.setNegativeButton("取消",
                    new DialogInterface.OnClickListener() {
                @Override
                public void onClick(DialogInterface dialog, int which) {
                    dialog.dismiss();
                }
            });
            builer.create();
            builer.show();
        }
        return super.onKeyDown(keyCode, event);
    }
}
```

14.2.6 资源文件

主函数代码中所需的图片文件都存在 res 中，如图 14-9 所示。

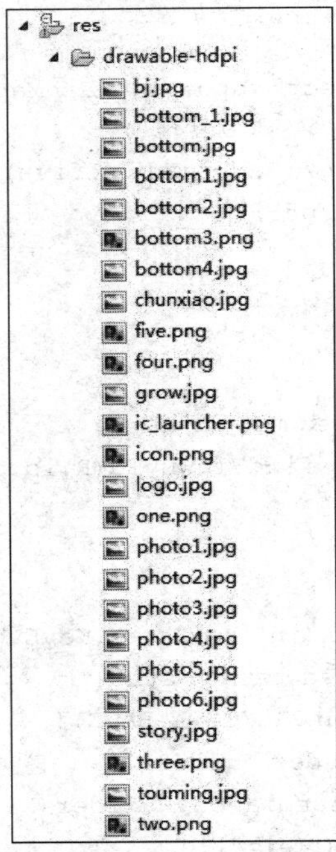

图 14-9　res 中的图片资源

14.3　BabySleep 各功能模块的设计与实现

14.3.1　登录界面设计与实现

登录模块主要是通过输入正确的密码进入 BabySleep 的主窗体，它可以提高程序的安全性，保证数据资料不外泄。具体设计步骤如下。

1. 数据库命名规范

数据库以数据库相关英文单词或缩写进行命名，如表 14-2 所示。

表 14-2　数据库命名

数据库名称	描　　述
Babysleep.db	BabySleep 数据库

2. 数据模型公共类

在 com.babysleep.model 包中存放的是数据模型公共类，它们对应着数据库中不同的数据表，这些模型将被访问数据库的其他类和程序中各个模块甚至各个组件所使用。数据模型是对数据表中所有字段的封装，它主要用于存储数据，并通过 getXXX()方法和 setXXX()实现不同属性的访问原则。接下来就是登录界面的用户信息表所对应的数据模型类的实现代码，主要代码如下。

```
package com.babysleep.model;
public class User {
    private Integer userId;                              //存储用户编号
    private String userName;                             //存储用户名字
    private String userPassword;                         //存储登录密码
    public Integer getUserId() {                         //设置用户 ID 的可读属性
        return userId;
    }
    public void setUserId(Integer userId) {              //设置用户 ID 的可写属性
        this.userId=userId;
    }
    public String getUserName() {                        //设置用户名字的可读属性
        return userName;
    }
    public void setUserName(String userName) {           //设置用户名字的可写属性
        this.userName=userName;
    }
    public String getUserPassword() {                    //设置登录密码的可读属性
        return userPassword;
    }
    //设置登录密码的可写属性
    public void setUserPassword(String userPassword) {
```

```
        this.userPassword=userPassword;
    }
}
```

3. UserDbHelper.java 类

UserDbHelper 类主要用来实现对用户信息进行管理的功能，包括用户信息的增加、删除、修改、查询等功能。下面对该类中的方法进行详细讲解。

UserDbHelper 类中定义两个对象，分别是 DictionaryOpenHelper 对象和 SQLiteDatabase 对象，然后创建该类的构造函数，并初始化对象。主要代码如下。

```
public class UserDbHelper {
    private Context context;                           //定义构造函数
    private DictionaryOpenHelper helper;               //创建 UserDbHelper 对象
    public UserDbHelper(Context context) {
        this.context=context;
        //初始化 DictionaryOpenHelper 对象
        helper=new DictionaryOpenHelper(context);
    }
    public void add(User user) {
        //初始化 SQLiteDatabase 对象
        SQLiteDatabase db=helper.getWritableDatabase();
        db.execSQL("insert into user (user_name,
                user_password) values (?,?)",
            //执行添加用户信息操作
            new Object[] { user.getUserName(), user.getUserPassword() });
        db.close();
    }
    public void del(String id) {
        //初始化 SQLiteDatabase 对象
        SQLiteDatabase db=helper.getWritableDatabase();
        //执行删除用户信息操作
    db.execSQL("delete from user where user_id=?", new String[] { id });
        db.close();
    }

    public void modify(User user) {
        //初始化 SQLiteDatabase 对象
        SQLiteDatabase db=helper.getWritableDatabase();
        db.execSQL("update user set user_name=?,
                user_password=?where user_id=?",
            //执行更改用户信息操作
            new String[] { user.getUserName(), user.getUserPassword(),
                    user.getUserId()+"" });
        db.close();
```

```
}

public User find(String id) {
    //初始化 SQLiteDatabase 对象
    SQLiteDatabase db=helper.getWritableDatabase();
    Cursor c=db.rawQuery("select * from user where user_id=?",
            new String[] { id });
    User user=new User();                     //执行查找用户信息操作
    user.setUserId(c.getInt(c.getColumnIndex("user_id")));
    user.setUserName(c.getString(c.getColumnIndex("user_name")));
    user.setUserPassword(c.getString(c.getColumnIndex
                        ("user_password")));
    return user;
}

public List<User>findAll() {
    List<User>listUser=new ArrayList<User>();
    SQLiteDatabase db=helper.getWritableDatabase();
    Cursor c=db.rawQuery("select * from user ", null);
    while (c.moveToNext()) {
        User user=new User();
        user.setUserId(c.getInt(c.getColumnIndex("user_id")));
        user.setUserName(c.getString(c.getColumnIndex("user_name")));
        user.setUserPassword(c.getString(c.getColumnIndex
                        ("user_password")));
        listUser.add(user);
    }
    return listUser;
}

public boolean login(User user) {                //登录功能实现
    if (user.getUserName().equals("admin")
        && user.getUserPassword().equals(MD5.GetMD5Code("admin"))) {
        return true;
    }else{
        //success 默认值为 false
        boolean success=false;

        success=true;
        //初始化 SQLiteDatabase 对象
        SQLiteDatabase db=helper.getReadableDatabase();
        Cursor c=db.rawQuery("select * from user where user_name=?",
                new String[] { user.getUserName() });
        while (c.moveToNext()) {
```

```
                String password=
                        c.getString(c.getColumnIndex("user_password"));
                //下面的 if 的意思是如果 password(这个 password 是上面从数据库
                //查询出来的)和密码相同,则将 success 改成 true,循环结束后就返回
                //所以刚才的问题是实际上数据库的密码和输入的密码不相同
                if (password.equals(user.getUserPassword())) {
                    success=true;
                }
            }
            return success;
        }
    }
}
```

4. Activity_login. xml 文件

在 res/layout 目录下新建一个 activity_login. xml,用来作为登录窗体的布局文件。该布局文件中,将布局方式为线性布局方式,然后添加一个 TextView 组件、一个 EditText 组件和两个 Button 组件,密码隐藏,函数 android: password="true"。实现代码如下。

```
<?xml version="1.0" encoding="utf-8"?>
<LinearLayout xmlns:android="http://schemas.android.com/apk/res/android"
    android:layout_width="match_parent"
    android:layout_height="match_parent"
    android:background="@drawable/bj"
    android:orientation="vertical" >
    <LinearLayout
        android:layout_width="match_parent"
        android:layout_height="40sp"
        android:background="#003399"
        android:orientation="vertical" >
        <TextView
            android:id="@+id/textView1"
            android:layout_width="wrap_content"
            android:layout_height="match_parent"
            android:layout_gravity="center_horizontal|center_vertical"
            android:gravity="center_horizontal|center_vertical"
            android:text="登录"
            android:textSize="@dimen/textSize" />
    </LinearLayout>
    <TextView
        android:id="@+id/tv_name"
        android:layout_width="match_parent"
```

```
        android:layout_height="wrap_content"
        android:layout_weight="0.00"
        android:text="用户名"
        android:textColor="#0000FF"
        android:textSize="@dimen/textSize" />
    <EditText
        android:id="@+id/et_name"
        android:layout_width="match_parent"
        android:layout_height="wrap_content"
        android:layout_weight="0.00"
        android:ems="10" >
        <requestFocus />
    </EditText>
    <TextView
        android:id="@+id/tv_password"
        android:layout_width="wrap_content"
        android:layout_height="wrap_content"
        android:layout_weight="0.00"
        android:text="密码"
        android:textColor="#0000FF"
        android:textSize="@dimen/textSize" />
    <EditText
        android:id="@+id/et_password"
        android:layout_width="match_parent"
        android:layout_height="wrap_content"
        android:layout_weight="0.00"
          android:password="true"
        android:ems="10" />
    <Button
        android:id="@+id/button2"
        android:layout_width="match_parent"
        android:layout_height="wrap_content"
        android:layout_weight="0.00"
        android:onClick="login"
        android:text="登录" />
    <Button
        android:id="@+id/back"
        android:layout_width="match_parent"
        android:layout_height="wrap_content"
        android:layout_weight="0.00"
        android:text="返回"
        android:visibility="gone"/>
</LinearLayout>
```

登录界面布局如图 14-10 所示。

5. 登录界面实现

在 com. babysleep 中创建 LoginActivity. java 文件，该文件的布局文件设置为 activity_login. xml。当用户在 password 文本框中输入密码时，单击“登录”按钮，为“登录”按钮设置监听事件，在监听事件中，判断数据库中是否有对应用户名的密码，如密码输入为空时提醒，如输入的密码与数据库中密码一致，如果条件满足，则登录主 Activity；否则弹出信息提示框。具体代码如下。

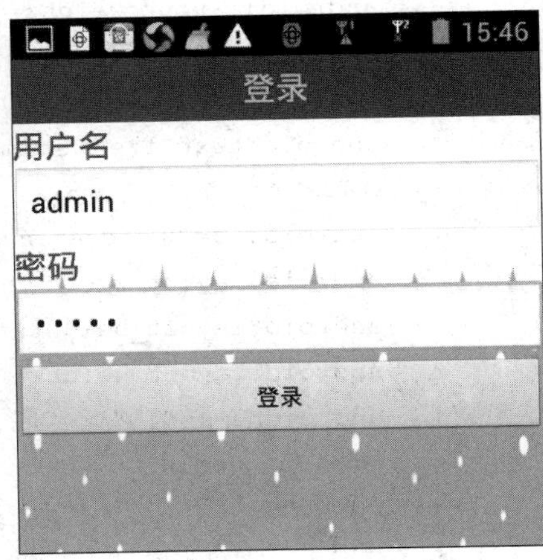

图 14-10 登录界面布局

```
import com.babysleep.model.User;
import com.babysleep.service.UserDbHelper;
import com.babysleep.util.MD5;
import android.view.View;
import android.view.View.OnClickListener;
import android.widget.Button;
import android.widget.EditText;
import android.widget.TextView;
import android.widget.Toast;
import android.app.Activity;
import android.content.Intent;
import android.os.Bundle;
public class LoginActivity extends Activity {
    private Intent intent;
    private int flag;
    private Button back;
    private EditText et_name;
    private EditText et_password;
    private UserDbHelper helper;
    private User user;
    @Override
    protected void onCreate(Bundle savedInstanceState) {
        super.onCreate(savedInstanceState);
        setContentView(R.layout.activity_login);
        intent=getIntent();
        flag=intent.getIntExtra("flag", 0);
        initUI();
        initDate();
        init();
    }
    private void init() {
        //TODO Auto-generated method stub
        back.setOnClickListener(new OnClickListener() {
```

```
            @Override
            public void onClick(View v) {
                //TODO Auto-generated method stub
                LoginActivity.this.finish();
            }
        });
    }
    private void initDate() {
        //TODO Auto-generated method stub
        helper=new UserDbHelper(LoginActivity.this);
        user=new User();
    }
    private void initUI() {
        //TODO Auto-generated method stub
        back=(Button) findViewById(R.id.back);
        TextView tv1=(TextView) findViewById(R.id.textView1);
        Button btn=(Button) findViewById(R.id.button2);
        if(flag==1){
            back.setVisibility(0);
            tv1.setText("增加用户");
            btn.setText("增加");
        }
        et_name=(EditText) findViewById(R.id.et_name);
        et_password=(EditText) findViewById(R.id.et_password);
    }
    public void login(View view){
        String name=et_name.getText().toString();
        if(name.equals("") || name==null){
            Toast.makeText(LoginActivity.this, "用户名不能为空",
                                Toast.LENGTH_SHORT).show();
            return;
        }else{
            user.setUserName(name);
        }
        String password=et_password.getText().toString();
        if(password.equals("") || password==null){
            Toast.makeText(LoginActivity.this, "密码不能为空",
                                Toast.LENGTH_SHORT).show();
            return;
        }else{
            user.setUserPassword(MD5.GetMD5Code(password));
        }
        if(flag==0){
```

```
            if(helper.login(user)){
                Toast.makeText(LoginActivity.this, "登录成功",
                        Toast.LENGTH_SHORT).show();
                Intent intent=new Intent();
                intent.setClass(LoginActivity.this, MainActivity.class);
                if(user.getUserName().equals("admin")){
                    intent.putExtra("mark", 0);
                }else{
                    intent.putExtra("mark", 1);
                }
                startActivity(intent);
                LoginActivity.this.finish();
            }else{
                Toast.makeText(LoginActivity.this, user.getUserName()
                        +user.getUserPassword(),
                        Toast.LENGTH_SHORT).show();
                //Toast.makeText(LoginActivity.this, "登录失败",
                        Toast.LENGTH_SHORT).show();
                return;
            }
        }else if(flag==1){
            helper.add(user);
            Toast.makeText(LoginActivity.this, "增加成功",
                        Toast.LENGTH_SHORT).show();
            Intent intent=new Intent();
            intent.setClass(LoginActivity.this, UserActivity.class);
            startActivity(intent);
            LoginActivity.this.finish();
        }
    }
}
```

14.3.2 主界面设计与实现

作为 BabySleep 应用程序的主界面，背景采用粉色，分为 5 大功能模块，分别是成长资料库、睡眠模式、自定义模式、系统管理以及账号管理。单击图标即可进入到各个功能模块中。图 14-11 所示为主界面的 UI 设计。

具体的布局方式及关键代码已在上一章节中介绍过，在此不再赘述。

图 14-11 主界面布局

14.3.3　成长资料库模块设计与实现

1. 布局文件设计

成长资料库是 BabySleep 程序的核心功能之一，提供包括文字、图片、视频的多媒体资源。具体界面如图 14-12 所示。

在此界面中，共设有三个主要按钮，单击可实现界面的跳转，"返回"按钮单击后回到主界面。

图 14-12　成长资料库界面

2. 文字资料模块的设计与实现

在睡前带着宝贝读一读唐诗宋词，从小培养宝贝的阅读习惯，形成文化积淀。文字资料如图 14-13 所示。

在布局文件中，插入 6 个 TextView 以及一个 ImageView，实现文字及图片的显示。采用线性布局，排列方式为垂直。

14.3.4　趣味图片模块的设计与实现

宝贝们都对可爱的卡通图片没有抵抗力，本程序提供了一些卡通图片，可供孩子们在睡前浏览。具体界面如图 14-14 所示。

图 14-13　唐诗《春晓》

图 14-14　幻灯片式图片浏览器

在布局文件 photo. xml 文件中，为默认的线性布局管理器设置水平居中显示，最后添加一个图像切换器 ImageSwitcher 组件，并设置其顶部边距和底边距，最后添加

Gallery 组件,并设置各选项的间距和未选中项的透明度,关键代码如下所示。

```
<?xml version="1.0" encoding="utf-8"?>
<LinearLayout xmlns:android="http://schemas.android.com/apk/res/android"
    android:layout_width="fill_parent"
    android:layout_height="fill_parent"
    android:background="@drawable/bottom_1"
    android:orientation="vertical"
    android:gravity="center_horizontal">
<LinearLayout
        android:layout_width="match_parent"
        android:layout_height="40sp"
        android:background="#EED2EE"
        android:orientation="vertical" >
        <TextView
            android:id="@+id/story"
            android:layout_width="wrap_content"
            android:layout_height="match_parent"
            android:layout_gravity="center_horizontal|center_vertical"
            android:gravity="center_horizontal|center_vertical"
            android:text="趣味图片"
            android:textColor="#006EF0"
            android:textSize="@dimen/textSize" />

        </LinearLayout>
<ImageSwitcher
        android:id="@+id/imageSwitcher1"
        android:layout_weight="2"
        android:paddingTop="10dp"
        android:paddingBottom="5dp"
        android:layout_width="match_parent"
        android:layout_height="wrap_content" >
    </ImageSwitcher>
<Gallery
    android:id="@+id/gallery1"
    android:layout_width="match_parent"
    android:layout_height="wrap_content"
    android:layout_weight="1"
    android:spacing="5dp"
    android:unselectedAlpha="0.6" />
</LinearLayout>
```

在 PhotoActivity.java 中,定义一个用于保存要显示图片 ID 的数组和一个用于显示原始尺寸的图像切换器,在 OnCreate()方法中,获取在布局文件中添加的画廊视图和图像切换器,为图像切换器设置淡入淡出的动画效果。创建 BaseAdapter 类对象,并重写

getView()等来设置图片的格式，关键代码如下所示。

```
package com.babysleep;
import android.app.Activity;
import android.content.res.TypedArray;
import android.graphics.Bitmap;
import android.graphics.BitmapFactory;
import android.os.Bundle;
import android.view.View;
import android.view.ViewGroup;
import android.view.ViewGroup.LayoutParams;
import android.view.animation.AnimationUtils;
import android.widget.AdapterView;
import android.widget.AdapterView.OnItemSelectedListener;
import android.widget.BaseAdapter;
import android.widget.Gallery;
import android.widget.ImageSwitcher;
import android.widget.ImageView;
import android.widget.ViewSwitcher.ViewFactory;
@SuppressWarnings("deprecation")
public class PhotoActivity extends Activity {
    private int[] imageId=new int[] { R.drawable.photo1, R.drawable.photo2,
            R.drawable.photo3, R.drawable.photo4, R.drawable.photo5,
            R.drawable.photo6, };                    //定义并初始化保存图片 id 的数组
    private ImageSwitcher imageSwitcher;             //声明一个图像切换器对象
    @Override
    public void onCreate(Bundle savedInstanceState) {
        super.onCreate(savedInstanceState);
        setContentView(R.layout.photo);
        //获取 Gallery 组件
        Gallery gallery=(Gallery) findViewById(R.id.gallery1);
        //获取图像切换器
        imageSwitcher=(ImageSwitcher) findViewById(R.id.imageSwitcher1);
        //设置动画效果
        //设置淡入动画
        imageSwitcher.setInAnimation(AnimationUtils.loadAnimation(this,
                    android.R.anim.fade_in));
        //设置淡出动画
        imageSwitcher.setOutAnimation(AnimationUtils.loadAnimation(this,
                    android.R.anim.fade_out));
        imageSwitcher.setFactory(new ViewFactory() {
        @Override
        public View makeView() {
            //实例化一个 ImageView 类的对象
```

```
        ImageView imageView=new ImageView(PhotoActivity.this);
        //imageView.setScaleType(ImageView.ScaleType.FIT_CENTER);
        //设置保持纵横比居中缩放图像
        imageView.setLayoutParams(new ImageSwitcher.LayoutParams(
            LayoutParams.WRAP_CONTENT, LayoutParams.WRAP_CONTENT));
            return imageView;                  //返回 imageView 对象
        }
    });
    /*** 使用 BaseAdapter 指定要显示的内容 ******/
    BaseAdapter adapter=new BaseAdapter() {
        @SuppressWarnings("deprecation")
        @Override
        public View getView(int position, View convertView,
                    ViewGroup parent) {
            ImageView imageview;                  //声明 ImageView 的对象
            if (convertView==null) {
                    //实例化 ImageView 的对象
                imageview=new ImageView(PhotoActivity.this);
                //设置缩放方式
                imageview.setScaleType(ImageView.ScaleType.FIT_XY);
                imageview.setLayoutParams(new Gallery.LayoutParams(110, 83));
                TypedArray typedArray=obtainStyledAttributes(R.styleable.
                                                  Gallery);
                typedArray.getResourceId(
                    R.styleable.Gallery_android
                              _galleryItemBackground,0);
                //设置 ImageView 的内边距
                imageview.setPadding(5, 0, 5, 0);
            } else {
                imageview=(ImageView) convertView;
            }
            BitmapFactory.Options options=
                    new BitmapFactory.Options();
            options.inSampleSize=3;
            Bitmap bitmap=BitmapFactory.decodeResource
                    (getBaseContext().getResources(),
                    imageId[position],options);
            //    imageview.setImageResource(imageId[position]);
            //为 ImageView 设置要显示的图片
                imageview.setImageBitmap(bitmap);
                return imageview;                //返回 ImageView
        }

        /*
```

```
            * 功能:获得当前选项的 ID (non-Javadoc) *
            * @see android.widget.Adapter#getItemId(int)
            */
            @Override
            public long getItemId(int position) {
                return position;
            }

            /*
            * 功能:获得当前选项 (non-Javadoc)
            *
            * @see android.widget.Adapter#getItem(int)
            */
            @Override
            public Object getItem(int position) {
                return position;
            }

            /*
            * 获得数量 (non-Javadoc)
            *
            * @see android.widget.Adapter#getCount()
            */
            @Override
            public int getCount() {
                return imageId.length;
            }
        };
        gallery.setAdapter(adapter);                //将适配器与 Gallery 关联
        /*******************************************/
        gallery.setSelection(imageId.length / 2);  //让中间的图片选中
        gallery.setOnItemSelectedListener(new OnItemSelectedListener() {
            @Override
            public void onItemSelected(AdapterView<?>parent, View view,
                    int position, long id) {
                //显示选中的图片
                imageSwitcher.setImageResource(imageId[position]);
            }
        @Override
        public void onNothingSelected(AdapterView<?>arg0) {
            }
        });
    }
}
```

14.3.5 视频资料模块的设计与实现

5～6岁的宝贝正是思维启蒙的阶段,接触益智游戏是非常有意义的。页面中采用VideoView组件来播放视频,在活动VideoActivity.java中,获取布局文件Video.xml,将视频文件存在SD卡中,并且用getSDPath获取视频文件路径。创建一个要播放视频所对应的File对象,在OnCreate()方法中,创建MediaController对象用于控制视频的播放,VideoActivity.java代码如下所示。

```
package com.babysleep;
import java.io.File;
import android.app.Activity;
import android.media.MediaPlayer;
import android.media.MediaPlayer.OnCompletionListener;
import android.os.Bundle;
import android.os.Environment;
import android.util.Log;
import android.widget.MediaController;
import android.widget.Toast;
import android.widget.VideoView;

public class VideoActivity extends Activity {
    private VideoView guojixiangqi; //声明 VideoView 对象
    @Override
    public void onCreate(Bundle savedInstanceState) {
        super.onCreate(savedInstanceState);
        setContentView(R.layout.video);
        //获取 VideoView 组件
        guojixiangqi=(VideoView) findViewById(R.id.guojixiangqi);
        //获取系统上要播放的文件
        File file=new File(getSDPath()+"/video1.mp4");
        Log.i("Video", file.getAbsolutePath());
        MediaController mc=new MediaController(VideoActivity.this);
        if(file.exists()){                                //判断要播放的视频文件是否存在
        guojixiangqi.setVideoPath(file.getAbsolutePath());
        //设置 VideoView 与 MediaController 相关联
        guojixiangqi.setMediaController(mc);
        guojixiangqi.requestFocus();                      //让 VideoView 获得焦点
        try {
            guojixiangqi.start();                         //开始播放视频
        } catch (Exception e) {
            e.printStackTrace();                          //输出异常信息
        }
        //为 VideoView 添加完成事件监听器
```

```
        guojixiangqi.setOnCompletionListener(new OnCompletionListener() {
            @Override
            public void onCompletion(MediaPlayer mp) {
                Toast.makeText(VideoActivity.this, "视频播放完毕!",
                Toast.LENGTH_SHORT).show();        //弹出消息提示框显示播放完毕
            }
        });
        }else{
        Toast.makeText(this, "要播放的视频文件不存在",
                      Toast.LENGTH_SHORT).show();
        //弹出消息提示框提示文件不存在
        }
    }

    public String getSDPath() {
        File sdDir=null;
        //判断 sd 卡是否存在
        boolean sdCardExist=Environment.getExternalStorageState()
                .equals(android.os.Environment.MEDIA_MOUNTED);
        if (sdCardExist) {
            sdDir=Environment.getExternalStorageDirectory();    //获取根目录
        }
        return sdDir.toString();
    }
}
```

布局文件 Video.xml 的具体代码如下：

```
<?xml version="1.0" encoding="utf-8"?>
<LinearLayout xmlns:android="http://schemas.android.com/apk/res/android"
    android:layout_width="match_parent"
    android:layout_height="match_parent"
    android:background="@drawable/bottom_1"
    android:orientation="vertical" >
    <LinearLayout
        android:layout_width="match_parent"
        android:layout_height="40sp"
        android:background="#EED2EE"
        android:orientation="vertical" >
        <TextView
            android:id="@+id/story"
            android:layout_width="wrap_content"
            android:layout_height="match_parent"
            android:layout_gravity="center_horizontal|center_vertical"
            android:gravity="center_horizontal|center_vertical"
```

```
            android:text="视频资料"
            android:textColor="#006EF0"
            android:textSize="@dimen/textSize" />
    </LinearLayout>
    <VideoView
        android:id="@+id/guojixiangqi"
        android:layout_width="match_parent"
        android:layout_height="wrap_content"
        android:layout_gravity="center"
        android:layout_marginTop="120dp" />
</LinearLayout>
```

14.4 睡眠模式模块设计与实现

睡眠模式是 BabySleep 程序的主功能之一，进入睡眠模块，有助于幼儿睡眠的歌曲会随机播放，操作简单，帮助幼儿更好地进入睡眠。

14.4.1 数据模型公共类

操作歌曲过程中用到的数据模型公共类 Song.java 的代码如下：

```
package com.babysleep.model;
public class Song {
    public Integer id;
    public String name;//歌曲名称
    public Integer getId() {
        return id;
    }
    public void setId(Integer id) {
        this.id=id;
    }
    public String path;//歌曲地址
    public String getName() {
        return name;
    }
    public void setName(String name) {
        this.name=name;
    }
    public String getPath() {
        return path;
    }
    public void setPath(String path) {
        this.path=path;
    }
```

```
}
```

14.4.2　SongDbHelper.java 类

对睡眠模式下的歌曲信息进行添加、修改、删除、查找等功能的完成封装在类文件 SongDbHelper.java。实现代码如下所示。

```
package com.babysleep.service;
import java.util.ArrayList;
import java.util.List;
import com.babysleep.model.Song;
import android.content.Context;
import android.database.Cursor;
import android.database.sqlite.SQLiteDatabase;
public class SongDbHelper {
        private Context context;
        private DictionaryOpenHelper helper;
        public SongDbHelper(Context context){
            this.context=context;
            helper=new DictionaryOpenHelper(context);
        }
    /**
    * 增加歌曲 song
    * @param song
    */
        public void addSong(Song song){
            SQLiteDatabase db=helper.getWritableDatabase();
        db.execSQL("insert into song (song_name, song_path) values (?,?)",
                new Object[]{song.getName(), song.getPath()});
        db.close();
    }

    /**
    * 删除歌曲 song
    * @param id
    */
    public void delSong(String id){
        SQLiteDatabase db=helper.getWritableDatabase();
        db.execSQL("delete from song where song_id=?", new String[]{id});
        db.close();
    }

    /**
    * 修改歌曲 song
```

```
     * @param song
     */
    public void modify(Song song){
        SQLiteDatabase db=helper.getWritableDatabase();
        db.execSQL("update song set song_name=?, song_path=?",
                new Object[]{song.getName(), song.getPath()});
        db.close();
    }
    /**
     * 歌曲列表
     * @return
     */
    public List<Song>listSong(){
        List<Song>listSong=new ArrayList<Song>();
        SQLiteDatabase db=helper.getReadableDatabase();
        Cursor cursor=db.rawQuery("select * from song", null);
        while(cursor.moveToNext()){
            Song song=new Song();
            song.setId(cursor.getInt(cursor.getColumnIndex("song_id")));
            song.setName(cursor.getString
                    (cursor.getColumnIndex("song_name")));
            song.setPath(cursor.getString
                    (cursor.getColumnIndex("song_path")));
            listSong.add(song);
        }
        db.close();
        return listSong;
    }
    /**
     * 查找song
     * @return
     */
    public Song find(String id){
        Song song=new Song();
        SQLiteDatabase db=helper.getReadableDatabase();
        Cursor cursor=db.rawQuery(
                "select * from song where song_id=?", new String[]{id});
        while(cursor.moveToNext()){
            song.setId(cursor.getInt(cursor.getColumnIndex("song_id")));
            song.setName(cursor.getString
                    (cursor.getColumnIndex("song_name")));
            song.setPath(cursor.getString
                    (cursor.getColumnIndex("song_path")));
        }
```

```
        db.close();
        return song;
    }
}
```

14.4.3 SongService.java 类

Service 的运行一般是在后台进行操作的，根据任务需要，它能够运行在独立与它自己的进程中，也可以在其他应用程序的进程中运行。或者在一个服务中绑定很多组件，再以远程调用的方式来调用该方法。

例如在运行手机音乐播放器的时候，通过从播放列表中挑选歌曲并播放其实就是利用 service 实现的。在一个播放器程序中，可能会包含多个 activity，在对播放器操作的过程中，如果用户从播放列表中选择一首新歌曲，这时后台程序就会从当前 activity 跳转到一个新的 activity，但是如果用户希望继续进行后台音乐播放，这时就不需要利用 Activity 来处理播放器的相关功能，但是要调 context. startservice()函数，以此启动相关的后台运行的 service，这样就能够在 service 运行的状态下，一直保持音乐播放功能，直到 service 停止。睡眠模式模块下现存有一首歌曲并实现歌曲的播放功能，这其中就必须要有 Service (服务)。在 SongService. java 中，首先定义 MediaPlayer 对象，并初始化 MediaPlayer 关键代码，如下所示。

```
package com.babysleep.service;
import java.io.File;
import java.io.IOException;
import java.util.ArrayList;
import java.util.List;
import java.util.Random;
import com.babysleep.BofangActivity;
import com.babysleep.R;
import com.babysleep.model.Song;
import com.babysleep.model.ZSong;
import com.babysleep.util.Constant;
import android.content.Context;
import android.media.AudioManager;
import android.media.MediaPlayer;
import android.media.MediaPlayer.OnCompletionListener;
import android.media.MediaPlayer.OnPreparedListener;
import android.widget.TextView;

public class SongService {
    private MediaPlayer mediaPlayer;
    private Context context;
    private String time;
        public SongService(Context context){
```

```
            mediaPlayer=new MediaPlayer();
            this.context=context;
        }

    //歌曲列表
    public List<Song>listSong(){
        SongDbHelper helper=new SongDbHelper(context);
        List<Song>listSong=helper.listSong();
//      List<Song>listSong=new ArrayList<Song>();
//      File file=new File(Constant.path);
//      File[] files=file.listFiles();
//      if(files!=null){
//          for(int i=0; i<files.length; i++){
//              Song song=new Song();
//          song.setName(files[i].getName());
//          song.setPath(files[i].getPath());
//          listSong.add(song);
//          }
//      }
        return listSong;
}
    /**
    * 自定义播放
    * @param zsong
    */
    public void palyZi(final ZSong zsong){
        try {
            time=zsong.getZsong_time();
            mediaPlayer.setAudioStreamType(AudioManager.STREAM_MUSIC);
            mediaPlayer.setDataSource(zsong.getZsong_path1());
            mediaPlayer.prepare();
            mediaPlayer.start();
            mediaPlayer.setOnCompletionListener
                    (new OnCompletionListener() {
                @Override
                public void onCompletion(MediaPlayer mp) {
                    //TODO Auto-generated method stub
                    palyZicui(zsong.getZsong_path2(),"true");
                }
            });
        } catch (Exception e) {
            //TODO Auto-generated catch block
            e.printStackTrace();
        }
```

```
}

/**
 * 播放自定义的催眠曲
 */
public void palyZicui(final String path, String flag){
    try {
        mediaPlayer.reset();
        mediaPlayer.setAudioStreamType(AudioManager.STREAM_MUSIC);
        mediaPlayer.setDataSource(path);
        mediaPlayer.prepare();
        mediaPlayer.start();
        mediaPlayer.setOnCompletionListener
                (new OnCompletionListener() {
            @Override
            public void onCompletion(MediaPlayer mp) {
                //TODO Auto-generated method stub
                palyZicui(path, "false");
            }
        });
        if(flag.equals("true")){
            Thread.sleep(Long.parseLong(time) * 1000);
            stop();
        }
    } catch (Exception e) {
        //TODO: handle exception
        e.printStackTrace();
    }
}
/**
 * 随机播放
 */
public void paly(){
    final List<Song>listSong=listSong();
    if(listSong!=null && listSong.size()!=0){
        //产生 0-listSong.size()-1 的随机数
        final int number=new Random().nextInt(listSong.size());
        try {
            mediaPlayer.setAudioStreamType
                    (AudioManager.STREAM_MUSIC);
            mediaPlayer.setDataSource
                    (listSong.get(number).getPath());
            mediaPlayer.prepare();
            mediaPlayer.start();
```

```
                mediaPlayer.setOnPreparedListener
                        (new OnPreparedListener() {
                    @Override
                    public void onPrepared(MediaPlayer mp) {
                            //TODO Auto-generated method stub
                            BofangActivity a= (BofangActivity) context;
                            TextView tv= (TextView) a.findViewById(R.id.name);
                            tv.setText(listSong.get(number).getName());
                    }
                });
                mediaPlayer.setOnCompletionListener
                        (new OnCompletionListener() {
                    @Override
                    public void onCompletion(MediaPlayer mp) {
                        //TODO Auto-generated method stub
                        playCuiMianQu();
                    }
                });
            } catch (Exception e) {
                //TODO Auto-generated catch block
                e.printStackTrace();
            }
        }
    }

    /**
    * 播放催眠曲---摇篮曲
    */
    public void playCuiMianQu(){
        mediaPlayer=MediaPlayer.create(context, R.raw.yaolanqu);
        mediaPlayer.start();
        mediaPlayer.setOnPreparedListener(new OnPreparedListener() {
            @Override
            public void onPrepared(MediaPlayer mp) {
                //TODO Auto-generated method stub
                BofangActivity a= (BofangActivity) context;
                TextView tv= (TextView) a.findViewById(R.id.name);
                tv.setText("催眠曲");
            }
        });
        //摇篮曲播放结束,退出系统
        mediaPlayer.setOnCompletionListener(new OnCompletionListener() {

            @Override
```

```
            public void onCompletion(MediaPlayer mp) {
                //TODO Auto-generated method stub
                System.exit(0);
            }
        });
    }

    /**
     * 停止播放
     */
    public void stop(){
        if(mediaPlayer!=null && mediaPlayer.isPlaying()){
            mediaPlayer.stop();
            mediaPlayer.release();
            mediaPlayer=null;
        }
    }
}
```

14.4.4　睡眠模式布局界面

界面如图 14-15 所示。

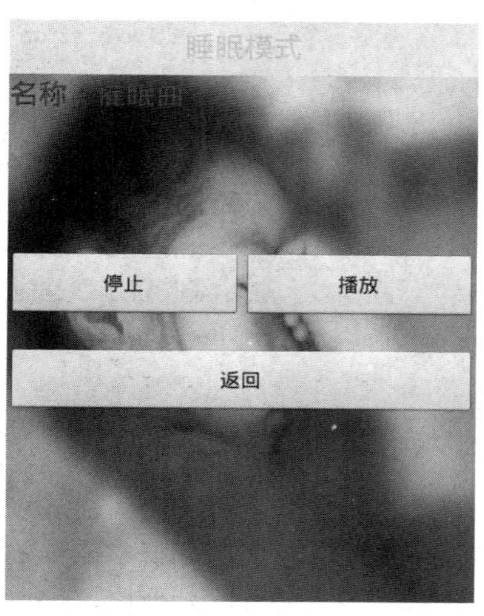

图 14-15　睡眠模式布局界面

14.4.5　睡眠模式模块功能实现

睡眠模式的页面如图 4-15 所示，由两个 TextView 和三个控制按钮组成。催眠曲存于资源文件夹/raw 中。

在 com. babysleep 中创建 BofangActivity. java 类，该文件的布局文件设置为 activity_bofang. xml。

睡眠模式布局如下。

```
<?xml version="1.0" encoding="utf-8"?>
<LinearLayout xmlns:android="http://schemas.android.com/apk/res/android"
    android:layout_width="match_parent"
    android:layout_height="match_parent"
    android:background="@drawable/grow"
    android:orientation="vertical" >
    <LinearLayout
        android:layout_width="match_parent"
        android:layout_height="40sp"
        android:background="#EED2EE"
        android:orientation="vertical" >
        <TextView
```

```
                android:id="@+id/textView1"
                android:layout_width="wrap_content"
                android:layout_height="match_parent"
                android:layout_gravity="center_horizontal|center_vertical"
                android:gravity="center_horizontal|center_vertical"
                android:text="成长资料库"
                android:textSize="@dimen/textSize" />
        </LinearLayout>
        <LinearLayout
            android:layout_width="match_parent"
            android:layout_height="0dp"
            android:layout_weight="1"
            android:orientation="vertical" >
            <LinearLayout
                android:layout_width="match_parent"
                android:layout_height="wrap_content"
                android:orientation="horizontal" >
                <TextView
                    android:layout_width="wrap_content"
                    android:layout_height="wrap_content"
                    android:text="名称:"
                    android:textColor="#0000FF"
                    android:textSize="@dimen/textSize" />
                <TextView
                    android:id="@+id/name"
                    android:layout_width="fill_parent"
                    android:layout_height="wrap_content"
                    android:text=""
                    android:textColor="#0000FF"
                    android:textSize="@dimen/textSize" />
            </LinearLayout>
            <LinearLayout
                android:layout_width="match_parent"
                android:layout_height="wrap_content"
                android:layout_marginTop="100dp"
                android:orientation="horizontal" >
                <Button
                    android:id="@+id/stop"
                    android:layout_width="0dp"
                    android:layout_height="wrap_content"
                    android:layout_weight="1"
                    android:text="停止" />
                <Button
                    android:id="@+id/play"
```

```
                android:layout_width="0dp"
                android:layout_height="wrap_content"
                android:layout_weight="1"
                android:text="播放" />
        </LinearLayout>
        <Button
            android:id="@+id/back"
            android:layout_marginTop="20dp"
            android:layout_width="match_parent"
            android:layout_height="wrap_content"
            android:text="返回" />
    </LinearLayout>
</LinearLayout>
```

数据模型公共类为 Song.java，Dao 公共类为 SongDbHleper，并编写 SongService。本模块实现睡眠模式下歌曲的随机播放，具体 BofangActivity 中关键代码如下所示。

```
package com.babysleep;
import com.babysleep.application.Application;
import com.babysleep.service.SongService;
import android.app.Activity;
import android.content.Intent;
import android.os.Bundle;
import android.view.View;
import android.view.View.OnClickListener;
import android.widget.Button;
import android.widget.TextView;

public class BofangActivity extends Activity {
    private TextView tv_name;
    private Button btn_back;
    private Button btn_stop;
    private Button btn_play;
    private Intent intent;
    private int target;
    private SongService songService;
    private TextView tv_title;
    @Override
    protected void onCreate(Bundle savedInstanceState) {
        //TODO Auto-generated method stub
        super.onCreate(savedInstanceState);
        setContentView(R.layout.activity_bofang);
        //Application.getInstance().addActivity(this);
        intent=getIntent();
        target=intent.getIntExtra("target", 0);
```

```
        initUI();
        initDate();
        init();
    }

    private void init() {
        //TODO Auto-generated method stub
        songService=new SongService(this);
        if (target==0) {
            songService.paly();
        } else if (target==1) {
            songService.playCuiMianQu();
        }
    }

    private void initDate() {
        //TODO Auto-generated method stub
        if (target==0) {
            tv_title.setText("成长资料库");
        } else if (target==1) {
            tv_title.setText("睡眠模式");
        }
    }

    private void initUI() {
        //TODO Auto-generated method stub
        tv_name=(TextView) findViewById(R.id.name);
        btn_back=(Button) findViewById(R.id.back);
        btn_back.setOnClickListener(new OnClickListener() {
            @Override
            public void onClick(View v) {
                //TODO Auto-generated method stub
                songService.stop(); //停止播放,返回到主页
                finish();
            }
        });
        tv_title=(TextView) findViewById(R.id.textView1);
        btn_play=(Button) findViewById(R.id.play);
        btn_play.setOnClickListener(new OnClickListener() {

            @Override
            public void onClick(View v) {
                //TODO Auto-generated method stub
                init();
```

```
                }
            });
            btn_stop= (Button) findViewById(R.id.stop);
            btn_stop.setOnClickListener(new OnClickListener() {
                @Override
                public void onClick(View v) {
                    //TODO Auto-generated method stub
                        songService.stop();
                }
            });
        }
    }
```

14.4.6　自定义模块设计与实现

自定义模式是家长可以选择本地音乐中想要播放的曲目,并设定睡眠的时间。布局界面如图 14-16 所示。

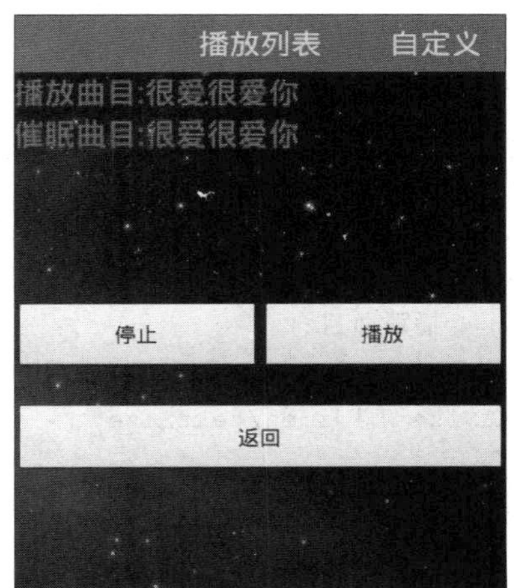

图 14-16　自定义模式界面

activity_zidingyi. xml 布局界面具体代码如下。

```
<?xml version="1.0" encoding="utf-8"?>
<LinearLayout xmlns:android="http://schemas.android.com/apk/res/android"
    android:layout_width="match_parent"
    android:layout_height="match_parent"
    android:background="@drawable/bottom4"
    android:orientation="vertical" >
    <RelativeLayout
        android:layout_width="match_parent"
        android:layout_height="40sp"
        android:background="#003399" >
```

```
        <TextView
            android:id="@+id/textView1"
            android:layout_width="wrap_content"
            android:layout_height="wrap_content"
            android:layout_centerInParent="true"
            android:text="播放列表"
            android:textSize="@dimen/textSize" />
        <TextView
            android:id="@+id/add"
            android:layout_width="wrap_content"
            android:layout_height="match_parent"
            android:layout_alignParentRight="true"
            android:layout_marginRight="16dp"
            android:gravity="center_vertical|center_horizontal"
            android:text="自定义"
            android:textSize="@dimen/textSize" />
    </RelativeLayout>
    <LinearLayout
        android:layout_width="fill_parent"
        android:layout_height="wrap_content"
        android:orientation="horizontal" >
        <TextView
            android:layout_width="wrap_content"
            android:layout_height="wrap_content"
            android:text="播放曲目:"
            android:textColor="#0000FF"
            android:textSize="@dimen/textSize" />
        <TextView
            android:id="@+id/qumu"
            android:layout_width="wrap_content"
            android:layout_height="wrap_content"
            android:text="播放曲目"
            android:textColor="#0000FF"
            android:textSize="@dimen/textSize" />
    </LinearLayout>
    <LinearLayout
        android:layout_width="fill_parent"
        android:layout_height="wrap_content"
        android:orientation="horizontal" >
        <TextView
            android:layout_width="wrap_content"
            android:layout_height="wrap_content"
            android:text="催眠曲目:"
            android:textColor="#0000FF"
```

```
            android:textSize="@dimen/textSize" />
        <TextView
            android:id="@+id/cuimian"
            android:layout_width="wrap_content"
            android:layout_height="wrap_content"
            android:text="催眠曲目"
            android:textColor="#0000FF"
            android:textSize="@dimen/textSize" />
    </LinearLayout>
  <LinearLayout
            android:layout_width="match_parent"
            android:layout_height="wrap_content"
            android:layout_marginTop="100dp"
            android:orientation="horizontal" >
            <Button
                android:id="@+id/stop"
                android:layout_width="0dp"
                android:layout_height="wrap_content"
                android:layout_weight="1"
                android:text="停止" />
            <Button
                android:id="@+id/play"
                android:layout_width="0dp"
                android:layout_height="wrap_content"
                android:layout_weight="1"
                android:text="播放" />
        </LinearLayout>
    <Button
        android:layout_marginTop="20dp"
        android:id="@+id/back"
        android:layout_width="fill_parent"
        android:layout_height="wrap_content"
        android:text="返回" />
```

按钮“自定义”可以切换播放曲目，zidingyi_add.xml 文件中加入了下拉菜单并可以实现单选。具体代码如下。

```
<?xml version="1.0" encoding="utf-8"?>
<LinearLayout xmlns:android="http://schemas.android.com/apk/res/android"
    android:layout_width="match_parent"
    android:layout_height="match_parent"
    android:background="@drawable/bottom4"
    android:orientation="vertical" >
    <LinearLayout
        android:layout_width="match_parent"
```

```
    android:layout_height="40sp"
    android:background="#0000FF"
    android:orientation="vertical" >
    <TextView
        android:id="@+id/textView1"
        android:layout_width="wrap_content"
        android:layout_height="match_parent"
        android:layout_gravity="center_horizontal|center_vertical"
        android:gravity="center_horizontal|center_vertical"
        android:text="自定义"
        android:textSize="@dimen/textSize" />
</LinearLayout>
<TextView
    android:id="@+id/tv_name"
    android:layout_width="match_parent"
    android:layout_height="wrap_content"
    android:layout_weight="0.00"
    android:text="播放曲目"
    android:textColor="#0000FF"
    android:textSize="@dimen/textSize" />
<Spinner
    android:id="@+id/s_name"
    android:layout_width="match_parent"
    android:layout_height="50dp" />
<TextView
    android:id="@+id/tv_cuiname"
    android:layout_width="match_parent"
    android:layout_height="wrap_content"
    android:layout_weight="0.00"
    android:text="催眠曲目"
    android:textColor="#0000FF"
    android:textSize="@dimen/textSize" />
<Spinner
    android:id="@+id/s_cuiname"
    android:layout_width="match_parent"
    android:layout_height="50dp"
    />
<TextView
    android:layout_width="match_parent"
    android:layout_height="wrap_content"
    android:layout_weight="0.00"
    android:text="催眠曲目时间"
    android:textColor="#0000FF"
    android:textSize="@dimen/textSize" />
```

```
    <EditText
        android:id="@+id/tv_cuiname_time"
        android:layout_width="match_parent"
        android:layout_height="wrap_content" >
    </EditText>
    <Button
        android:id="@+id/save"
        android:layout_width="match_parent"
        android:layout_height="wrap_content"
        android:text="保存" />
    <Button
        android:id="@+id/back"
        android:layout_width="match_parent"
        android:layout_height="wrap_content"
        android:text="取消" />
</LinearLayout>
</LinearLayout>
```

页面如图 14-17 所示。

同睡眠模式相同，在自定义模式下，也有相应的数据库、数据表以及数据模型公共类、Dao 公共类，在此不再赘述。

14.4.7　系统管理模块设计与实现

系统管理模块也就是对音频文件的管理模块，可以实现增加本地曲目的功能，页面如图 14-18 所示。

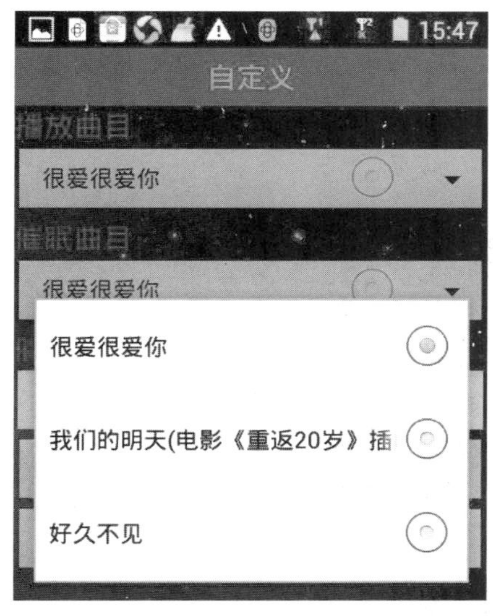

图 14-17　切换播放曲目

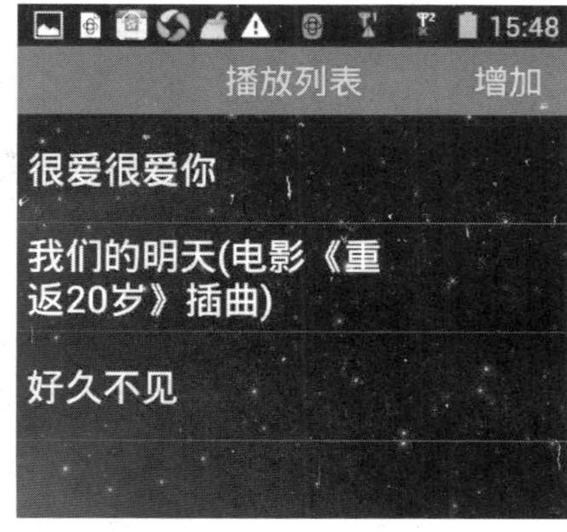

图 14-18　系统管理界面

14.4.8 账号管理模块设计与实现

可以增加用户,页面如图 14-19 所示。

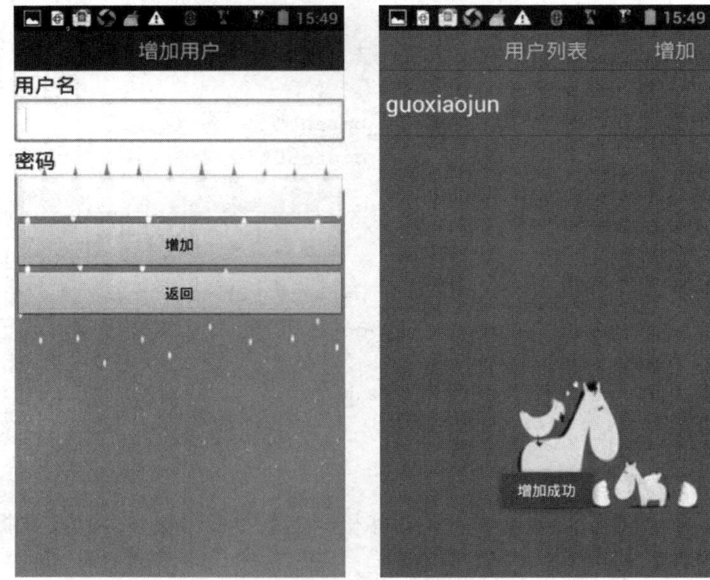

图 14-19 账号管理界面

14.4.9 退出

界面如图 14-20 所示。

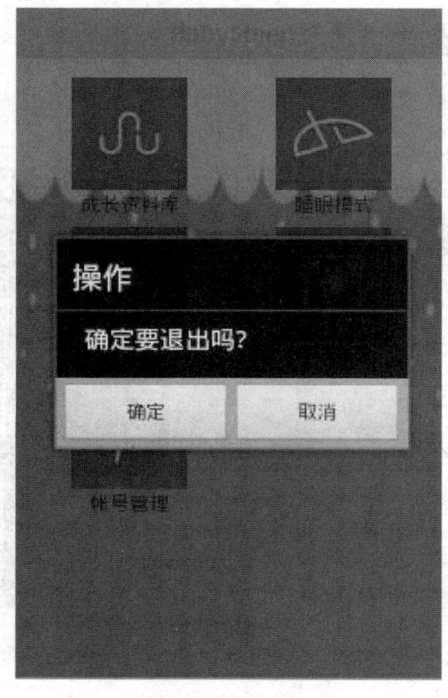

图 14-20 退出

14.5　BabySleep软件测试与评估

14.5.1　软件测试的目的

通常情况下，在软件系统设计完成之后，需要进行软件的性能测试，这主要是为了让软件的运行更加稳定、功能更加完美，为用户提高较高的使用体验。在进行软件开发的过程中，由于其高度复杂性，Bug是必然存在的，通过对软件的各项功能以及运行状态进行测试，可以保证每项功能的正确运行，同时也能使系统更加稳定的运行，保证了整个软件功能及性能的良好。

针对本章研究的基于Android的BabySleep媒体分享系统，要想保证软件系统的功能完整性和满足用户的实际操作需求，需要对设计开发的软件进行性能检测，然后对软件的各项功能以及整体性能所进行的以此总体评估。通过软件测试，具体可以实现以下目的：

(1) 通过软件的运行可以检测出代码的Bug以及在逻辑功能上的缺陷。

(2) 可以检测出软件的具体运行性能，并根据该性能测试是否是有编码或者逻辑运算问题造成的。

(3) 可以有效改善系统软件在设计过程中的漏洞和不足。

14.5.2　软件测试步骤

(1) 单元测试：又称模块测试，是针对软件设计的最小单元程序模块进行测试的工作。其目的是发现模块内部的错误，修改这些错误使其代码能够正确运行。其中，多个功能独立的程序模块可并行进行测试。

(2) 集成测试：又称组装测试，它的任务是按照一定的策略对单元测试的模块进行组装，并在组装过程中进行模块接口与系统功能测试。集成测试的策略主要有两种：一次性组装方式和增值式组装方式。

(3) 有效性测试：又称确认测试，目的是验证软件的有效性，即验证软件的功能和性能及其他特性是否符合用户要求。软件的功能和性能要求参照软件需求说明书。

(4) 系统测试：系统测试的目的是为了测试软件安装到实际应用的系统中后，能否与系统的其余部分协调工作，以及对系统运行可能出现的各种情况的处理能力。

14.5.3　测试具体实现

1. AVD测试

Android模拟虚拟机(AVD)的设置如图14-21所示。

设置AVD名称、Device以及Target，皮肤选择默认，单击OK按钮确认。本次测试采用的是Android 4.4.2的版本。创建成功后结果如图14-22所示。

运行AVD，将出现如图14-23所示模拟器。值得一提的是，模拟器的启动有一些慢，需要耐心等待。

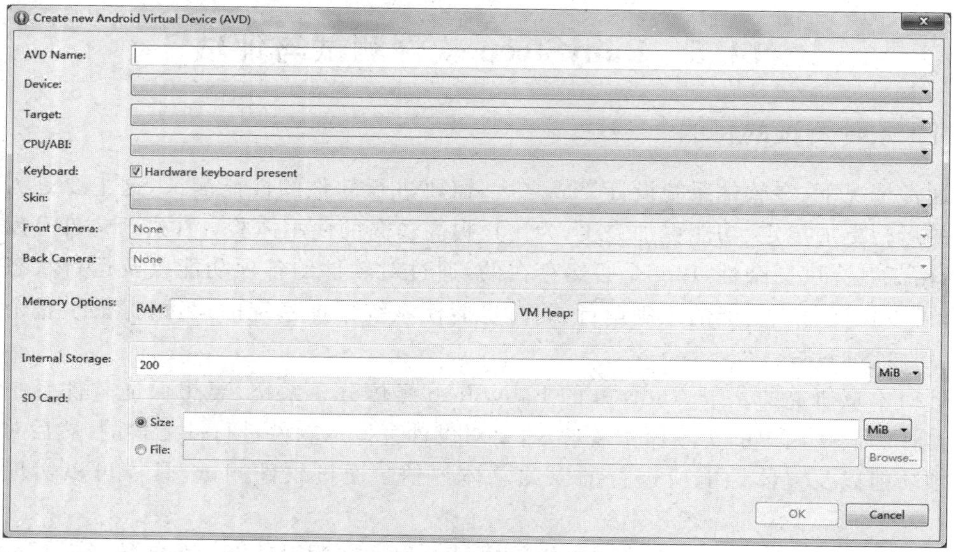

Create new Android Virtual Device (AVD)
AVD Name:
Device:
Target:
CPU/ABI:
Keyboard:
Hardware keyboard present
Skin:
Front Camera:
None
Back Camera:
None
Memory Options:
RAM:
VM Heap:
Internal Storage:
200
MiB
SD Card:
Size:
MiB
File:
Browse...
OK
Cancel

图 14-21 设置 AVD

AVD Name	Target Name	Platform	API Level	CPU/ABI
aa	Android 4.4.2	4.4.2	19	ARM (armeabi-v7a)

图 14-22 AVD 信息

5554:aa
5:40
成长资料库
文字资料
趣味图片
视频资料
返回
MENU

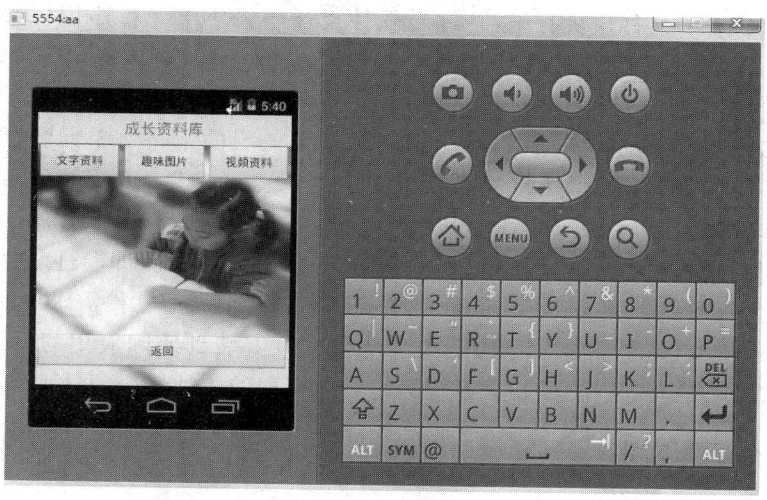

图 14-23 启动 AVD

2. 真机测试

测试机型号：

(1) 华为荣耀 6，系统版本 4.3.2。

(2) Hisense HS-U939，系统版本 4.2.2。

运行 BabySleep，在 AVD 虚拟机上打开 BabySleep 应用程序稍慢，在真机上测试 UI 感受、按钮操作更便捷，系统逻辑大体无误。

3. 对登录界面的调试

登录界面为了保证用户信息的安全性，采用了 Java 中自带的 MD5 进行了对字符串的加密，但运行程序后，登录失败，出现如图 14-24 所示的结果。

图 14-24　登录界面

当作者在登录界面输入用户名密码后，按照程序的正确运行结果，应该是登录成功，进入 BabySleep 的界面主窗口，但显示的是登录失败，回到工程中检查，判断密码是否在数据库中的代码如图 14-25 所示。

```
public boolean login(User user) {                          //登录功能实现
    if (user.getUserName().equals("admin")
        && user.getUserPassword().equals(MD5.GetMD5Code("admin"))) {
        return true;
    }
    else{
        return success;
    }
}
```

图 14-25　判断密码是否在数据库中的代码

回到 com. babysleep. util 的 MD5. java 中查看，代码如下。

```
package com.babysleep.util;
import java.security.MessageDigest;
```

```
import java.security.NoSuchAlgorithmException;
public class MD5 {
    //全局数组
    private final static String[] strDigits={ "0", "1", "2", "3", "4", "5",
            "6", "7", "8", "9", "a", "b", "c", "d", "e", "f" };
    public MD5() {
    }
    //返回形式为数字跟字符串
    private static String byteToArrayString(byte bByte) {
        int iRet=bByte;
        //System.out.println("iRet="+iRet);
        if (iRet<0) {
            iRet+=256;
        }
        int iD1=iRet / 16;
        int iD2=iRet %16;
        return strDigits[iD1]+strDigits[iD2];
    }
    //返回形式只为数字
    private static String byteToNum(byte bByte) {
        int iRet=bByte;
        System.out.println("iRet1="+iRet);
        if (iRet<0) {
            iRet+=256;
        }
        return String.valueOf(iRet);
    }
    //转换字节数组为16进制字串
    private static String byteToString(byte[] bByte) {
        StringBuffer sBuffer=new StringBuffer();
        for (int i=0; i<bByte.length; i++) {
            sBuffer.append(byteToArrayString(bByte[i]));
        }
        return sBuffer.toString();
    }
    public static String GetMD5Code(String strObj) {
        String resultString=null;
        try {
            resultString=new String(strObj);
            MessageDigest md=MessageDigest.getInstance("MD5");
            //md.digest() 该函数返回值为存放哈希值结果的byte数组
            resultString=byteToString(md.digest(strObj.getBytes()));
```

```
        } catch (NoSuchAlgorithmException ex) {
            ex.printStackTrace();
        }
        return resultString;
    }
    public static void main(String[] args) {
        MD5 getMD5=new MD5();
        System.out.println(getMD5.GetMD5Code("000000"));
    }
}
```

也就是说，当作者在数据库中写入密码时，数据库中的密码将用 MD5 方式进行加密，此过程不可逆。但当再次在登录界面输入密码时，虽然代码中写的是将输入的密码转换成加密后的密码进行与数据库中比对，但是结果是 false。于是在 LoginActivity. java 中写入下面一串代码查找原因：

```
else{Toast.makeText(LoginActivity.this, user.getUserName()
        +user.getUserPassword(), Toast.LENGTH_SHORT).show();
```

若是登录失败，则显示正确的密码，于是得到的结果如图 14-26 所示。

实现了成功登录，结果如图 14-27 所示。

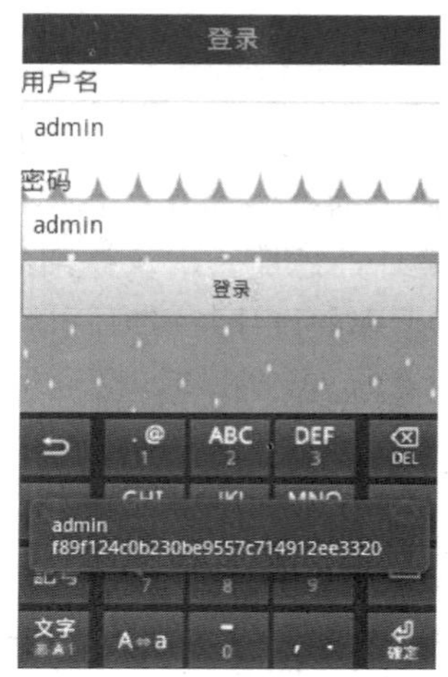

图 14-26　显示数据库中密码

图 14-27　登录成功

4. 对各功能模块的测试

测试法其本质是对系统模块的逻辑结构进行测试。具体操作过程是测试人员按照模块的内部程序进行检测，以此来判断模块的每个程序是否按照预期的要求进行工作。

对 BabySleep 的具体测试结果如表 14-3 所示。

表 14-3 测试结果评估内容

测试选项	具体步骤	评估结果
主界面功能模块测试	(1) 单击成长资料库,测试能否成功进入该模块	可以进入
	(2) 单击睡眠模式,测试是否能成功进入该模块	可以进入
	(3) 进入睡眠模式,测试是否能够播放歌曲	可以播放
	(4) 单击自定义模式,测试能否成功进入该模块	可以进入
	(5) 单击"自定义",测试是否进入自定义界面	可以进入
	(6) 单击系统管理,测试是否能成功进入该模块	可以进入
	(7) 单击增加按钮,测试是否可以增加歌曲	可以单击
	(8) 单击账号管理,测试是否能成功进入该模块	可以进入
	(9) 单击"增加"按钮,测试是否可以增加用户	可以增加

5. 软件测试结果

软件基本达到设计要求,软件功能完整,用户界面良好,错误处理正确,且能正确提示错误种类。但是在测试中也发现软件的一些不足与缺陷,比如软件在用户第一次登录时,也就是用户刚拿到软件时,必须用预先设定好的管理员账号登录系统,等等一些缺陷,需要在软件进一步修改和维护时予以纠正。

本章小结

本章详细介绍了 BabySleep 媒体分享系统设计中的核心部分:主界面的 UI 设计及布局界面的实现。以图表结合的形式,清晰表达设计的思路。本章详细给出 BabySleep 登录功能以及睡眠模式功能的设计与实现,包括数据库的设计与实现、布局界面的设计与实现、Activity 部分的关键代码;详细介绍了成长资料库、睡眠模式,粗略介绍了其他功能模块。

习 题

1. 将本章所涉及的功能代码调试通过,写出详细实验报告。

2. 充分发挥主观能动性,分小组完善本章的 BabySleep 媒体分享系统,要求有详细的系统设计说明,工程源文件,并注明各自分工情况。

第 15 章 动态路由仿真系统设计与实现

随着移动互联网的快速发展，人们对移动设备的依赖性越来越强。在传统的交互教学中，移动互联网占的比例还是相对较小，所以把传统教学模式搬迁到移动互联网上显得尤为重要。而对于现如今流行的各个手机系统，Android 系统的应用最为广泛，占据的市场比例较大。本章从实际应用出发，开发基于 Android 平台的手机计算机网络课程教学软件。

在研究了计算机仿真设计、Android 平台架构和 Android 平台的系统理论之后，发现把交互式教学软件搬迁到移动终端上可以让使用者随时随地进行相关课程实验仿真，不仅会增加对理论知识的理解，还会加强模拟实验训练的力度。

15.1 系统原理与实现方式

15.1.1 教学系统的运用

通过移动端将教学内容以文字、图片、动画甚至通过影像展现给学生，使学生学习相关的理论知识的同时，加强对相关原理的巩固。利用教学系统的实验功能，用户可以配置实验数据，并能显示动态实验过程，使教学内容更加形象易懂，也使得学习内容更加生动。

15.1.2 交互式教学的需求分析

基于 Android 平台的教学仿真软件系统是在 Android 平台搭建的一套具有交互式教学功能的系统。该系统有以下特点：

(1) 界面成熟稳重，搭配合理。以蓝黑搭配形成的界面凸显，力求简洁明了。如果在同一时间给用户展示的功能越多，用户需要寻找和思考的时间也就越多。同样，界面中存在的选项越少，可用功能就越明显、越容易浏览。所以界面搭配需要追求精简和目标明确。

(2) 系统切换方便，运行流畅。系统采用 Tabhost＋RadioGroup 搭建的快速选项框界面，可以轻松实现占用少量系统内存实现界面间的跳转。同时根据自定义的按钮样式更改 Tabhost 的效果展示，使界面流畅之余不失稳重。

(3) 内容分类清楚，图文并茂。信息内容分类，是对信息内容的整合、规划将同类信息进行整理，归纳为同一板块，使使用者搜索目标更加明确，使查找的信息内容更加迅速、精确。图文并茂可以将一些理论知识轻松展现，且易于理解。

（4）演示内容，动画呈现。动画在产品展示中的应用越来越广泛，产品展示动画能够帮助解决推广上的一些难题，目前已经应用到广告、房地产、电子产品的工作原理演示、事故模拟等多方面动画对于产品的宣传起到了巨大的推动作用。例如在展会上，将产品做成一个动画视频，再配上主持的讲解，能够清楚地展示产品的工作原理，给人一目了然、直觉生动的感觉，这样能让客户了解到真实的产品。本系统采用简单动画演示，使复杂的理论能轻松理解和掌握。

15.1.3 环境搭建

（1）下载 SDK 并安装 JDK（Java Development Kit，Java 开发工具包），包括 Java 运行环境，基础类库和 Java 工具，是 Java 运行的基础。按照默认方式安装即可。

安装完毕配置环境。依次选择"计算机"→"属性"→"高级系统设置"→"环境变量"→"系统变量"→Path→"编辑"，添加 JDK 的 bin 目录的路径，如图 15-1 所示。

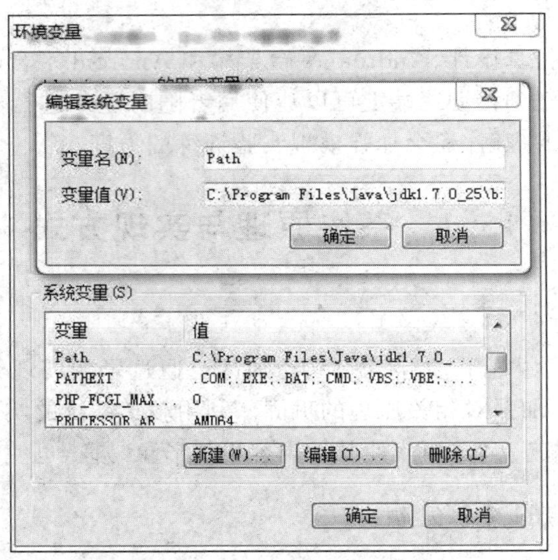

图 15-1 安装配置环境

（2）下载 Eclipse。Eclipse 是开发 Java 程序的软件工具。该工具免安装，解压即可以使用。

（3）下载 Android SDK。SDK 即 Software Development Kit（软件开发工具包）。Android SDK 指的是 Android 专属的软件开发工具包。

（4）下载 ADT。ADT，即 Android Development Tools（Android 开发工具），是在 eclipse 中开发 Android 应用程序的插件。

（5）Android 开发平台搭建步骤：

下载完毕所有软件之后，双击 Eclipse 解压后目录中的 eclipse.exe 然后启动，下载 Android 开发工具插件。

重启后选择 Eclipse 菜单中的 Windows→Preferences 在左侧 Android 项目的 SDK

Location 中填入 Android SDK 解压后的目录，然后单击 Apply 按钮。

在 Windows 7 的系统变量的 path 变量中添加一个值，该值指向解压后的 Android SDK 目录下的 tools 文件夹。这样就完成了开发环境的安装和配置。

15.1.4　系统实现

Android 平台搭建完毕之后，就要进行系统分析与程序编码。系统主要分为两个部分：原理学习和实验参考。工欲善其事必先利其器，实验参考之前必须要对原理性知识有所了解和掌握，这样才不会在实践中迷失方向。所以原理学习部分放在了首要位置，默认进入原理学习，如图 15-2 所示。

如图 15-3 所示，在实验参考部分，为用户提供了两种方式。第一种需要输入相应的知识点并且当数据输入完全正确的时候，就可以看到演示的动画了，这样有助于加强用户的知识掌握。第二种方式不需要输入，直接显示相应信息，这样有助于加强对理论的了解，直接单击“自动演示”就可以看到动画效果。

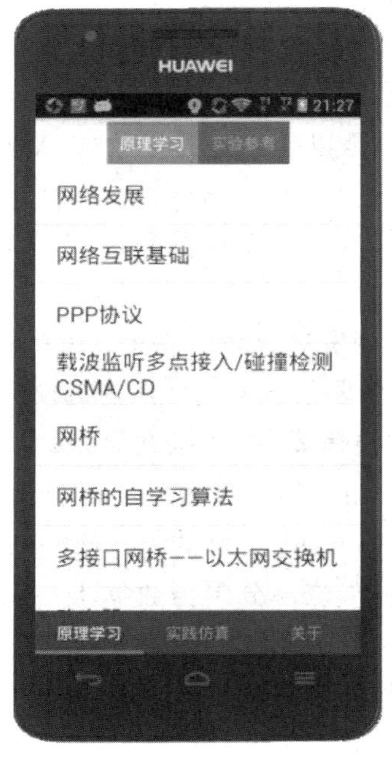

图 15-2　主系统页面

图 15-3　实验参考

15.2　交互式教学软件设计实现方案

15.2.1　总体设计

在 Android 平台搭建交互式仿真系统还是有很多困难的，毕竟手机的屏幕比较小，一下子显示那么多的模拟仿真信息有些力不从心，鉴于此，本节采取简单模拟仿真模型，既能展现出要模拟的效果，又不违背模拟仿真的初衷。

基于 Tabhost 的菜单式架构，可以分屏显示各个要仿真的模型，在每一个仿真模型上，进行详尽的阐述。本系统分为三部分，第一部分是原理学习，将展现出来的原理性基础知识和实验参考部分详细列出，便于使用者在实验之前了解其原理、实验步骤以及所要达到的仿真效果。第二部分是实践仿真，展示了路由器和网络拓扑图两个方面的实验仿真，这是实战部分，使用者可以通过该部分加强对实验目的和内容的了解和对知识体系加深认知。第三部分是“关于”，该部分介绍产品的总体情况以及创作者信息等。

15.2.2 分部设计实现方案

1. 原理学习部分的设计实现

原理学习部分的结构是一个二选一的 RadioGroup、RadioButton、RelativeLayout 页面搭建的分层次列表页面，根据 RadioButton 的选择不同去显示不同的 RelativeLayout 页面。顶部是 RadioGroup＋RadioButton 形成的目录选择标签，底部则是原理标签对应的 RelativeLayout，选择标签分为原理学习和实验参考，是二选一，如果不选，默认进入原理学习标签，所以在 RelativeLayout 页面上会显示原理学习的 Listview，如图 15-4 所示。Listview 是 Android 的列表控件，是显示具体的各个原理学习的分标签，这些分标签的信息是每个原理性知识的标题，而这些原理性知识是以 txt 格式存放在 Android 工程的 assets 目录下，assets 目录是 Android 项目不可变的资源，Android 工程打包成 apk 时会将 assets 下的所有文件原样打包，所以原理性知识以文本保存在 assets 下可以保证其完整性。

ListView 列表展现出来的标题可以通过单击触发进入详情页面，因为该页面属于阅读页面，所以采用无标题模式，以防止手机顶部的标题信息影响使用者的阅读。在详情页面顶部是一个标准的导航栏，现在流行 ios 效果的极简模式，所以在导航栏的中间是用来显示详情的标题，左侧是用于返回原界面的返回按钮。详细页面分为两个部分，第一个部分用于显示详情相关的图片，这些图片保存在 Android 项目的 drawable 目录下，采用 ImageView 显示。第二部分是详细内容的文字部分，该部分因为数据不一，有多有少，所以结构上采取 ScrollView 包裹的一个 TextView，用于显示具体的文字信息，ScrollView 负责将超出页面的布局进行滚动显示，从而达到数据完全展现内容的目的，如图 15-5 所示。

同样，主页面的实验参考与原理学习一样，也是 ListView 列表搭建起来的表格结构，通过单击表格单项，进入详情，如图 15-6 和图 15-7 所示。

而详情采用的与原理学习同一个界面，这两者的区别是标题不同，不管它们是什么类别，标题不一样，在 assets 下面的文章是不一样的，所以不用担心混乱。

2. 实践仿真部分设计实现

实践仿真页面采用的和原理学习一样的架构，也就是 RadioGroup ＋RadioButton ＋RelativeLayout 页面搭建的分层次架构，不过这里不是列表结构了，采用的是单页面显

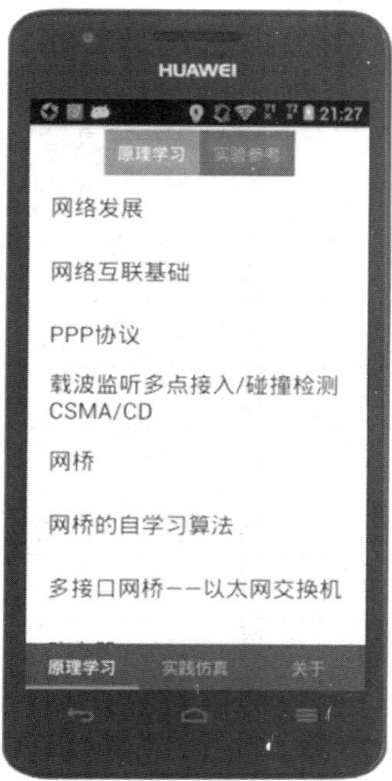

图 15-4　原理学习列表页面

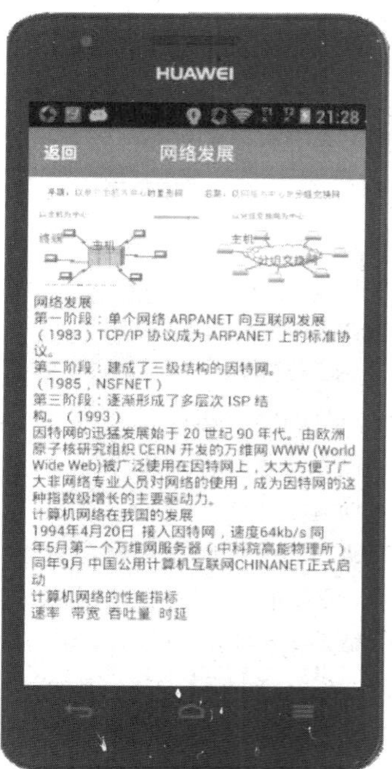

图 15-5　原理学习详细页面

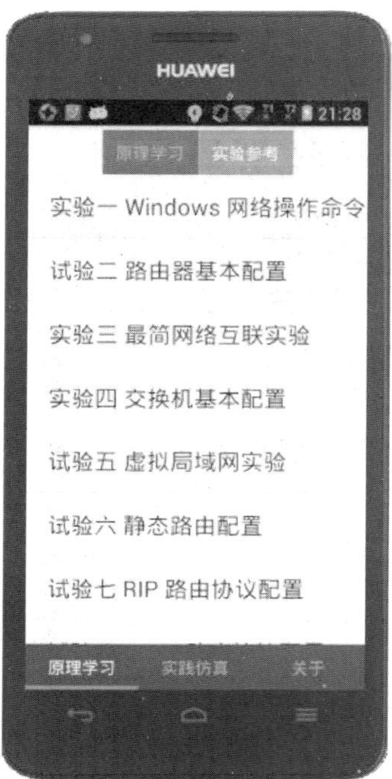

图 15-6　实验参考列表页面

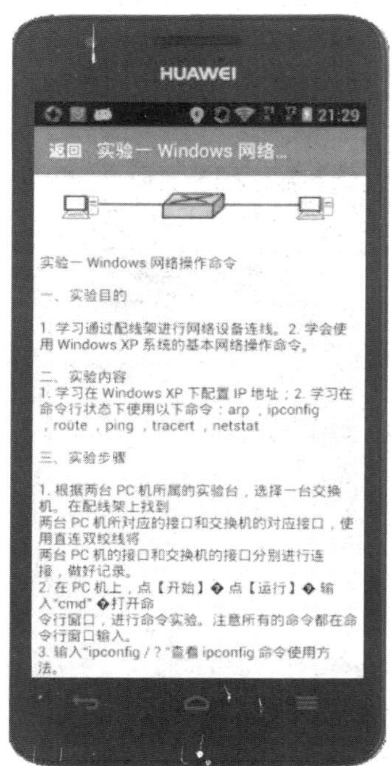

图 15-7　实验参考详细页面

示，再用分页面另外显示实验操作，因为实验操作页面有定时器等任务循环执行，放在首页面的话会占用 Android 的运行时内存，Android 的运行时内存如果堵塞超过 5～10 秒，会被手机系统认为程序无响应，会报系统级的异常，然后终止程序，这样有风险，所以分页面出去。仿真部分为两个部分，路由器和网络拓扑图部分，根据 RadioButton 进行不同的选择，默认选择项为路由器。

(1) 路由器

在主页面显示的是工作过程，是具体的实验说明，用于具体实验过程中的操作顺序详述。通过这个详述，可以清晰地了解实验过程，同时对整个实验步骤有清晰的认知，如图 15-8 所示。

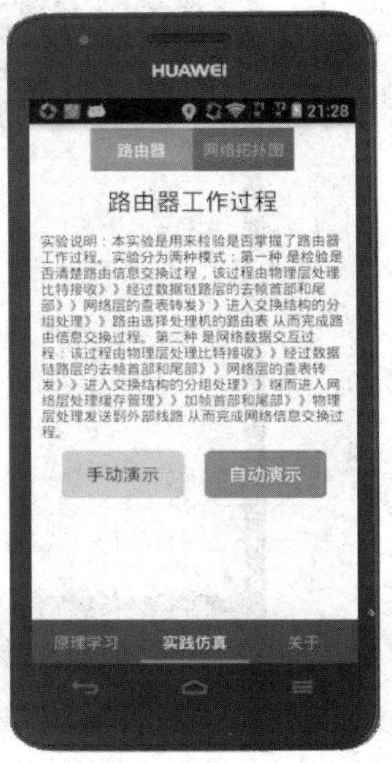

图 15-8　路由器页面

页面上有两个按钮，代表两种不同的实验模式，即手动演示和自动演示，两者的区别在于手动演示需要填写相关的信息，然后根据填写信息的准确与否进行判断，如果全部输入正确，则可以进行演示，如果不正确，则单击演示会提示如何更改，如图 15-9 所示。自动演示就不用考虑这方面的因素，可以直接单击演示，就可以跳过校验，直接演示效果，如图 15-10 所示。单击手动演示进入实验详情页面。该页面也是采取极简模式，顶部是个导航栏，中间显示路由器，标识是路由器实验，左侧是返回键，返回键有两个作用，第一个是返回到原界面，第二个是停止正在运行的定时器。右侧是演示按钮，当填写校验没有错误时，单击此按钮就可以看到演示效果。

图 15-9　路由器手动演示页面

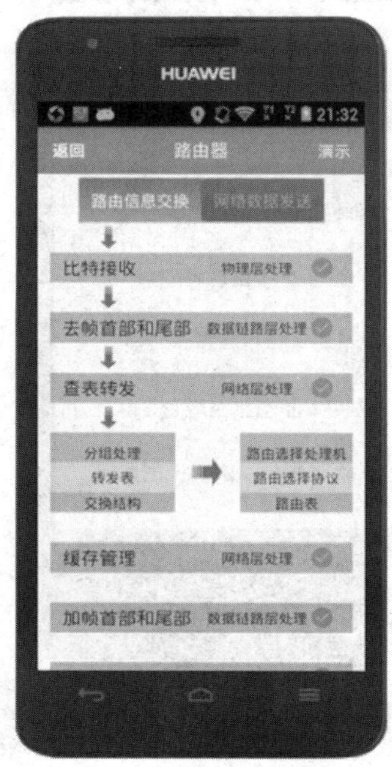

图 15-10　路由器自动演示页面

在导航栏的下面是 RadioGroup＋RadioButton＋RelativeLayout 页面搭建的两个不同的模式实验，路由器信息交换和网络数据发送实验，这两个实验的不同点是，它们的数据运行通道不一样。路由信息交换是数据通过转发表的分组处理以后，进入路由选择处理机进行路由选择协议处理，流程图如图 15-11 所示。

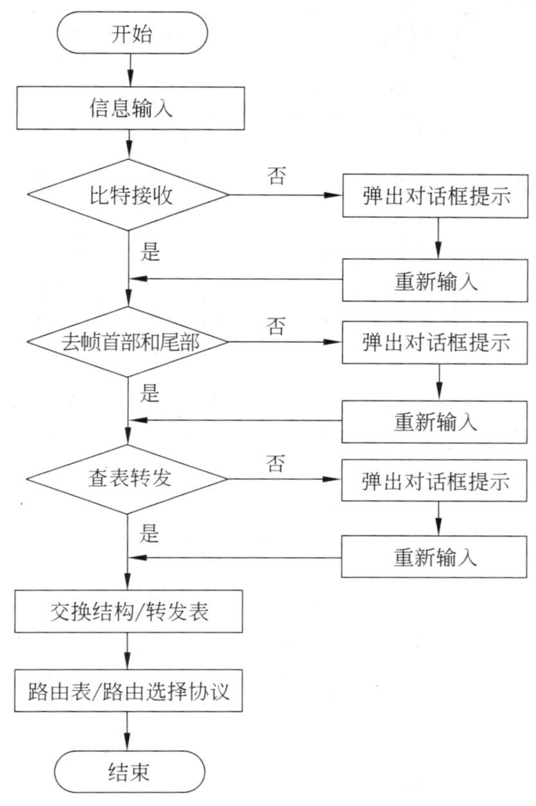

图 15-11　路由信息交换的流程图

而网络数据发送则是经过转发表以后进入网络层处理，最后经过物理层处理流出。不管怎么样，都是数据流入，经过处理转发表的分组处理，流向不同。其流程图如图 15-12 所示。

所以首先要设计数据流入，在实验组数据流动方向是一个箭头标识的，第一个箭头是起始数据流出点，这是一个 ImageView 显示的图标，流动的情况是用其显示和隐藏表示的。当其显示的时候表示正在流动，当其隐藏的时候说明数据已经从该处流动出去了。

接下来就是一个物理层处理的布局，这个布局采用的是线性布局 LinearLayout 构建的横向视图。之所以选择这个布局，是因为它可以轻松地实现其他控件的排版，这样就省去了控件排版时对应位置的分辨率调整，在这个页面直接设置为横向布局，则其内部控件自动横向排布了。在这个布局里面最左边是 EditText，用于输入相应的信息，而它的背景则是弱化的一个条形框，还有默认提示的弱化文字，用于提醒输入相应的内容。

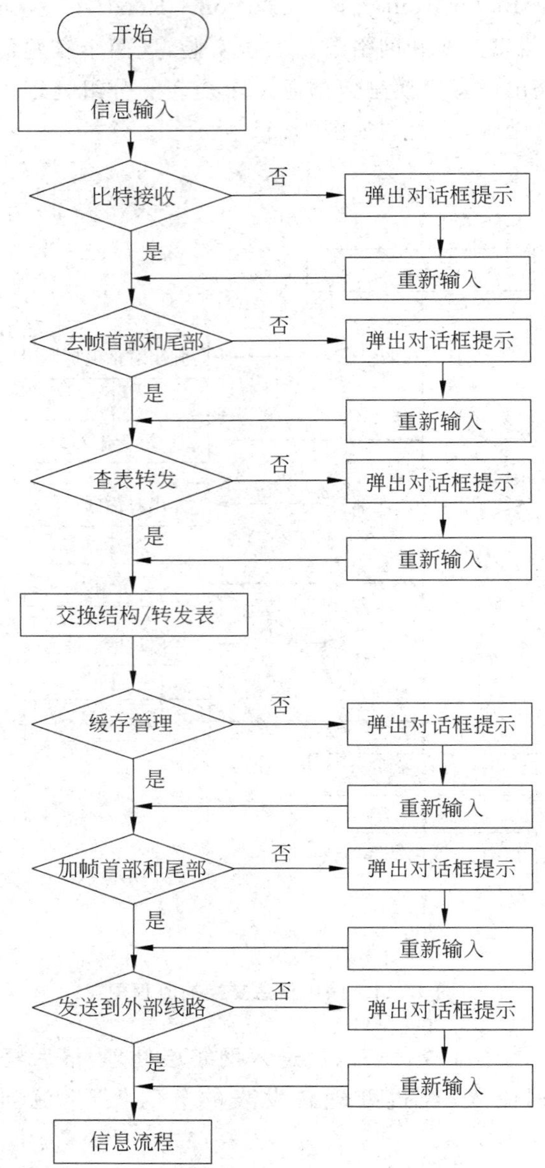

图 15-12　网络数据发送流程图

EditText 的右边是 TextView，用于明文显示类别，也就是 EditText 相关的输入类别，在后面是一个 ImageView，默认是一个斜十字架，表示输入的与 TextView 标定的类别内容不符合，如果是符合的则会显示一个勾，表示可以通过该过程。

在路由器实验中这样的布局共有 6 个，分别是物理层处理、数据链路层处理、网路层处理各 3 个，3 进 3 出，每个都要进行判断，因为它们的匹配信息是有差别的。比如物理层，初始进入的时候与物理层处理匹配的信息是比特接收，与末尾出去的物理层处理匹配的信息是发布到外部线路，这种情况下，对每一个数据进行严格匹配是一个必不可少的操作。

在交换结构和路由表的布局上稍微做了调整，因为这两个布局不需要进行输入输出的判断，只是一个简单的中间器件，所以这两个统一采用竖直 LinearLayout 布局，然后在其内部放置三个 TextView 控件，显示其详细内容即可。

将每一步操作的内容填写之后，就可以单击演示，如果填写的有些信息不准确，则会通过 Toast 提示应该填写什么，如果全部通过就可以通过箭头的显示隐藏方向查看数据流动效果了。

(2) 网路拓扑图

同样，在主页面显示的是实验过程，这个过程填写比较简单，只是简单地概述一下整个实验过程，因为网络拓扑图实验可以根据不同的组合形成不同的实验过程，但大致的流程都基本上类似。

同样，页面上也有两个按钮，代表这两种不同的实验模式，即手动演示和自动演示，如图 15-13 所示。

两者的区别在于手动演示需要填写相关的信息，然后根据填写的信息进行准确性判断，如果输入全部正确，则可以进行演示，如果不正确，则单击演示会提示如何更改。自动演示就不用考虑这方面的因素，单击演示，直接演示效果。

单击手动演示进入实验详情页面。该页面也是采取极简模式，顶部是个导航栏，中间显示网络拓扑图，标识是网络拓扑图实验，左侧是返回键，返回键有两个作用，第一个是返回到原界面，第二个是停止正在运行的定时器。右侧是演示按钮，当所有的配置没有任何问题的时候，单击此按钮就可以看到演示效果，如图 15-14 所示。

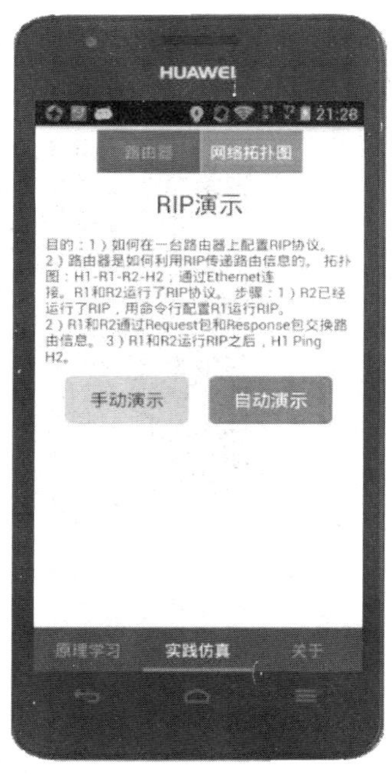

图 15-13　网络拓扑图主页面

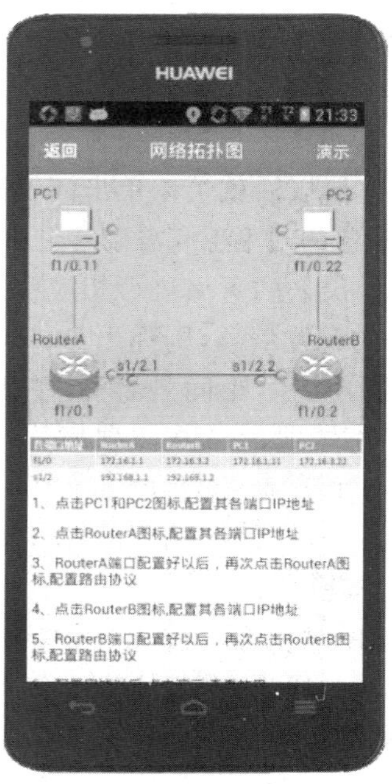

图 15-14　网络拓扑图页面

动画页面的组织结构分两侧，左右两侧各有一个 PC 和路由器，这样数据传递的时候就不会有交叉，界面显得层次分明。PC 的布局和路由器的布局一致，这样的好处是布局复用，节省设计界面所用的时间，同时又显得精简大方。PC的布局是一个RelativeLayout相对布局，内部有四个控件，一个计算机小图标识这是一个PC终端，顶部TextView显示的是终端编号，底部TextView显示的是终端地址，而在整个布局的侧边有一个用ImageView显示的小圆形图片，用以标识是否配置合格，如果没有配置或者配置失败则显示红色小圆点，合格的话就显示绿色小圆图。

在PC和路由器之间，路由器和路由器之间都会有一根线相连，标识着数据运行通道。

路由器的布局和PC的布局类似，也是一个RelativeLayout相对布局，内部多了一个控件，除了PC的相对应的四个控件外，多了一个用于显示2次设置的标识符，因为路由器不仅仅要设置ip，还要设置路由协议。所以在动画演示之前，这两方面都要设置完毕并且保证没有问题才可以，因此多了一个Imageview显示的圆形标识符。

这里隐藏了16个动画布局，每个布局都由两部分组成，一个用于显示背景的图片，另一个用于显示简要的文字，比如PC1在动画的第一个过程显示时会提示“我设置了ip和子网掩码”。

16个动画页面分属于四个不同的终端，它们的背景和位置会做相应的区别，PC的位置在上方，左边的箭头朝左，右边的箭头朝右，左边的颜色为纯白，右边的为暗灰色，路由器的布局都在下方，箭头朝下，左边的为白色背景，右边的为黑色背景，这样做是为了动画演示的时候清晰自然，不容易混淆。

动画布局的下面是一张Imageview显示的配置信息简介图，这里展示的是各个终端要设置的信息，有ip信息，端口地址信息等。

在配置信息的下面是一个LinearLayout线性布局，里面摆放的是竖直方向布局的由TextView显示的实验步骤。操作者可以根据这些步骤进行配置，配置完毕以后就可以单击演示查看结果。

在配置信息的过程中，需要单击动画界面的相应图片，然后根据弹出来的页面进行相应配置。

对于PC的配置信息，则弹出窗口会简单些，顶部是统一的极简模式导航条，中间是名称，左侧是返回，导航栏的下面则是两个配置项，每个配置项都是一个LinearLayout线性布局，有一个用于显示名称的TextView，一个用于填写配置信息的EditView，以及一个用于校验的ImageView，底部则是一个确定按钮。

单击按钮的时候会将输入的内容和默认的参考信息匹配，如果成功则通过，右侧的按钮会变成勾，不成功则会提醒需要填写的正确信息，如图15-15和图15-16所示。

图15-15 终端配置页面

成功通过之后会进行数据保存，这个时候通过系统的偏好设置SharedPreferences将正确的配置信息和状态进行保存，在动画页面再将SharedPreferences里面报错的信息更改终端的状态。如果已经配置成功，显示绿色标识，否则为红色，如图 15-17 所示。

图 15-16　配置错误提示页面

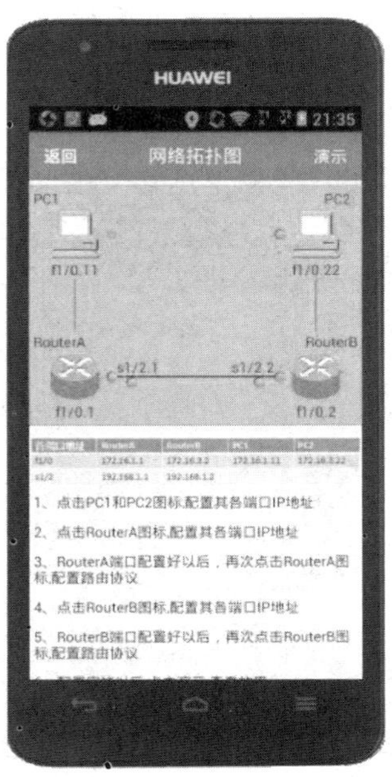

图 15-17　终端配置返回页面

对于路由器终端，会有两种弹出窗口，一种是用于配置路由器的 ip 配置，一种是路由器的路由协议的配置。两者的布局结构类似，根据它们所代表的类型进行不同的视图加载，从而进行不同的状态设置，如图 15-18 和图 15-19 所示。

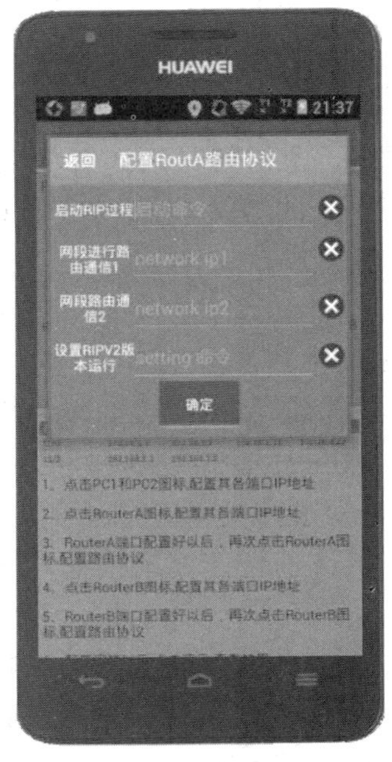

图 15-18　Rout A 端口 ip 配置页面

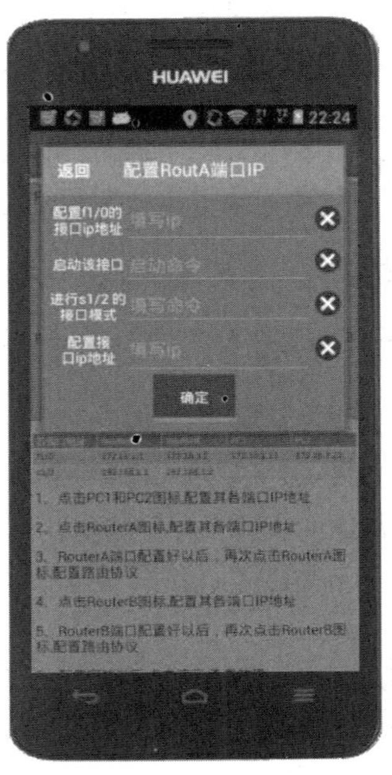

图 15-19　Rout A 路由协议页面

当所有的状态都设置完毕之后，所有的标识按钮都会变成绿色，这个时候可以单击演示按钮，动画页面会根据数据的设置顺序依次展现，从而达到实验的目的，如图 15-20 和图 15-21 所示。

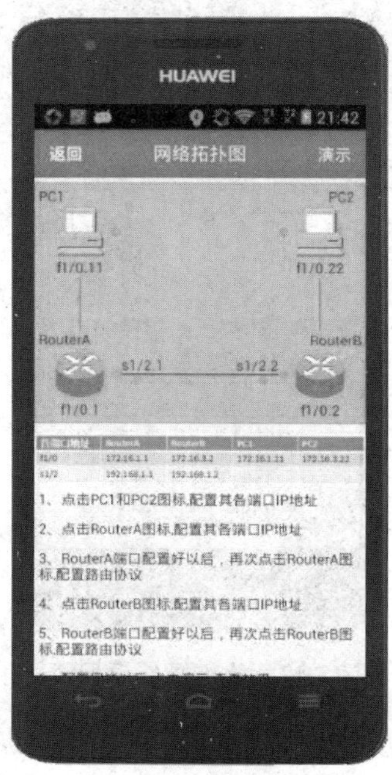

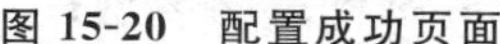
图 15-20 配置成功页面

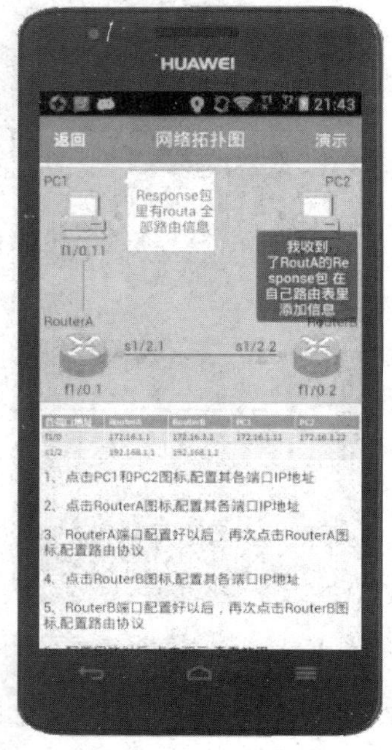

图 15-21 网络拓扑图动画页面

对于网络拓扑图模块的流程，如图 15-22 流程图所示。

3. 关于部分设计实现

关于部分就是一个简单的介绍页面，顶部是一个极简模式的导航栏显示标题，导航栏下面是一个 Imageview，用于显示本应用系统的图标，图标则是用作者的名字拼接的图片。图片的下方是系统软件的简单描述，简要概述系统的功能和作用，底部则是 3 行展示版权信息的文字。

15.2.3 数据模型设计与存储方案

由于本设计在数据存储方面只涉及相应的文本信息，保存的数据多是配置信息和终端的设置状态，因此数据存储更偏向于文件存储、Javabean 和系统的偏好设置。

对于大量的文本化的数据，比如实验参考、理论学习等大量固定的文本信息，存放在项目的 assets 文件下，这样，在操作数据的时候，对系统的性能要求很低，不会对 CPU 和内存造成压力。

而存储这些文本信息的引用则是 Javabean 的长处，所以仅仅需要 Javabean 就可以完成。这里使用四个字段就可以完全满足需求，type 标识文本类型，content 标识引用的图片路径，title 文件的标题，refer 文件的路径。将文本信息用 Javabean 封装，然后存放在一个简单的 ArrayList 列表里，再将 ArrayList 适配到布局上，使用时从 ArrayList 中获取

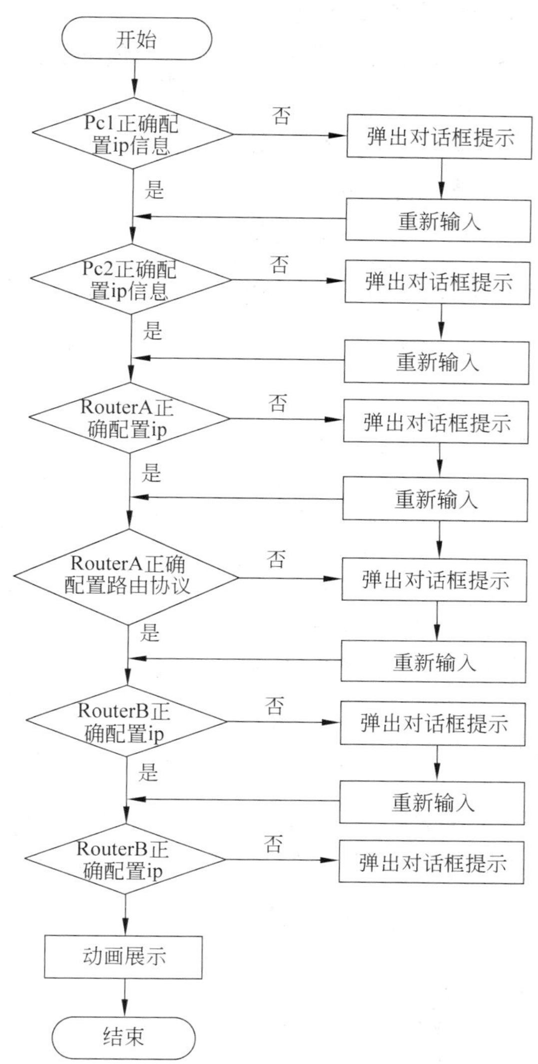

图 15-22　网络拓扑动画流程图

Javabean,使用Javabean的获取器就可以调用到相关信息,使用起来非常方便。

对于状态类的设置信息,可以采用系统的偏好设置SharedPreferences进行存储。SharedPreferences也是一种轻型的数据存储方式,它的本质是基于XML文件存储key-value键值对数据,通常用来存储一些简单的配置信息。其存储位置在/data/data/<包名>/shared_prefs目录下。SharedPreferences对象本身只能获取数据而不支持存储和修改,存储修改是通过Editor对象实现。实现SharedPreferences存储的步骤如下:

(1) 根据Context获取SharedPreferences对象。

(2) 利用edit()方法获取Editor对象。

(3) 通过Editor对象存储key-value键值对数据。

(4) 通过commit()方法提交数据。

这样就将设置的偏好信息以 XML 文件存储在应用的隐藏目录下。通过 SharedPreferences 的对象的 get 方法就可以获取相应的信息了。这里保存路由器设置 ip 状态的使用如下：

(1) 首先要标定一个存储的名称，这个名称也是 XML 文件的名称。

```
public static final String CHUJI_ROUTERA_SETTING="chuji_routerA_setting2";
```

(2) 存储方法中根据 Javabean 所有字段进行存储，存储名称无限制，但不要重复，只要在获取相应数据的时候填写相应的字段就可以。最后提交才会生效。

```
public static void StoreRouterSetting(Context activity,
        RouterSetting routerSetting, String name) {
    SharedPreferences preferences=activity.getSharedPreferences(name,
            Activity.MODE_PRIVATE);
    Editor editor=preferences.edit();
    editor.putBoolean("status", routerSetting.isStatus());
    editor.putString("ip", routerSetting.getIp());
    editor.putString("startCommend", routerSetting.getInterfaceIp());
    editor.putString("interfaceCommend",
            routerSetting.getInterfaceCommend());
    editor.putString("interfaceIp", routerSetting.getStartCommend());
    editor.commit();
}
```

(3) 获取信息的时候，数据字段一定不能出错，否则获取不到存储的数据，如果没有相应的字段，则给予默认值，同时将获取的数据封装成 Javabean 返回使用。

```
public static RouterSetting FetchRouterSetting (Context activity, String
        name) {
    SharedPreferences preferences=activity.getSharedPreferences(name,
            Activity.MODE_PRIVATE);
    RouterSetting routerSetting=new RouterSetting();
    routerSetting.setIp(preferences.getString("ip", ""));
    routerSetting.setStatus(preferences.getBoolean("status", false));
    routerSetting.setInterfaceIp(preferences.getString("interfaceIp", ""));
    routerSetting.setInterfaceCommend(preferences.getString(
            "interfaceCommend", ""));
    routerSetting
            .setStartCommend(preferences.getString("startCommend", ""));
    return routerSetting;
}
```

很多应用采用偏好设置存储，比如用户的相关信息，一般都是存到偏好设置里面，因为不需要用户频繁的登录，用户再次进入应用时，偏好设置会根据相应数据填充，大大方便了用户。

15.3　交互式教学软件具体实现

15.3.1　系统主界面

由于系统没有数据库与网络信息的预加载，所以程序一启动就可以很快地进入主界面。本系统由于不需要和网络进行交互，属于一个纯粹的单机系统，所以暂时用不到网络部分，在权限方面几乎不需要权限，因此不会给手机用户带来安全隐患。

主界面采用的是 Tabhost＋RadioGroup 组合而成的切换式页面结构。目前市场上很多应用采取该架构，比如新浪 App、微信 App，轻松简单，简洁大方。单击“原理学习”、“实验参考”、“关于”三个按钮的时候，会分别进入不同的界面展示不同的功能。这里默认进入的是“原理学习”，原理学习的内容来自 string 配置文件，全部由软件作者配置，这样就可以实现内容可控、实用。单击“演示”就会进入演示界面进行动画演示，单击“关于”就会进入关于界面。

1. 框架页面布局

XML 界面代码实现如下。

```
<?xml version="1.0" encoding="utf-8"?>
<TabHost
    android:id="@android:id/tabhost"
    android:layout_width="fill_parent"
    android:layout_height="fill_parent"
    xmlns:android="http://schemas.android.com/apk/res/android">
    <LinearLayout
        android:orientation="vertical"
        android:layout_width="fill_parent"
        android:layout_height="fill_parent">
        <FrameLayout
            android:id="@android:id/tabcontent"
            android:layout_width="fill_parent"
            android:background="@color/listview_background"
            android:layout_height="0.0dip"
            android:layout_weight="1.0" />
        <TabWidget
            android:id="@android:id/tabs"
            android:visibility="gone"
            android:layout_width="fill_parent"
            android:layout_height="wrap_content"
            android:layout_weight="0.0" />
        <RadioGroup
            android:gravity="center_vertical"
            android:layout_gravity="bottom"
            android:orientation="horizontal"
```

```
            android:id="@+id/main_radio"
            android:background="@drawable/maintab_toolbar_bg"
            android:layout_width="fill_parent"
            android:layout_height="44dip">
            <RadioButton
                android:id="@+id/radio_button0"
                android:text="@string/yuanlixuexi"
                android:checked="true"
                android:background="@drawable/home_bottom_btn_status"
                style="@style/main_tab_bottom" />
            <RadioButton
                android:id="@+id/radio_button1"
                android:text="@string/shijianfangzhen"
                android:background="@drawable/home_bottom_btn_status"
                style="@style/main_tab_bottom" />
            <RadioButton
                android:id="@+id/radio_button2"
                android:text="@string/guanyu"
                android:background="@drawable/home_bottom_btn_status"
                style="@style/main_tab_bottom" />
        </RadioGroup>
    </LinearLayout>
</TabHost>
```

由于 TabHost 的特殊性，内部必须有一个 LinearLayout 和一个 FrameLayout，再搭载一个 TabWidget，显示切换页面的布局，而 RadioGroup 则是放置在底部用于切换界面的入口。

2. 框架页面布局框架页面展示类

```
public class MainActivity extends TabActivity {
    public TabHost mHost;
    private Intent TheoryActivityIntent;
    private Intent ExperimentalActivityIntent;
    private Intent AboutActivityIntent;
    public static RadioGroup radioGroup;
    @Override
    protected void onCreate(Bundle savedInstanceState) {
        super.onCreate(savedInstanceState);
        requestWindowFeature(Window.FEATURE_NO_TITLE);
        setContentView(R.layout.activity_main);
        this.TheoryActivityIntent=new Intent(this, TheoryActivity.class);
        this.ExperimentalActivityIntent=
                new Intent(this, ExperimentalActivity.class);
        this.AboutActivityIntent=new Intent(this, AboutActivity.class);
```

```
    setupIntent();
    radioGroup=(RadioGroup) findViewById(R.id.main_radio);
    radioGroup.setOnCheckedChangeListener(
                new OnCheckedChangeListener() {
        @Override
        public void onCheckedChanged(RadioGroup group, int checkedId) {
            switch (checkedId) {
                case R.id.radio_button0:
                    mHost.setCurrentTabByTag("TheoryActivity");
                    break;
                case R.id.radio_button1:
                    mHost.setCurrentTabByTag("ExperimentalActivity");
                    break;
                case R.id.radio_button2:
                    mHost.setCurrentTabByTag("AboutActivity");
                    break;
            }
        }
    });
}
/**
 * 设置跳转的 intent
 */
private void setupIntent() {
    mHost=this.getTabHost();
    TabHost localTabHost=mHost;
        localTabHost.addTab(buildTabSpec("TheoryActivity",
                R.string.app_name,
                R.drawable.icon, this.TheoryActivityIntent));
        localTabHost.addTab(buildTabSpec("ExperimentalActivity",
                R.string.app_name,
                R.drawable.icon, this.ExperimentalActivityIntent));
        localTabHost.addTab(buildTabSpec("AboutActivity",
                R.string.app_name,
                R.drawable.icon, this.AboutActivityIntent));
}
private TabHost.TabSpec buildTabSpec(String tag, int resLabel,
                int resIcon,
                final Intent content) {
    return mHost
            .newTabSpec(tag)
            .setIndicator(getString(resLabel),
                    getResources().getDrawable(resIcon))
            .setContent(content);
```

```
    }
}
```

因为 Tab 的生成是在 onCreate()中完成的，onCreate()只被调用一次，所以切换页面的功能由 buildTabSpec 和 radioGroup 完成上。根据三个标识 TheoryActivity、ExperimentalActivity、AboutActivity 进行不同的页面切换。在程序一开始时，框架就调用 onCreate 方法，调用 onCreate()方法时，此函数首先正向调用父类别 Activity 的 onCreate()方法，先执行父类别的预设行为，也就是设置无标题，然后在继续执行到 setContentView(R. layout. activity_main)指令时，就去读取 activity_main. xml 的内容，依据它来进行屏幕画面的布局，并显示出来。

15.3.2 原理学习界面

1. 原理学习主界面

原理学习界面存在大量的文字信息，而对应的文字信息又存放在 Android 的 assets 下，所以最好的方法是用列表将标题和文章分类显示，这样就可以避免界面过于拥堵。界面底层是一个 LinearLayout 的线性布局，设置为竖直方向，里面依次排列着 RadioGroup 和 ListView，用来实现列表展示标题方案。XML 布局如下：

```
<?xml version="1.0" encoding="utf-8"?>
<LinearLayout xmlns:android="http://schemas.android.com/apk/res/android"
    android:layout_width="fill_parent"
    android:layout_height="fill_parent"
    android:background="@color/listview_background"
    android:orientation="vertical" >
    <RadioGroup
        android:layout_marginTop="4dip"
        android:id="@+id/theory_main_radio"
        android:layout_width="180dip"
        android:layout_height="44dip"
        android:layout_gravity="center_horizontal"
        android:background="@drawable/top_background_blue"
        android:gravity="center_vertical"
        android:orientation="horizontal" >
        <RadioButton
            android:id="@+id/radio_button_theory"
            style="@style/theory_tab_bottom"
            android:background="@drawable/theory_bottom_btn_status"
            android:checked="true"
            android:text="@string/yuanlixuexi" />
        <RadioButton
            android:id="@+id/radio_button_experence"
            style="@style/theory_tab_bottom"
            android:background="@drawable/theory_bottom_btn_status"
```

```
            android:text="@string/shiyancankao" />
    </RadioGroup>
    <ListView
        android:id="@+id/theory_listview"
        android:layout_width="fill_parent"
        android:layout_height="fill_parent"
        android:cacheColorHint="@color/transparent"
        android:divider="@color/listview_divider"
        android:dividerHeight="0dip" />
    <ListView
        android:id="@+id/experence_listview"
        android:layout_width="fill_parent"
        android:layout_height="fill_parent"
        android:background="@color/listview_background"
        android:cacheColorHint="@color/transparent"
        android:divider="@color/listview_divider"
        android:dividerHeight="0dip" />
</LinearLayout>
```

在视图切换上，根据 RadioGroup 中 RadioButton 的选择不同、ListVIew 的显示隐藏不同，视觉上就会显示出切换效果。

```
radioGroup.setOnCheckedChangeListener(new OnCheckedChangeListener() {
    @Override
    public void onCheckedChanged(RadioGroup group, int checkedId) {
        switch (checkedId) {
            case R.id.radio_button_theory://原理
                theory_listview.setVisibility(View.VISIBLE);
                experence_listview.setVisibility(View.GONE);
                break;
            case R.id.radio_button_experence://实验类
                theory_listview.setVisibility(View.GONE);
                experence_listview.setVisibility(View.VISIBLE);
                break;
        }
    }
});
```

列表页面加载数据是一个关键技术，因为它实现了如何将数据信息和视图搭配起来，也就是如何将数据渲染出视图。

通过 ArrayList 将数据信息组织起来，形成一个有序的数据链条，并通过一个变量来接收这个数据链条。

```
public List<Theory>getTheoryList() {
    List<Theory>theoryList=new ArrayList<Theory>();
```

```
    theoryList.add(new Theory(0, R.drawable.theory1,
                getString(R.string.theory1),
                getString(R.string.theory1_value)));
    List<Theory>mTheoryList=getTheoryList();
}
```

创建一个适配器类，继承 BaseAdapter 并实现它的方法，分别是获取数据个数，每个数据项和数据的项的位置。最重要的是获取每个数据项所适配的界面。

```
class TheoryItem
{
    TextView theory_tv;
}
```

这里先创建一个类 TheoryItem，这个类很简单，只有一个属性值，其作用是在获取每个项适配界面的时候有个缓冲复用，不至于每个项都要加载重复的界面。

```
public class MyTheoryAdapter extends BaseAdapter {
    @Override
    public int getCount() {
        return mTheoryList.size();
    }
    @Override
    public Object getItem(int position) {
        return mTheoryList.get(position);
    }
    @Override
    public long getItemId(int position) {
        return position;
    }
        @Override
    public View getView(int position, View convertView, ViewGroup parent) {
        TheoryItem appItem;
        if (convertView==null)
        {
            View v=LayoutInflater.from(activity).inflate(
                    R.layout.activity_theory_item, null);
            appItem=new TheoryItem();
            appItem.theory_tv=(TextView) v.findViewById(R.id.theory_tv);
            v.setTag(appItem);
            convertView=v;
        }
        else
        {
            appItem=(TheoryItem) convertView.getTag();
        }
```

```
            Theory theory=mTheoryList.get(position);
            appItem.theory_tv.setText(theory.getTitle());
            return convertView;
        }
    }
```

在 getView 类中要为项目渲染一个合适的布局 R.layout.activity_theory_item，在这个布局中，有要为显示的项目定制的界面。渲染完毕之后交给 convertView，convertView 会自动将加载的数据 Theory theory＝mTheoryList.get(position)渲染进界面。

在列表页面，通过单击数据标题信息进入数据详情页展示，不过要携带相应的参数标题、图片路径和相应的文章路径。

```
theory_listview.setOnItemClickListener(new  OnItemClickListener() {
    @Override
    public void onItemClick(AdapterView<?>arg0, View arg1, int arg2,
            long arg3) {
        Intent intent=new Intent(activity,TheoryDetailActivity.class);
        intent.putExtra("refer", mTheoryList.get(arg2).getRefer());
        intent.putExtra("title", mTheoryList.get(arg2).getTitle());
        intent.putExtra("content", mTheoryList.get(arg2).getContent());
        activity.startActivity(intent);
    }
});
```

这样在详情页面就可以在导航栏显示标题，在图片页显示图片，在文本处通过文章路径解析 Assets 下的文本进行展示。

2. 原理学习详情页面

详情页面是根据内容进行搭建的。界面很简单，以 LinearLayout 为基底的布局上依次排列导航条、Imageview 视图和一个滚动视图 ScrollView 包裹的文字显示视图 TextView。代码如下：

```
<?xml version="1.0" encoding="utf-8"?>
<LinearLayout xmlns:android="http://schemas.android.com/apk/res/android"
    android:layout_width="fill_parent"
    android:layout_height="fill_parent"
    android:background="@color/listview_background"
    android:orientation="vertical" >
    <include layout="@layout/top_bar" />
    <ImageView
        android:id="@+id/detail_content"
        android:layout_width="wrap_content"
        android:layout_height="wrap_content"
        android:layout_gravity="center_horizontal"
        android:layout_marginTop="4dip" />
```

```
    <ScrollView
        android:layout_width="fill_parent"
        android:layout_height="fill_parent"
        android:scrollbars="none" >
        <TextView
            android:id="@+id/theory_detail"
            android:layout_width="fill_parent"
            android:layout_height="fill_parent"
            android:padding="6dip"
            android:textColor="#000033" />
    </ScrollView>
</LinearLayout>
```

逻辑层面也很简单，显示从上层界面传递过来的标题，加载从上层页面获取的图片，通过自定义方法加载上层页面传递过来的文章路径。

```
title_tv.setText(getIntent().getStringExtra("title"));
detail_content.setBackgroundResource(getIntent().getIntExtra(
                                             "content", 0));
String myRefer=getIntent().getStringExtra("refer");
theory_detail.setText(Tool.ReadAsset(this, myRefer));
```

这里使用了用于显示 Assets 下的文件的一个方法，因为文章详情是一个文本文件，所以这里采用流媒体读取方式展现数据。

```
public static String ReadAsset(Context context, String fileName)
        throws IOException {
    if (null==context || null==fileName)
        return null;
    AssetManager am=context.getAssets();
    InputStream input=am.open(fileName);
    ByteArrayOutputStream output=new ByteArrayOutputStream();
    byte[] buffer=new byte[1024];
    int len=0;
    while ((len=input.read(buffer))!=-1) {
        output.write(buffer, 0, len);
    }
    output.close();
    input.close();
    return output.toString();
}
```

15.4 实践仿真页面

实践仿真页面与原理学习的首界面类似，不过这里搭配的不是两个 ListView，而是两个相应的按钮，根据按钮的提示进入自动模式还是手动模式。两个切换的分支页面是非常简单的RelativeLayout布局，里面放置的是显示标题和显示简介的两个TextView，在底部则是显示手动模式还是自动模式的两个按钮，页面如下：

```
<RelativeLayout
        android:id="@+id/luyouqi_layout"
        android:layout_width="fill_parent"
        android:layout_height="fill_parent" >

        <TextView
            android:id="@+id/luyouqi_title"
            android:layout_width="fill_parent"
            android:layout_height="60dip"
            android:layout_gravity="center"
            android:gravity="center"
            android:text="@string/luoyoushiyan_title"
            android:textColor="#000033"
            android:textSize="24dip" />

        <TextView
            android:id="@+id/luyouqi_description"
            android:layout_width="fill_parent"
            android:layout_height="wrap_content"
            android:layout_below="@+id/luyouqi_title"
            android:layout_gravity="center"
            android:gravity="center_vertical"
            android:paddingLeft="10dip"
            android:paddingRight="10dip"
            android:text="@string/luyoushiyan_descriptiong"
            android:textColor="#000033"
            android:textSize="14dip" />

        <LinearLayout
            android:layout_width="fill_parent"
            android:layout_height="wrap_content"
            android:layout_below="@+id/luyouqi_description"
            android:layout_marginTop="10dip"
            android:gravity="center"
            android:orientation="horizontal"
            android:paddingLeft="10dip"
            android:paddingRight="10dip" >

            <Button
                android:id="@+id/peizhi_anim"
                android:layout_width="120dip"
```

```
            android:layout_height="48dip"
            android:layout_marginRight="20dip"
            android:background="@drawable/normal_orig"
            android:text="手动演示" />

        <Button
            android:id="@+id/auto_anim"
            android:layout_width="120dip"
            android:layout_height="48dip"
            android:background="@drawable/normal_green"
            android:text="自动演示"
            android:textColor="#ffffff" />
    </LinearLayout>
</RelativeLayout>
```

通过单击首页的手动演示或者自动演示，就可以跳转到跳转进路由器仿真详细页面。仿真详细页面是 RelativeLayout 布局包裹的各个线性布局，其中嵌套各个过程进行的显示，在第 14 章的设计部分已经详细介绍了，这里主要阐述其逻辑实现过程。

首先根据上层界面的参数判断是否自动运行模式。如果是，则不必考虑参数问题，并且将所有的标识设置为可用。同时要判断实验类别，路由信息交换和网络数据发送是分属于两个不同的实验，它们的结果也是不同的，根据选择进行显示和隐藏。

```
isAuto=this.getIntent().getBooleanExtra("isAuto", false);
```

其次要将相应的动画图片加载归总以便演示时使用。同时要创建显示提示的 Toast 和动画演示的定时器。

```
toast=Toast.makeText(activity, "", 0);
mTimer=new Timer();
imageviewsInfo=getInfoImageView();
imageviewsNetInfo=getNetInfoImageView();
```

检查 6 个输入框输入的内容是不是与规定的一致。规定的信息都定义在 String 中。检查方式都是一样的，这里用物理层的检查作为模版。

```
String wuliceng_detailText=wuliceng_detail.getText().toString();
    if(!getString(R.string.bitejieshou).equals(wuliceng_detailText)){
        toast.setText(getString(R.string.bitejietoast));
        toast.show();
        wuliceng_detail.requestFocus();
        wuliceng_isok.setBackgroundResource(R.drawable.clear);
        return false;
    }else{
    wuliceng_isok.setBackgroundResource(R.drawable.right);
}
```

获取输入框的文字，然后与存在 String 的字段进行匹配，如果相等则通过，并且要将其标识图片设置为勾号（指针指向 R. drawable. right）；如果匹配失败，则输入框获取焦点，然后弹出来一个提示，提示要输入的正确内容。

检查完毕就可以执行演示了。演示其实是一个定时器任务，循环执行。

在 timerTask(1)中，参数 1 标识类别，1 为路由信息演示，2 为路由网络数据发送演示。在这个任务中，通过 Android 的消息机制向 Handler 发送一条标识为 mType 的消息，这里的定时循环任务是设置延时 500 毫秒执行，每 500 毫秒执行一次。

```
public void timerTask(int type) {
    final int mType=type;
    mTimer.schedule(new TimerTask() {
        @Override
        public void run() {
            mHandler.sendEmptyMessage(mType);
        }
    }, 500, 500);//每 0.5 秒执行一次
}
```

在 Handler 中对消息机制发送过来的 Handler 标识进行处理。这里定义了循环的次数为之前获取的动画图片个数，这样在每次循环的过程中每个图片都可以运行显示和隐藏。最开始的时候每个图片都是显示的，一旦动画开始，则所有图片全部隐藏，循环到哪个地方，显示哪个地方的图片，这样给人的视觉体验就是数据量的流动。

```
public Handler mHandler=new Handler() {
    @Override
    public void handleMessage(Message msg) {
        switch (msg.what) {
        case 1:
            try {
                mTimer.cancel();
                mTimer=new Timer();
                timerTask(1);
            } catch (IllegalStateException e) {
                e.printStackTrace();
            }
            if (countInfo==imageviewsInfo.size()) {
                for (int i=0; i<imageviewsInfo.size(); i++) {
                    imageviewsInfo.get(i).setVisibility(View.INVISIBLE);
                }
                countInfo=0;
                mTimer.cancel();
                mTimer=new Timer();
                timerTask(1);
            } else {
```

```
            switch (countInfo % imageviewsInfo.size()) {
            case 0:
                imageviewsInfo.get(0).setVisibility(View.VISIBLE);
                break;
        android:textColor="#000033"
        android:textSize="24dip" />

    <TextView
        android:id="@+id/luyouqi_description"
        android:layout_width="fill_parent"
        android:layout_height="wrap_content"
        android:layout_below="@+id/luyouqi_title"
        android:layout_gravity="center"
        android:gravity="center_vertical"
        android:paddingLeft="10dip"
        android:paddingRight="10dip"
        android:text="@string/luyoushiyan_descriptiong"
        android:textColor="#000033"
        android:textSize="14dip" />

    <LinearLayout
        android:layout_width="fill_parent"
        android:layout_height="wrap_content"
        android:layout_below="@+id/luyouqi_description"
        android:layout_marginTop="10dip"
        android:gravity="center"
        android:orientation="horizontal"
        android:paddingLeft="10dip"
        android:paddingRight="10dip" >

        <Button
            android:id="@+id/peizhi_anim"
            android:layout_width="120dip"
            android:layout_height="48dip"
            android:layout_marginRight="20dip"
            android:background="@drawable/normal_orig"
            android:text="手动演示" />

        <Button
            android:id="@+id/auto_anim"
            android:layout_width="120dip"
            android:layout_height="48dip"
            android:background="@drawable/normal_green"
            android:text="自动演示"
```

```
            android:textColor="#ffffff" />
    </LinearLayout>
</RelativeLayout>
```

15.4.1 路由器仿真页面

通过单击首页的手动演示或者自动演示，就可以跳转到路由器仿真详细页面。仿真详细页面是通 RelativeLayout 布局包裹的各个线性布局，布局里面嵌套各个过程进行的显示，在第 14 章的设计部分已经详细介绍了。这里主要阐述其逻辑实现过程。

首先根据上层界面的参数判断是否自动运行模式。如果是，则不必考虑参数问题，并且将所有的标识设置可用。同时要判断实验类别，路由信息交换和网络数据发送是分属于两个不同的实验，它们的结果也是不同的，根据选择进行显示和隐藏。

```
isAuto=this.getIntent().getBooleanExtra("isAuto", false);
```

其次要将相应的动画图片加载归总以便于演示的时候使用。同时要创建显示提示的 Toast 和动画演示的定时器。

```
toast=Toast.makeText(activity, "", 0);
mTimer=new Timer();
imageviewsInfo=getInfoImageView();
imageviewsNetInfo=getNetInfoImageView();
```

检查 6 个输入框输入的内容是不是与规定的一致。规定的信息都定义在 String 中。检查方式都是一样的，这里用物理层的检查作为模版。

```
String wuliceng_detailText=wuliceng_detail.getText().toString();
    if(!getString(R.string.bitejieshou).equals(wuliceng_detailText)){
        toast.setText(getString(R.string.bitejietoast));
        toast.show();
        wuliceng_detail.requestFocus();
        wuliceng_isok.setBackgroundResource(R.drawable.clear);
        return false;
    }else{
    wuliceng_isok.setBackgroundResource(R.drawable.right);
}
```

获取输入框的文字，然后与存在 String 的字段进行匹配，如果相等则通过，并且要将其标识图片设置为勾号(指针指向 R. drawable. right)；如果匹配失败，则输入框获取焦点，然后弹出来一个提示，提示要输入的正确内容。

检查完毕就可以执行演示了。演示其实是一个定时器任务，循环执行。在 timerTask(1)中，参数 1 标识类别，1 为路由信息演示，2 为路由网络数据发送演示。在这个任务中我们通过 Android 的消息机制向 handler 发送一条标识为 mType：

```
case 1:
```

```
        imageviewsInfo.get(1).setVisibility(View.VISIBLE);
        break;
    case 2:
        imageviewsInfo.get(2).setVisibility(View.VISIBLE);
        break;
    case 3:
        imageviewsInfo.get(3).setVisibility(View.VISIBLE);
        break;
    case 4:
        imageviewsInfo.get(4).setVisibility(View.VISIBLE);
        break;
        default:
        reak;
    }
        countInfo=countInfo+1;
        break;
    }
    break;
```

通过上述过程就可以看到具体的演示效果了。这里要强调的是在导航栏的返回键和手机的物理返回键都要添加定时器的销毁处理。

```
mTimer.cancel();
mTimer=new Timer();
LuyouqiActivity.this.finish();
```

这样做的好处是防止程序退出当前页面,其定时器还在占用系统内存,造成 CPU 负载过高,影响手机性能。

15.4.2 网络拓扑图仿真页面

与路由器仿真实验一样,通过单击首页的手动演示或者自动演示,就可以跳转到网络拓扑图仿真详细页面。

详情页面的顶部是导航栏,右侧是演示按钮,左侧是返回按钮,这里都不做详细介绍了。最复杂的就是网络拓扑的动画界面和逻辑实现。接下来一一阐述。

为节省界面,将具体的动画页面与操作步骤信息作为一个子布局引入到主布局页面,这样做的好处是可以直接修改子布局,不用进行主布局刷新。

```
<include
    android:id="@+id/chuji_layout"
    android:layout_width="fill_parent"
    android:layout_height="fill_parent"
    android:layout_below="@+id/bar"
    android:layout_marginTop="4dip"
    layout="@layout/chuji" />
```

子布局采用的是终端与动画布局叠加，所以子布局的与布局是 RelativeLayout 相对布局，终端布局和动画布局采取的也都是相对布局，这样做的好处是当它们叠加的时候可以不考虑其位置上变化和层次上的叠加引起的重叠阴影。所有的终端布局都类似，为如下所示：

```
<RelativeLayout
    android:id="@+id/top_tuopu"
    android:layout_width="fill_parent"
    android:layout_height="240dip"
    android:background="#00cccc"
    android:padding="4dip" >

    <RelativeLayout
        android:id="@+id/chu_pc1_layout"
        android:layout_width="80dip"
        android:layout_height="90dip" >

        <ImageView
            android:layout_width="48dip"
            android:layout_height="48dip"
            android:layout_centerInParent="true"
            android:layout_marginTop="20dip"
            android:background="@drawable/pc" />

        <TextView
            android:layout_width="fill_parent"
            android:layout_height="20dip"
            android:layout_alignParentBottom="true"
            android:gravity="center"
            android:text="f1/0.11"
            android:textColor="#000000" />

        <TextView
            android:layout_width="32dip"
            android:layout_height="15dip"
            android:text="PC1"
            android:textColor="#000000" />

        <ImageView
            android:id="@+id/chu_pc1_status"
            android:layout_width="10dip"
            android:layout_height="10dip"
            android:layout_alignParentRight="true"
            android:layout_centerVertical="true"
```

```
        android:background="@drawable/red_btn" />
</RelativeLayout>
```

终端图标标识终端类型，标识图用于标明终端的状态是否可用，如果不可用，需要单击终端布局弹出窗口进行终端设置，如果状态可用则用绿色按钮标识。

动画界面一共有 16 个布局，分别标定每个时段所要显示的流程和运行步骤。动画布局也都类似，如下所示：

```
<RelativeLayout
    android:layout_marginTop="20dip"
    android:id="@+id/chuji_anim_1"
    android:layout_width="80dip"
    android:layout_height="60dip"
    android:layout_marginLeft="80dip"
    android:background="@drawable/image_anim_left"
    android:paddingLeft="12dip"
    android:visibility="gone"
    >
    <TextView
        android:layout_width="fill_parent"
        android:layout_height="fill_parent"
        android:gravity="center"
        android:text="我设置了 ip 和子网掩码" />
</RelativeLayout>
```

界面很简单，相对布局用来显示位置和大小以及背景标识的，TextView 用来具体显示动画展示的流程和运行步骤。

子布局的最下方是滚动布局 ScrollView 包裹的线性布局 LinearLayout，内部依次排列的是图片步骤和文字详细描述步骤。在逻辑实现上，使用者按照子布局底部的文字描述进行操作即可。

主页面逻辑依然要判断是否为自动演示。isAuto = this. getIntent(). getBooleanExtra("isAuto", false)；其实要对各个布局进行相应的初始化，16 个动画页面开始的时候都是隐藏，只有当自动演示或者手动演示中所有的设置完毕并且标识都已经通过的时候，动画页面才可以进行相应的显示和隐藏设置。

初始化的时候我们标定各个类型，并根据类型进行相应的跳转。虽然都是要经过弹出界面进行设置，但是类型不同，在弹出加载的页面不同，要保存的数据类型不同，返回页面加载的标识图不同，所以每次进行弹出操作的设置 type 一定不能混乱。

在按钮的触发事件中，标定 PC1 和 PC2 的 type 值为 0 和 1，RoutA 和 RoutB 在设置 ip 期间其 type 值为 2 和 3，但在其设置路由协议时 type 的值为 4 和 5，所以跳转弹出页面的传值是不一样的：

```
intent.setClass(activity, PopActivity.class);
ntent.putExtra("type", 0);
```

```
this.startActivityForResult(intent, 0);
```

根据这个传值，在弹出页面只需要对应加载设置页面即可。

在跳转弹出界面的过程中要进行前置判断，即设置 PC2 之前一定要先设置 PC1，设置路由器之前一定要先设置 PC1 和 PC2，在设置路由器的路由协议的时候一定要先设置路由器的 ip，这样就可以有顺序地进行实验。这里路由器设置 6 个标识状态，当终端进行完 6 次设置完毕以后，标识状态会标定设置的结果，如果没有通过，单击演示按钮的时候会提示原因，只有当 6 次状态全部通过的时候，单击演示才可以进行相关的动画。

```
if (!isAuto) {
    if (!chuji_pc1_status) {
        toast.setText(getString(R.string.chuji_pc1_first));
        toast.show();
        break;
    } else if (!chuji_pc2_status) {
        toast.setText(getString(R.string.chuji_pc2_first));
        toast.show();
        break;
    } else if (!chuji_routA_status) {
        toast.setText(getString(R.string.chuji_routa_ip_first));
        toast.show();
        break;
    } else if (!chuji_routA2_status) {
        toast.setText(getString(R.string.chuji_RoutARIP_first));
        toast.show();
        break;
    } else if (!chuji_routB_status) {
        toast.setText(getString(R.string.chuji_routb_ip_first));
        toast.show();
        break;
    } else if (!chuji_routB2_status) {
        toast.setText(getString(R.string.chuji_RoutBRIP_first));
        toast.show();
        break;
    }
    Yanshi();
}
```

进入弹出界面时候，首先根据传递的 type 值判断是什么类型，然后根据类型去加载相应的设置页面。

```
type=this.getIntent().getIntExtra("type", 0);
switch (type) {
    case 0:
```

```
        title_tv.setText(getString(R.string.chuji_peizhi_pc1));
        pc_setting_layout.setVisibility(View.VISIBLE);
        routa_setting_layout.setVisibility(View.GONE);
        routa2_setting_layout.setVisibility(View.GONE);
        break;
}
```

设置信息页面大同小异，这里取设置路由器信息作为样板。它是一个竖直方向的 LinearLayout 线性布局，里面是一个包含 TextView 组件、EditText 组件以及 ImageView 组件的相对布局组成，如下所示：

```
<LinearLayout
        android:id="@+id/routa_setting_layout"
        android:layout_width="fill_parent"
        android:layout_height="wrap_content"
        android:orientation="vertical"
        android:visibility="gone" >

        <RelativeLayout
            android:layout_width="fill_parent"
            android:layout_height="50dip"
            android:padding="4dip" >

            <TextView
                android:id="@+id/rout1_peizhi_tx1"
                android:layout_width="80dip"
                android:layout_height="50dip"
                android:gravity="center"
                android:text="配置 f1/0 的接口 ip 地址"
                android:textColor="#ffffff" />

            <EditText
                android:id="@+id/rout1_peizhi_et1"
                android:layout_width="fill_parent"
                android:layout_height="40dip"
                android:layout_marginRight="6dip"
                android:layout_toLeftOf="@+id/rout1_peizhi_img1"
                android:layout_toRightOf="@+id/rout1_peizhi_tx1"
                android:background="@drawable/base_edittext_drawable"
                android:hint="填写 ip"
                android:textColor="#ffffff" />

            <ImageView
                android:id="@+id/rout1_peizhi_img1"
                android:layout_width="25dip"
```

```
            android:layout_height="25dip"
            android:layout_alignParentRight="true"
            android:layout_centerVertical="true"
            android:background="@drawable/clear" />
    </RelativeLayout>
```

TextView 用来标识要设置的类别，EditText 填写要设置的内容，ImageView 标识配置的是否正确，如果正确，则标识显示勾号，然后可以进行下一个设置，如果不通过，则会通过 Toast 弹出框提示正确内容。

当所有的配置信息填写完毕以后单击确认按钮，这个时候会根据配置的类别，将配置的信息通过系统的偏好设置保存的应用本地，返回上层界面的时候用于标定上层页面的状态。

```
Tool.StoreRouterSecondSetting(activity,
                new RouterSecondSetting(true, rout2_peizhi_et1String,
                rout2_peizhi_et2String, rout2_peizhi_et3String,
                rout2_peizhi_et4String),
                Tool.CHUJI_ROUTERB_SETTING2);
```

由于调用弹出界面采用的是 this. startActivityForResult(intent, 5)，所以在返回界面的时候可以调用系统的 onActivityResult 方法，根据请求的 requestCode 请求码进行状态的获取，然后在标定相应的图标标识。

```
@Override
protected void onActivityResult(int requestCode, int resultCode, Intent data)
{
    super.onActivityResult(requestCode, resultCode, data);
    switch (requestCode) {
        case 5:
            RouterSecondSetting routerSecondbSetting=Tool
                    .FetchRouterSecondSetting(activity,
                    Tool.CHUJI_ROUTERA_SETTING2);
            if (routerSecondbSetting.isStatus()) {
                chu_routB2_statusImg.setBackgroundResource(
                                R.drawable.green_btn);
                chuji_routB2_status=true;
            }
            break;
        default:
            break;
    }
}
```

其他的配置操作都与上述操作一样，所以经过一段时间的配置，所有状态都通过时，就可以进行演示操作了，演示操作同样采用定时器处理。

```
private void Yanshi() {
    mTimer.cancel();
    mTimer=new Timer();
    timerTask();
}
```

定时器执行操作也是向系统发送消息,然后在 Handler 里面进行动画处理:

```
mHandler.sendEmptyMessage(1);//
```

Handler 里面进行的动画处理是对 16 个动画界面分 14 次循环隐藏和显示,因为有两次循环要分别占用 2 个动画界面,所以 16 个动画只能构成 14 次循环。

```
if (countInfo==14) {
    countInfo=0;
    mTimer.cancel();
    mTimer=new Timer();
    timerTask();
} else {
    switch (countInfo %14) {
        case 0:
            chuji_anim_16.setVisibility(View.GONE);
            chuji_anim_1.setVisibility(View.VISIBLE);
            break;
        case 1:
            chuji_anim_1.setVisibility(View.GONE);
            chuji_anim_2.setVisibility(View.VISIBLE);
            break;
        case 2:
            chuji_anim_2.setVisibility(View.GONE);
            chuji_anim_3.setVisibility(View.VISIBLE);
            break;
    .....
```

通过上述过程就可以看到具体的演示效果了。这里要强调的是,在导航栏的返回键和手机的物理返回键都要添加定时器的销毁处理。

```
mTimer.cancel();
mTimer=new Timer();
LuyouqiActivity.this.finish();
```

这样做的好处是防止程序退出当前页面,其定时器还在占用系统内存,造成 CPU 负载过高,影响手机性能。

15.5 交互式教学软件测试

打开原理学习界面,是一个列表,任意选择一项单击进入,研读内容,发现与标题一致,测试通过。

打开实验参考界面，也是一个列表，任意单击一项进入，发现标题和内容完全符合要求，测试通过。

打开实践仿真页面，首先测试路由器，单击自动演示，跳转到自动演示界面，选择路由信息交换，单击演示，发现动画界面能按照预定的信息交换流程流动，测试通过。换作单击网络数据发送选项，单击演示，发现动画界面能按照预定的网络数据发送流程流动，测试通过。

返回路由器页面，单击手动测试。跳转到演示界面，在第一个框输入"比特输入"，单击演示，此时弹出对话框提示"这里应该填写 比特接收"，输入有误，从新输入"比特接收"，再单击演示，这个选项后面的标识位显示勾，也就是输入正确。依次测试每一个选项，直到所有状态通过，再次单击演示按钮，发现动画界面能按照预定的流程流动，测试通过。

网络拓扑图页面，单击自动演示，跳转到自动演示界面，单击演示按钮，发现动画界面能按照预定的流程流动，测试通过。返回，单击手动演示，再次单击演示，此时提示"请优先配置 PC1"，按照操作步骤，单击 PC1 图标，弹出来一个窗口，配置 PC1，要求输入配置 IP 和配置子网掩码，单击确定按钮，会提示输入的内容。在配置 ip 项目填写"172.16.1.11"，再次单击确认按钮，此时后面的标识符变为绿色勾，而提示子网掩码应该输入"255.255.255.0"，根据提示，在子网掩码处填写"255.255.255.0"，再次单击确认按钮，此次窗口自动关闭，并且在 PC1 的标识符变为绿色，表示配置通过。再次单击演示，此时提示"请优先配置 PC2"，根据提示，进行相应的操作，直到 4 个终端的 6 次配置全部完成通过，也就是 6 个红色标识符全部变为绿色，这个时候再次单击演示按钮，发现动画界面能按照预定的网络数据发送流程流动，测试通过。

本章在 Android 平台上开发手机交互式《计算机网络实验》课程教学软件上做了大量的工作，但也有很多问题需要解决，现对未来可以进行的工作做出以下几点展望：

(1) 本章实现的手机交互式教学软件是基于 Android 平台进行开发的，但是还未能真正解析 Android 的精髓，系统的界面设计也不是很完善，对 Android 平台进一步研究，能够使系统在设计方面更加快捷和完善。

(2) 本章所开发的系统目前还只是简单演示，没有实现真正的 3D 演示技术，还有待进行进一步研究。相信随着研究的进一步深入，这些问题会逐步得到解决，相信基于 Android 平台的手机交互式教学软件会有很好的应用前景。

本章小结

本章的主要内容包括：在 Eclipse 开发环境下，运用 Java 语言和 Android 的 SDK 开发一个用于计算机网络课程的教学软件，可以学习实验原理，进行仿真练习，并显示动态试验过程，使教学内容更加形象易懂，使学习内容更加生动。本软件除了即时文本信息的传输显示外，还可以进行图片的显示，并对软件客户端的功能进行了美化扩展，增加了动画演示的功能，并且该系统在 Android 模拟器与手机上运行，取得了很好的运行效果。通过开发一款 Android 平台上运行的教学软件，可以熟练应用 Android 平台提供的应用程序接口进行模拟交互教学,掌握 Android 平台上的各种应用。

习　题

1. 将本章所涉及的功能代码调试通过,写出详细实验报告。

2. 充分发挥主观能动性,分小组完善本章节的计算机网络动态路由仿真系统 APP,要求有详细的系统设计说明、工程源文件,并注明各自分工情况。

参考文献

[1] 胡晓波. 李琰. 王艳芳. 计算机仿真技术在实验教学中的应用[J]. 实验科学报，2007.

[2] University of Oregon Department Physics. vlab[EB/OL](http：//jersey. uoregon. Edu. ilab/)

[3] Johns Hopkins. university. Javavirtual physics laboratory [EB/OL](http：//www. Pha. Jhu. edu/～javalab/) 2005. 11

[4] 陈小红. 基于仿真软件的虚拟实验设计与应用[D]. 上海：上海师范大学，2010.

[5] 黄培花. 任敏. 基于仿真技术构建计算机网络实验平台[J]. 实验科学与技术，2009.

[6] 李旭荣. 基于 Android 平台的学生公寓系统的设计与实现[J]. 无线互联科技，2011.

[7] 李晓. 基于 Android 平台的手持终端应用功能开发与设计[D]. 武汉：湖北大学，2010.

[8] 赵士田. 基于 Android 平台的运动辅助软件的设计与实现[D]. 济南：山东大学，2011.

[9] 高红旭. 基于 Android 操作系统的应用研究[J]. 西安：西安电子科技大学，2011.

[10] 刘昕. 路由器的新发展——数据流量采集[J]. 中国电子商务，2012.

[11] 王洪泊. 高级编程技术[M]. 北京：清华大学出版社，2011.

[12] Ed Burnette. Hello，Android：Introducing Google's Mobile Development Platform[M]. Pragmatic Bookshelf. 2008.

[13] 马小丽，基于 iPad 的学前儿童教育类应用软件交互界面设计研究[D]. 北京：北京服装学院，2015.

[14] 张亚杰. 基于 Android 平台的移动终端应用程序的研究与开发[D]. 郑州：郑州大学. 2013.

[15] 王国辉，李伟. Android 开发宝典[M]. 北京：机械工业出版社，2012.

[16] 王洪泊. 计算机网络[M]. 北京：清华大学出版社，2015.

[17] 欧阳零. Android 核心技术与实例详解. 北京：电子工业出版社，2013.

[18] 王洪泊，曾广平，涂序彦. 计算机网络课程情景导入式教学模式实践[J]. 北京科技大学学报(社会科学版，北京科技大学青年教师第四届教改论坛). 2008. 6：85-88.

[19] http：//www. cnblogs. com/zoupeiyang/p/4034517. html